王璐艳 著

SHIHUA
YUANLIN
——ZHONGGUO CHUANTONG
HUAMU ZHONGZHI WENHUA

诗画园林

——中国传统花木种植文化

中国建筑工业出版社

图书在版编目（CIP）数据

诗画园林：中国传统花木种植文化 / 王璐艳 著 . --
北京：中国建筑工业出版社，2023.9
ISBN 978-7-112-28975-2

Ⅰ.①诗… Ⅱ.①王… Ⅲ.①花卉 - 文化 - 研究 - 中
国 ②观赏树木 - 文化 - 研究 - 中国 Ⅳ.① S68

中国国家版本馆 CIP 数据核字（2023）第 143674 号

责任编辑：费海玲　张幼平
版式设计：升创文化
责任校对：党　蕾
校对整理：董　楠

诗画园林：中国传统花木种植文化
王璐艳　著

＊

中国建筑工业出版社出版、发行（北京海淀三里河路 9 号）
各地新华书店、建筑书店经销
北京盛通印刷股份有限公司印刷

＊

开本：787 毫米 × 1092 毫米　1/16　印张：17½　字数：282 千字
2023 年 9 月第一版　　2023 年 9 月第一次印刷
定价：78.00 元
ISBN 978-7-112-28975-2
（41187）

前　言

　　在中国这片古老、神圣的土地上孕育出了勤奋而智慧的中华民族，开创了无数的文明，构筑了厚重的历史，形成了体系庞大而多元的传统文化。中华民族几经风雨和战乱之所以能够延续和不断繁荣，屹立于世界民族之林，靠的就是诸多优秀文化的代代传承，几千年来依旧保持着本民族鲜明的特点。然而过去很长一段时间，我们对自己民族的文化不够自信，外来文化充斥着社会的各个领域，最为严重的是，在一些领域开始过分抬高西方文明与科技，贬低和污蔑我们的传统文化，致使民族自信心和认同感降低。这种现象归因于对民族文化了解得不够、对祖先的智慧与世界观传承不够。每位流淌着华夏血液的中国人都应该是中华优秀传统文化的传承者和弘扬者，因为优秀传统文化能让我们每一代拥有共同的历史记忆和民族自信，从而增强我们民族的凝聚力和影响力，让中华民族在世界民族之林中永远保持特有的魅力和坚定的文化信仰；此外，还需要在传承中发展、在传承中创新，使之更具有变通性和时代性。

　　面临全球化进程的冲击，受外来文化的影响，传统文化受到冷遇，其保护与传承发展缓慢。尤其是中国传统花木文化的重视和研究不足，羁绊了花木文化的保护和传承，甚至造成个别文化基因的丢失，例如我们的城市风貌，在外来文化和赏新求异思想影响下，很长一段时间大肆推崇外来树种或弘扬异域风光，无论古城、老城还是新区，均大量移栽外来树种，城市街景焕然一新，但城市景观的差异性、独特性却逐渐丧失；与此同时，具有

地方特色的树种也逐渐失去地位，随之该树种的数量、知名度不断降低，与其相关的文化
风俗也逐渐淡出人们的记忆，无疑不利于地方文化的传承，这种"嫌弃自己的、弘扬外来
的"城市景观建设的做法就是文化不自信的表现。不仅仅在城市景观领域，其他领域对传统
花木文化的忽略和不重视现象也很突出，诸如传统节日中的相关花木风俗逐渐淡化或消失等。
《"十四五"文化发展规划》中提出加强城市文化建设，即"**建设传统文化和现代文化交相辉映、
城市气质与人文精神相得益彰的现代城市文化。强化各类规划中文化建设的刚性约束，保护
历史文化遗产，融合时代文明，构建城市文化精神，发展城市主题文化，营造特色文化景观。
以文化建设带动城市建设，提升城市文化品位、整体形象和发展品质。**"可见传统文化、特色
文化景观对城市建设的重要性。文化软实力是民族复兴的重要标志之一，实现"美丽中国"
梦的愿景更需要重视人民群众日益增长的精神文化建设。

　　中国古典园林好似中华优秀传统文化大厦中最瑰丽的门厅，它既能直观地呈现于物质
世界，亦能通过一山一水、一花一草、一砖一瓦将美好传达到观者的精神世界，更能通过
物境、意境与意象潜移默化地影响观者的心灵。中华传统花木种植文化是中国古典园林文
化的重要组成部分，然而，从普通市民到城市建设者对花木种植文化的了解并不普遍，甚
至可以说鲜有非专业人士关注城市的花木文化，即使是从事园林事业的专业人士对传统花
木种植文化也是一知半解或不甚了解。作为一名教师和园林文化研究者，我自觉有义务也
有必要梳理和发扬中华传统花木种植文化，使其在专业领域以及大众层面得到普遍的传播
和广泛的认同，让中华花木文化的美与智慧在华夏血液中代代相传。传统花木种植文化的
传承，即是：让中华稚子叫得出每一棵能够吸引他注意力的花木的名字，让中华少年脑海
中勾勒得出他读过的古诗词中所提及的花木的样子，让中华青年在抒发情感时能够用花木
意象表达其理想抱负和家国情怀，更是让我们的市民在祥和平静之时看得懂明月松涛、十
里荷香、竹引清风的浪漫，在节日庆典之时能够体验古树祈福、簪花插柳、赏花扑蝶的传
统民俗，在水患饥荒之时能感受到榆柳护堤、槐花椿芽、道旁桃李的安全保障……在提倡
"园林城市""生态园林城市"的当代城市景观建设中，既要有反映城市绿地面积和生态功
能的数据考量，又要有体现本土风貌、文化传承的定性考量；换言之，有地方传统特色、有

中华园林风韵、有传统生态智慧的城市景观，才称得上是"生态园林城市"。传统花木种植文化既能为城市景观建设提供选种与配置、管理与养护思路，亦能提供意境营造、文化活动的题材，让城市景观更具内涵和魅力。

　　源于笔者对传统文化和花木的热爱，鉴于从业十余年来的所见所闻、所感所触，一直以来在寻找能够梳理和宣传中华传统花木种植文化的契机，如今恰逢党和国家提倡"**把中华优秀传统文化内涵更好更多地融入生产生活各方面。深入挖掘城市历史文化价值，提炼精选一批凸显文化特色的经典性元素和标志性符号，纳入城镇化建设、城市规划设计，合理应用于城市雕塑、广场园林等公共空间，避免千篇一律、千城一面**"①的机遇和处于"**推进社会主义文化强国建设、创造光耀时代光耀世界的中华文化的关键时期**"②，有幸受教育部人文社会科学研究项目（编号17YJCZH170）的资助，本书得以顺利出版。感谢支持，感恩时代！

　　本书所指的"花木"涵括花与木。所谓花，既包含木本的观花植物，也包含草花；所谓木，既包含用于园林绿化的观赏树木、乡村田园或山林川泽自然分布的林木，也包括各类以经济、食用为目的栽种的果木等。花木在我国园林中的应用历史悠久，自园林滥觞时便与花木结下不解之缘，无花木则不成园林，花木除了能够营建优美的环境，还是人们寄予丰富文化信息的载体和托物言志的媒介。对传统花木种植文化的挖掘是"**研究好、解读好、阐释好中华文化，树立和突出各民族共享的中华文化符号和中华民族形象，用好用足文化、文物、旅游资源，梳理精神谱系，延续历史文脉，弘扬时代价值**"③的组成部分，传统花木种植文化的传承是城市生态文明视野下推进"**建设宜居、绿色、人文城市，使城市成为人民高品质生活的空间**"④的实现途径之一。

① 中共中央办公厅、国务院办公厅《关于实施中华优秀传统文化传承发展工程的意见》（2017.1.25）
② 中共中央办公厅、国务院办公厅《"十四五"文化发展规划》（2022.8.17）
③ 文化与旅游部《"十四五"文化和旅游发展规划》（2021.4.29）
④ 文化与旅游部《"十四五"文化和旅游发展规划》（2021.4.29）

上篇　古代文献中的花木种植文化

目录
Contents

中篇　古代画卷中的花木研究

下篇　花木种植理法、花木民俗
及生态智慧的梳理

中国古代有关花木的文献浩如烟海，为后世研究提供了丰富的资料。这些文献中有对花木的命名、产地、形态、花色、花期的记录，有对花木的嫁接、引种、繁殖、病害治理等栽培管理技术的介绍，还有关于花木与人之间的传奇、怪异、神话等故事描述，以及关于花木在社会生活各个方面的记载，诸如建筑纹饰、饮食文化、占卜吉凶、花卉礼仪、宗教活动等，也有少量涉及花木造景的理论。由于涉及花木的文献类型众多、内容庞杂，且多数文献中针对本书所关注的研究点篇幅不多且阐述不深，抑或所述内容带有神异色彩，抑或是对当代花木造景与审美可借鉴意义不大，因此本篇对这些文献资料仅作简要概述，不再逐一列举和论述，将涉及花木的文献（古典文学除外）按照文献形成的时间顺序列入表中（见书后附表1），对其主要内容进行概述或评价，并摘出文献中涉及花木配置、花木造景、花木审美等较为经典的句子或段落以供读者赏析和品读。

本篇主要针对古典文学一类的涉及"花木"的文献进行深入剖析，引领读者在诗文的行句中发现花木的美名，在诗文的意境中想象花木的神韵；同时，通过一系列有关花木文化的阐释和分析，也向读者揭示诗文中古人的自然观和生态观，呈现文人对花木特征与习性描绘的理性与写实。通过这篇"花木诗话"，引发读者对花木文化的兴趣，培育国人对传统花木景致的审美情趣，促进传统花木文化在当代城市景观与园林建设中的传承。

"制其畿疆而沟封之，设其社稷之坛而树之田主，各以其野之所宜木"（《周礼·地官司徒》）

"尽凿龙首山土为城，水泉深二十余丈。树宜槐与榆，松柏茂盛焉"（三辅黄图·卷一）

"乐游苑自生玫瑰树，树下多苜蓿。苜蓿一名怀风，时人或谓之光风"（西京杂记·卷一）

"襄国邺路千里之中，夹道种榆。盛暑之下人行之"（全芳备祖·后集卷十八）

"前面大溪，为修堤画桥，蓉柳夹岸数百株……中岛植菊至百种"（《吴兴园林记·赵氏菊坡园》）

"如园中地广，多植果木松篁，地隘只宜花草药苗。设若左有茂林，右必留旷野以疏之；前有芳塘，后须筑台榭以实之；外有曲径，内当垒奇石以邃之"（《花镜·种植位置法》）

"白露滋园菊，秋风落庭槐"（南朝谢惠连《捣衣诗》）

"桃花落地杏花舒，桐生井底寒叶疏"（北周王褒《燕歌行》）

"桃花红兮李花白，照灼城隅复南陌"（唐贺知章《望人家桃李花》）

"满园植葵藿，绕屋树桑榆"（唐储光羲《田家杂兴八首·其二》）

"满砌荆花铺紫毯，隔墙榆荚撒青钱"（唐白居易《晚春重到集贤院》）

"五色阶前架，一张笼上被。殷红稠叠花，半绿鲜明地"（唐元稹《蔷薇架》）

"堂前堂后尽芙蓉，晴日烘开万朵红"（北宋韩维《芙蓉五绝呈景仁·其一》）

"梨花院落溶溶月，柳絮池塘淡淡风"（北宋晏殊《寄远》）

"宜琴宜弈尤宜酒，种竹种梅仍种莲"（宋李曾伯《和傅山父小园十咏·其八》）

"清风篁竹喜满院，细雨芭蕉多近窗"（明陈琏《宿内江县分司》）

"压檐桑柘纷掩映，当窗蕉杏列青红"（清杨树《题春山筑屐图》）

第一节　花木文献资料概述

　　笔者所收集的有关花木的古代文献资料，从类型上看，包括诗文、志书、经书、子集、农书、花谱、园记、园艺专著、园林理论著作等资料（见书后附表 2-1），其中历代题写、歌咏花木或涉及花木的诗歌、诗句最为丰富，对于研究中国传统花木审美与配置、花木意象与意境具有重要的参考价值。从资料的历史年代来看，主要涉及先秦、秦汉、魏晋南北朝、隋唐、两宋、元明清（见书后附表 2-2）等六个时期，其中以两宋时期的花木谱记以及园记为最，为了解宋代及以前的花木品类、观赏用途、种植及造景方式提供了较为写实的文献参考。此外，从记录花木的内容上看，又可分为花木名录考证类、花木种植栽培类、花木故事与文化类、花木配置与审美类、综合类等（见书后附表 2-3）。如果按照文献所记载的花木所出的地方或区域，又可分为综合类、北方类、南方类、地方类等（见书后附表 2-4）。

　　总体看来，先秦花木文献呈零散状分布在各类文献中，并没有专门的花木类专著，且有关花木的文献以《山海经》、诸子百家之论著为主要来源，内容大多是借用花木题材隐喻、比喻、象征人或物，其花木描述的内容以姿态、花色、花香为主，花木的生活习性和品质鲜有涉及，更少花木种植、栽培方面的记述。诸如，《山海经》中关于"桂"的多处记述，是桂花寓意美好、富贵、及第的象征文化的最早文献出处。《吕氏春秋》曰："物之美者，招摇之桂"，其中"招摇之桂"就出自《山海经》，书中所述，产桂之地多金、多玉、多银，

图 1.1 槚 (楸树)

图 1.2 棘 (酸枣树)

这些都是富贵美好的象征,后世对桂树的寓意大多由此演化流变而出。此外,《山海经》有关三大神木——建木、若木、扶桑的描述,不仅反映出古人树木崇拜的信仰,也对后世的树木民俗、社树文化等影响颇深。再如,《周礼·秋官》中所载的三公之位,间接说明了宫殿前植有代表三公九卿位置的"三槐九棘";通过对掌固、司险等职责的描述还可看出周代除了社坛、国都种植树木外,在郊野、大小道路也种植树木。《国语》有云:"周制有之曰:'列树以表道'",也证实了早在西周时就有了行道树。周代还设置虞衡,专职管理山林资源,提高了国家对生态环境和资源合理利用的管理水平。另外,诸子百家的论著中亦有关于树木与环境保护、树木与生产生活以及许多借花木阐述哲理的记述。如《孟子·告子上》中通过告子和孟子对"杞柳、桮棬"喻"本性、仁义"的辩论,可以得知先秦人们就能利用杞柳枝条柔软且韧性好的特性制作杯盘等生活器具,这一方面说明杞柳这种乡土植物的悠久历史,另一方面反映了先秦人与自然的依赖关系。此外,《孟子·告子上》中还用山林树木被无节制地砍伐和无序放牧而消失比喻人性中的善念被消磨,用人人都懂得如何培养梓桐树苗茁壮成长的例子来反问人们为何不反思以滋养自身,用场师(园艺师)"舍其梧槚(梧桐和楸树),养其棘(酸枣树)"(图1.1、图1.2)的故事讽刺因小失大、主次不分。《孟子·梁惠王上》提倡百姓在宅院中种植桑树,以保证一家人口衣帛之用；庭院植桑不仅可美化庭院、乘凉纳荫，还可以饮用桑果，但主要是用来养蚕制丝，这可视为一种朴素的自足自给的庭院生态经济思想。《庄子·惠子相梁》中提到鹓雏"非梧桐不止"。如果说《诗经·大雅·卷阿》中"凤凰鸣矣，于彼高冈。梧桐生矣，于彼朝阳"只是说凤凰和梧桐都出现在卷阿高冈之地，并未指出两者的依存关系，那么此篇就明确了凤凰与梧桐树的亲密关系，该篇成为民间传说"凤栖梧桐"的最早渊源。另，《庄子·山木》中庄子以"柟梓豫章"比拟良好的生活环境，以"柘棘枳枸"比喻险恶艰难的环境，从而暗喻自己处于昏君乱世，这些都能反映先秦人们已经将植物的特性及其生长环境观察和总结得十分准确，并善于将人与物相比拟，以物寓人去阐述道理，形象、含蓄且深刻。

秦汉时期，农业有了较大的发展，出现了若干记录农业生产、物产、风俗的农书、地理书等，诸如《三辅黄图》《淮南子》《西京杂记》《氾胜之书》等，虽没有花木专著，但不乏对古代宫殿、园林、寺观的记录。诸如《三辅黄图》就直接描述了都城"三辅"一带城池、宫殿或园林中的花木情况，可以看出秦代驰道两旁就以青松作为行道树，长安故城的绿化风貌以槐、榆、松、柏这些本土树种为主；还记载了甘泉谷北岸有株二三百年的古槐，足以见得槐树在长安的悠久历史和受欢迎的程度；此外，还有些间接反映了宫殿园林中的花木情况，如记录了一些用花木命名的秦汉宫、殿、苑、观的名字，诸如梨园、长杨宫、桂宫、合欢殿、兰林殿、茝若殿、蕙草殿、枍诣宫、葡萄宫、棠梨宫、竹宫、扶荔宫、五柞宫、豫章观、青梧观、白杨观、细柳观等，均可见秦汉时期花木在皇家宫苑中的应用情况。再如，《西京杂记》中记录了汉代主要的宫殿苑囿，涉及众多名木佳卉、奇花异草以及外来植物。"上林名果异树"一篇所列果木种类繁多，其中既有传统果木如梨、枣、桃、李、樱桃、柰、海棠、林檎、梅、枇杷、橙等，还有知名观赏花木如槐、守宫槐、桂、梧桐、甘棠（图1.3）等，

图1.3　甘棠（棠梨）

也不乏西域引种植物如安石榴、胡桃、葡桃。此外，"生作葬文"一条记载了墓冢植松柏的传统，"梁孝王忘忧馆时豪七赋"一条通过游士们的赋作来描述忘忧馆的场景，其中就提到了若干花木草卉，如垂柳、槐、荷、葛藟等。"孤池树"一条记述了一株长在太液池西一处池中的黏树："六十余围，望之重重如盖"，十分粗壮且繁茂，可见汉代造园就有孤树成景的手法。

到了魏晋南北朝时期，除了著名的《齐民要术》这一农业巨著，开始有了专门记载植物的书籍——《魏王花木志》。《齐民要术》虽为一部农书，但也有对部分树木观赏性的记载。诸如"园篱篇"以酸枣树篱为例，不仅从技术方法角度阐述了园篱播种、育苗、疏苗、种植、修剪、编篱的要点，而且还幽默风趣地阐述了园篱的防御作用和观赏性。除了酸枣树编篱，还介绍了用柳和榆混编篱笆的方法。小小的园篱，不仅仅体现了古人善于利用植物的特性来制作防盗防兽的绿色围墙，还体现了园主人的生活情趣和智慧。"青桐"一篇还提及其观赏价值及园林用途，因"华净妍雅，极为可爱"可移栽到厅堂、书斋之前。《魏王花木志》则是一部记载观赏花木的农书，篇幅略小，所涉花木数量亦不多。书中描述黄辛夷出自"卫公平泉庄"、紫薇花生于"吴苑"，说明这两种植物已经作为观赏花木应用于当时的皇家园林；思维树、木莲、山茶、溪荪、朱槿、牡桂六种并无食用、药用特征的描述，亦为园中观赏花木；紫菜、莼根、孟娘菜应为菜蔬，郁树、卢橘、楮子可为果树；石南为野生，其实可食用；茶叶可供饮用。

隋唐时期各类关于种植的书籍逐渐增多，如《平泉山居草木记》《酉阳杂俎》《北户录》《四时纂要》等，但花木专谱仍不多见。《平泉山居草木记》中记录了私家园林"平泉山居"的六十多种木本树木、花卉、水生植物以及草药，不仅有花木的名称，还明确记录了它们引种的原产地，比如园中栽植有来自金陵的珠柏、栾荆、杜鹃，宜春的柳柏、红豆、山樱，蓝田的栗、梨、龙柏，番禺的山茶，宛陵的紫丁香，桂林的俱那卫，东阳的牡桂、山楠以及来自九华山的天蓼、青枥、黄心楛子等。可以看出园主人经营园林的喜好，从各地引入名贵、特色花木于园中，可见唐代已有成熟的花木移植、养护以及新品种培育等技术。此外"平泉山庄"的园林花木也不乏亚热带植物，这一点就被宋代洛阳的不少私家园林所借鉴[1]。《酉阳杂俎》记录了200余个植物种类，涉及药用、观赏、果木、木材、野生、菌类等。据初步统计，《酉阳杂俎》中涉及的木本观赏植物有60余种，草本观赏植物十余种，多以记录名称、产地、形态为主，兼有关于植物的用途、传说、故事，还有若干记录著名花木所在的场所。诸如"寺塔记"记录了招国坊崇济寺有奇松，光宅坊光宅寺普贤堂有葡萄，慈恩寺有柿树、白牡丹、大莎罗树，靖善坊大兴善寺有老松、青桐、牡丹，光明寺有穗柏一株，大同坊灵华寺有菩提树等。

　　到了宋代，各类关于花木的文献资料达到了鼎盛时期，除了综合类花木著作外，出现了各种各样的花卉专谱和园记。《梦溪笔谈》是一部笔记体著作，书中并没有直接记录花木的章节，但却有一些与花木有关的故事或间接记录，从中可看出宋代城市的花木种植文化。例如，卷一中有一则关于学士争槐厅的故事，反映唐宋时期已在厅前或庭园中种植槐树象征及第、举仕、功名，故学士们争夺槐厅。卷三中记录唐代中书省中植紫薇花，概因与星宿紫微星音同，寓意仕途官运，因此中书省也叫紫薇省，中书侍郎叫紫薇郎。《太平广记》设草木卷，涉及300余种花草树木的形态记述、民俗风化及花木鬼怪、奇异、轶事的记载，其中有几则可以反映古代宫殿、寺观园林花木种植情况。诸如汉五柞宫有五柞树，青梧观观前有三株梧桐；长安持国寺门前有槐树数株；长安兴善寺中有合欢牡丹；长安兴唐寺植有正倒晕牡丹；巴陵有一寺庙生出一株娑罗树等。也有关于墓地植树的故事，如鲁地曲阜的孔子墓上，生长的多半是楷树；又说，曲阜城有颜回墓，上面生长着两棵石楠树，有三四十围粗，当地人说，这两棵树是颜回亲手栽的。此外，还有泉州文宣王庙"登第皂荚"的故事以及唐韩文公韩愈之侄擅染牡丹花技艺的传奇故事。《洛阳名园记》中记录的洛阳一带的园林，无不是亭台曲榭、花木渊薮，尤以竹、栝、桧、松、牡丹为盛。其中各个园子在花木上也各擅特色，有的以竹为基调，如富郑公园中茂密的竹林，董氏西园中的环堂绕屋的竹丛，苗帅园中的万余粗竹，白乐天的大字寺院中"有竹千竿"；有的以松、柏为主景，如白乐天董氏东园十围粗的大栝树，王开府宅园"环溪"松、桧等花木千株，安氏丛春园中的桐、梓、桧、柏等乔木森然，苗帅园中的七株大松等；还有以牡丹的种类和数量取胜的，如天王院花园子因独种牡丹十万本而名曰"花"园子（宋代洛阳人称"花"独指牡丹花）；当

图1.4　琼花

然还有以栽培花木为主景的园圃，归仁园中牡丹、芍药千株、竹千亩，李氏仁丰园中既有传统名花桃、李、梅、杏、莲，也有流行宠花牡丹、芍药，还有紫兰、琼花（图1.4）、茉莉、山茶等外来的远方奇卉。《吴兴园林记》所记园圃虽比《洛阳名园记》多很多，但对诸园的造园格局、要素等方面的分析、描述不足，多以记录名称、主人和地理位置的简介为主。但其中不乏对园林花木的描述，如南沈尚书园"果树甚多，林檎尤盛"，莲花庄的荷花，赵氏菊坡园"蓉柳夹岸，植菊百种"，赵氏兰泽园"牡丹特盛"，赵氏小隐园"有古意，梅株殊胜"。《盘洲记》中对园林花木的记录十分详细，除了别业所处的自然植被和水系条件优越："三川列岫，巨竹成林，溪水梅林"，还种植大量的观赏植物，除却有名的牡丹、芍药之类，还有各色著名花木、草卉，以及大量果木、蔬菜，如宣之栗、松阳之梨、赣之来禽。还有可以形成景致的果木，如"木瓜以为径，桃李以为屏""前后芳莲，龟游其上"，还有按照蔬果习性种植形成的田园风光，如"西瓜有坡，木鳖有棚"。《扬州芍药谱》除记录花品外，还初步总结了扬州的芍药栽培技术，描述了扬州芍药文化的繁荣景象，并分析产生这一繁荣景象的时代背景，即政局稳定、社会和谐、无兵革之乱、百姓安居乐业，才有"惟以治花木，饰亭榭，以往来游乐为事，其幸矣哉"。《陈州牡丹记》描述了陈州人种植牡丹之多之盛，同时也给我们提供了两个信息，其一，宋人延续了唐人对牡丹的热爱之情，除了都城洛阳，距离不远的陈州人对牡丹的种植和喜爱一点也不逊色；其二，当时人们已经意识到牛氏园中的牡丹乃是姚黄的变种，移植他处不见得还能开出"缕金黄"。

元明清时期，除了包含花木专卷或专篇的农书类书籍大量涌现外，还诞生了我国第一部造园学理论专著《园冶》和综合类植物学或花卉学著作，如《花境》《群芳谱》《广群芳谱》等。这一时期，很多著作中出现了花木专篇，且有关于花木配置和审美方面的论述，如《长物志》《闲情偶寄》等。在《园冶》"自序"中，计成就原有地形地貌呈现"其基形最高，而穷其源最深，乔木参天，虬枝拂地"，提出了"此制不第宜掇石而高，且宜搜土而下，合乔木参差山腰，蟠根嵌石，宛若画意"的造园思路，以减少造园资金和人力的投入，保护原有树木和自然生态环境，可以看出计成对待老树大树的态度。"园说"开篇一段中就多处提到与花木相关的造景手段，如"在涧共修兰芷""围墙隐约于萝间""竹坞寻幽""梧荫匝地，槐荫当庭""插柳沿堤，栽梅绕屋，结茅竹里""夜雨芭蕉""晓风杨柳""白苹红蓼，鸥盟同结矶边""移竹当窗，分梨为院"等，四百余字中所涉及花木达十余种。在"相地"篇中，无论城市、村庄、傍宅地还是山林、郊野、江湖地，无不与植被、花木有着必然的关系。"立基篇"中阐述园圃立基，先要确定主建筑厅堂之位，要朝向南面，如果庭前有乔木，只需中庭留一两株。在阐述"亭榭基"时说"花间隐榭，水际安亭""惟榭只隐花间，亭胡拘水际"。"墙垣篇"谈园林的围墙有版筑、石砌、编篱棘之类，绿篱编植墙篱胜于花屏。"掇山篇"谈书房之旁适合堆叠小山，如果掇山之处紧靠"嘉树卉木"，则要依照花木而或疏或密，或叠石成悬崖峭壁。如堆叠峭壁山，是以墙壁为背景，用山石作画，在石上种植黄山之松柏、老梅、美竹，使之"收之圆窗，宛然镜游也"。"借景篇"以"切要四时"，烘托植物所营造的园林四时季相。纵观《园冶》，虽不设花木专篇，但不得不说计成早已将花木看成园林不可或缺的一部分，无处不花木，已无需专设专论。《长物志》"花木"篇记述了 50 余种花木的观赏价值、配置喜好与审美方法。例如，在谈到牡丹和芍药时，作者文震亨阐述了自己的观点，认为两者不可并植，亦不可用木桶及其他容器种植；玉兰适宜对植在厅前，桃宜种植在池边，但池边桃柳相间则俗气，李花如女道士，适宜点缀栽植在烟霞泉石之间，蔷薇适合攀爬在竹编的篱笆之上，木香则适合沿架攀缘覆盖如亭台，木芙蓉在池岸近水处为佳，薝蔔（栀子）宜种在佛堂里，杜鹃宜种在树荫下，槐、榆适合种植在门庭，梧桐高大、青翠如玉适合庭园，竹子最好栽种在土筑的高台上，萱草适生于岩间墙角，玉簪宜在墙边带植，芭蕉适宜种植在窗旁等。除了露地花木，还论述了瓶花（茶花）

图 1.5　木香

和盆玩(盆景 / 盆栽)两类适宜厅堂、案几的花木小景的选种、选盆、小品点缀等。《闲情偶寄》中李渔对李花的评价与文震亨观点相似，认为李花品质素雅，不以色媚人；对山茶花的评价也极高：既有松柏的风骨、常绿不衰，又有桃李的风姿；李渔指出结屏之花有木香 (图 1.5)、酴醾、月月红，以蔷薇居首，认为"蔷薇宜架，木香宜棚""木香作屋，蔷薇作垣"；芭蕉适合在幽斋隙地，并将芭蕉与竹作比较，都是让人免俗而有情韵之物，而芭蕉比竹更易快速成荫，竹可刻诗、蕉可作画，都是文人墨客喜爱的植物。《花镜》"课花大略"中阐述了植物与环境间的自然规律，提出了人力可以回天的思想，这也是作者总结十八法的原因。此外，还附有"花间日课"四则，安排春夏秋冬四季从早到晚的花间生活；"花园款设"八则，安排花园建设及陈设；"花园自供"五则，提出以各种天然动、植物来装点花园，提供饮料和文具。此外，《扬州画舫录》所述诸园中的花木种类繁盛，据粗略统计，明确提到的花木种类达 28 种，其中有竹、柳、松、柏、桂、梅、梧、荷等；其中对竹与柳的描绘为最，例如江氏东园"高柳夹道"，小洪园"碧梧翠柳，水木明瑟"，西园曲水"楼西南角多柳，构廊穿树"，白塔晴云"窗拂垂柳，阑绕水曲"，万松叠翠"竹畦十余亩，去水只尺许，水大辄入竹间"，蜀冈朝旭"万竹参天"，静香园"竹树夹道"等。此外，扬州园林几乎每个园中都有以花木命名园中景致的，花木点景是扬州园林的特色之一，例如"薜萝水榭""海桐书屋""槐荫厅""桃花馆""藤花书屋"，等等。

第二节　主要时间节点的诗歌代表

　　本篇所指的"诗歌"涵括诗、词、曲、赋等文学体裁，为方便论述，均以"诗歌"代称。诗歌是古代中国文学体裁中最具生命力和传承性的形式，也是中华优秀传统文化的重要载体之一。在浩瀚的诗歌海洋中，一朵朵歌咏花木的浪花从不间歇，诗经中的"蒹葭""唐棣"，楚辞中的"杜若""江蓠"，汉赋中的"庭兰""旅葵"，还有唐诗中的"辛夷""荼蘼"，这些动听的名字是古人对花木外观、性情、用途的艺术提炼，它们的名字甚至比它们的样子更深入人心，代代传唱。然而，后世似乎已经不在乎诗歌中的花木到底是何模样，只关注花木蕴含的文化内涵和审美意象；尤其是在当代，即使是研究诗歌的"专业人士"，能够将诗歌中的花木名称与花木样貌一一对应的也寥寥无几。

一、《诗经》

　　《诗经》是中国最早的一部诗歌总集，收集了西周初年至春秋中叶的各地民歌、周人的雅乐、宫廷宗庙祭祀的乐歌，其内容丰富，记录了周代社会生活的各个方面，如劳作与爱情、战争与徭役、压迫与反抗、风俗与婚姻、祭祖与宴会以及天象、地貌、动物、植物等。有学者统计，《诗经》记载有 135 种植物[2]，包括乔木、灌木、藤本植物、草本植物、水生植物、蕨类植物以及地衣类[3]；依据其用途，这些植物涉及多个领域，诸如谷类（黍、稻、小麦、大麦、小米等）、蔬菜（葫芦瓜、芜菁、韭菜、大豆等）、药草（益母草、酸模、枸杞、远志等）、野菜（苦菜、苍耳、野豌豆、车前草等）、水果（桃、李、枣、棠梨等）、染料植物（荩草、茜草、蓼蓝等）、纤维织物（葛藤、苎麻等）、用材类（楸、梓、桐、茅等）及观赏类植物（唐棣、芍药、木槿、荷、绶草、木桃、木瓜、郁李、凌霄花等）。

　　《诗经》中有大量植物起兴的诗句，与其所处的时代特征和生活生产息息相关，古人将采集、农桑、婚恋、郊游甚至征战、远途等活动中将所见所闻之物、所经所历之感借用身边熟悉的或普遍存在的花草树木的特征与品质表达出来，因此成为中华花木文化形成的思想源头。《诗经》常借用花木比喻女子容貌之美，如《郑风·有女同车》："有女同车，颜如舜华"，用舜华（即木槿的花）来形容女子的容貌之美；《周南·桃夭》："桃之夭夭，灼灼其华"，用盛开的桃花比喻年轻貌美的女子；《召南·何彼秾矣》："何彼秾矣，唐棣之华……何彼秾矣，华如桃李"，用唐棣（通棠棣，即郁李）和桃李盛开的花比喻周王室出嫁王姬的娇艳容貌；《郑风·东门之枌》："视尔如荍，贻我握椒"，将心仪的女子比作荍（即锦葵）花。除此之外，《诗经》中还用花木比兴其他与人有关的情感，例如《小雅·棠棣》："棠棣之华，鄂不韡韡"，用棠棣（即郁李）之花比作兄弟之情；《郑风·溱洧》："维士与女，伊其相谑，赠之以勺药"，用芍药寄托爱意，芍药象征爱情之花。《小雅·采薇》篇中，通过对戍守边疆的士卒采集薇草（图1.6）充饥情景的描述，反映边疆艰苦生活和战士思乡之情，借用薇草暗示艰苦生活；《史记·伯夷列传》记述了伯夷、叔齐二人首阳采薇的典故，同样用薇草暗示二人生活的艰苦，宁可采食薇草充饥，也不愿吃周王的粮食，"首阳采薇"象征伯夷、叔齐的坚贞气节。《小雅·采薇》："昔我往矣，杨柳依依。今我来思，雨雪霏霏"，借杨柳意象表达亲人、友人、爱人的别离、惜别之意；《召南·甘棠》篇通过描述甘棠树（即棠梨）的茂密，劝人不要砍伐伤害

图1.6　薇（野豌豆）

它，借人们对甘棠树的爱护来表达对召伯的爱戴和思念，后世用"甘棠遗爱"来颂扬已经离职且为民做过实事的受人民爱戴的官员。

二、《楚辞》

　　《楚辞》是战国时期楚国诗人屈原以南方民歌为基础，采用楚国方言创作的一种新的诗歌体裁，其内容涉及山川、历史、风物等。有学者统计《楚辞》中提到的植物约有100种[4]，多以寄寓言志、隐喻的手法，将植物大致分为"香"和"恶"两大类，以香草、香木比喻忠贞、贤良之人，如泽兰、江离、杜若等；以恶草、恶木比喻奸佞小人，如葛、蓬、萧等。《楚辞》中花木的象征意义与《诗经》是一脉相承的，《楚辞》更大程度上发挥了《诗经》以物起兴的手法，营造出似真似幻的诗意语境。《离骚》："制芰荷以为衣兮，集芙蓉以为裳"，"芰"指菱，"荷"指莲叶，"芙蓉"指莲花，此处的荷用来指代高洁美丽之品质；《九章·惜诵》："播江离与滋菊兮，愿春日以为糇芳"，江离是一种香草的名字，即今之川芎，菊花素来以高洁傲霜著称，两者皆为清香素洁之物，诗人常以此类植物自比；《九叹·惜贤》："怀芳香而挟蕙兮，佩江离之菲菲"，蕙俗称佩兰，与江蓠一样属于香草类植物，古时香草香木常被用来比喻高洁不污的君子形象。与《诗经》大多花木象征美好意义不同的是，《楚辞》中还有大量花木象征奸佞小人的恶草、恶木，如《九叹·思古》："甘棠枯于丰草兮，藜棘树于中庭"，此处，甘棠寓意君子，藜棘（藜即蒺藜，棘即酸枣）寓意小人，表象在描述甘棠树枯死在野草丛中，蒺藜（图1.7）和酸枣树却种在庭园之中，其实是在悲叹朝廷上君子消亡，小人当道。类似藜棘之类的恶草

图1.7　藜（蒺藜）

在《楚辞》中还有蘦（白芨）、菉（荩草）、蓂耳、葹（苍耳）、野艾、蘮茹（窃衣）、萧、马兰、葛（葛藤）、蓬（飞蓬）、泽泻、菽（野豆）等。

三、汉代诗歌

司马相如的《上林赋》记载了汉代上林苑中的果树、嘉木、草卉等几十余种（类），诸如，山谷原野之上生长着绿蕙、江蓠、麋芜、留夷、结缕、庾莎、揭车、衡兰、槁本、射干、茈姜、蘘荷、蔵持、若荪等草卉，一派"离靡广衍，应风披靡，吐芳扬烈，郁郁菲菲，众香发越"的景象；北园里，种植有卢橘、黄甘、橙棣、枇杷、㮈柿、亭奈、厚朴、楟、枣、杨梅、樱桃、蒲陶等果树，还有沙棠、栎、槠、桦、枫、枰、栌、留落、胥邪、槟榔、棕树、檀木、木兰、豫章、女贞等高大乔木，呈现出"夸条直畅，实叶葰楙，攒立丛倚，连卷欐佹，崔错癹骫，坑衡閜砢，垂条扶疏，落英幡纚"的园林美景。

汉代诗歌中也有一些对庭院景致、田园风光、山野风貌或坟冢树木等直接或间接描述的句子，诸如《相逢行》中"中庭生桂树，华灯何煌煌"，《长歌行》中"青青园中葵，朝露待日晞"，《秋风辞》中"兰有秀兮菊有芳，怀佳人兮不能忘"，《怨郎诗》里"五月石榴红似火……四月枇杷未黄……三月桃花随水转"，《乌生》里"乌生八九子，端坐秦氏桂树间"，《孔雀东南飞》中"寒风摧树木，严霜结庭兰"，《古诗十九首》中"青青河畔草，郁郁园中柳""庭中有奇树，绿叶发华滋"等，这些描写的是庭院和园林中的花木。《十五从军征》中"遥看是君家，松柏冢累累。……中庭生旅谷，井上生旅葵"，《孔雀东南飞》中"两家求合葬，合葬华山傍。东西植松柏，左右种梧桐"，《古诗十九首》中"青青陵上柏，磊磊涧中石""古墓犁为田，松柏摧为薪。白杨多悲风，萧萧愁杀人""白杨何萧萧，松柏夹广路"等，描写的都是坟冢之地的树木。《战城南》里"水声激激，蒲苇冥冥"，《饮马长城窟行》中"枯桑知天风，海水知天寒"，《陌上桑》里"罗敷喜蚕桑，采桑城南隅"，《古诗十九首》中"涉江采芙蓉，兰泽多芳草""回风动地起，秋草萋已绿"，《江南》中"江南可采莲，莲叶何田田"，《怨词》里"秋木萋萋，其叶萎黄，有鸟处山，集于苞桑"，《上山采蘼芜》中"上山采蘼芜，下山逢故夫"等，描述的都是山野、田园、郊外的景观风貌。

四、魏晋南北朝时期的诗歌

《闲居赋》是西晋文学家潘岳所作的一篇赋，记述了自己在卸官之后定居洛水之滨的京郊之地，建房植树、耕田灌园的生活，为后人描绘出了一幅生动、盎然的文人宅园居生活图景。其中有一段对宅园花木园林的描述："爰定我居，筑室穿池。长杨映沼，芳枳树篱。游鳞瀺灂，菡萏敷披。竹木蓊蔼，灵果参差。张公大谷之梨，梁侯乌椑之柿，周文弱枝之枣，房陵朱仲之李，靡不毕殖。三桃表樱胡之别，二柰曜丹白之色。石榴蒲桃之珍，磊落蔓衍乎其侧。梅杏郁棣之属，繁荣藻丽之饰。华实照烂，言所不能极也。"可以看出，潘岳宅园里引水开掘了一处池塘，不仅可以满足日常生活所需的灌溉、养鱼，还是一道美丽的风景，"长杨映沼，菡萏敷披"。此外，围墙还用枸橘（图1.8）编织成篱，房屋四周竹林茂密，宅园中不乏各类果木，有梨、柿、枣、李、樱桃、山桃、胡桃、沙果、石榴、葡萄、梅、杏、郁李等，可赏花、赏果，还可取之尝鲜、充饥。

魏晋诗人陶渊明所作《归园田居》六首，描述的是诗人归隐田园后的乡居乐趣和劳动生活，抛开诗歌所表达的思想内涵和社会背景，单从诗人笔下的田园风光，可以看出魏晋时期文人心目中的理想生活环境。这组诗中，"桑"共

图1.8　枳（枸橘）

出现了五次，可见魏晋时种桑养蚕仍是百姓的主要经济来源；"桑麻"出现三次，桑和麻均是古代重要的纤维纺织作物。此外，陶渊明笔下，"榆柳荫后檐，桃李罗堂前"，在前院种植低矮的桃、李这样的灌木，既可观花亦可尝果；后院种植榆、柳之类的乔木，可乘凉纳荫。这样的庭园花木配置应该是当时社会常见的形式，或是诗人喜欢的植物搭配。此外，陶渊明在《饮酒二十首》中还提到"采菊东篱下""秋菊有佳色""幽兰生前庭""班荆坐松下"等，可见篱笆下种植菊花，庭院生长幽兰，院中或宅旁还有高大的松树。在《拟古九首》中再次提到"荣荣窗下兰，密密堂前柳"，可见兰与柳在庭院中的普遍性。

提到庭园中的花木种植，魏晋时期还有不少描述庭园花木的诗句，诸如："既素重幽居，遂葺宇其上。幸富菊花，偏饶竹实"［南北朝吴均《与顾章书》］，"尔乃窟室徘徊，聊同凿坯。桐间露落，柳下风来。琴号珠柱，书名玉杯。有棠梨而无馆，足酸枣而无台。犹得敧侧八九丈，纵横数十步，榆柳三两行，梨桃百余树。……一寸二寸之鱼，三竿两竿之竹。云气荫于丛著，金精养于秋菊。枣酸梨酢，桃榹李薁"［南北朝庾信《小园赋》］，"中庭五株桃，一株先作花"［南朝宋朝鲍照《拟行路难十八首·其八》］，"中庭多杂树，偏为梅咨嗟"［南朝宋朝鲍照《梅花落》］，"春庭聊纵望，楼台自相隐。窗梅落晚花，池竹开初筍"［南北朝萧悫《春庭晚望》］，"安寝北堂上。明月入我牖……凉风绕曲房。寒蝉鸣高柳"［魏晋陆机《拟明月何皎皎诗》］，等等。

图1.9　蓼

魏晋诗歌中，也有歌咏宫苑园林的诗句，如："江南佳丽地，金陵帝王州。逶迤带绿水，迢递起朱楼。飞甍夹驰道，垂杨荫御沟。凝笳翼高盖，叠鼓送华辀。献纳云台表，功名良可收"［萧齐谢朓《入朝曲》］；有歌咏自然山泽、原野风貌的诗句，如："登山而远望，溪谷多所有。梗枏千余尺，众草芝盛茂"［魏晋曹丕《十五》］，"幽兰盈通谷，长莠被高岑。女萝亦有托，蔓葛亦有寻"［魏晋陆机《悲哉行》］，"荣萸出芳树颠，鲤鱼出洛水泉。……姜桂茶荈出巴蜀，椒橘木兰出高山。蓼（图1.9）苏出沟渠"［魏晋孙楚《出歌》］等；还有描写坟冢、荒城、废墟等场所风貌的诗句，如："举头四顾望，但见松柏荆棘郁樽樽。有一鸟名杜鹃，言是古时蜀帝魂"[南朝宋鲍照《拟行路难十八首·其七》]，"荆棘笼高坟，黄鸟声正悲"[魏晋陶渊明《咏三良》]，"四望无烟火，但见林与丘。城郭生榛棘，蹊径无所由。雚蒲竟广泽，葭苇夹长流"[魏晋王粲《从军行·其五》]，"高坟郁兮巍巍，松柏森兮成行"[魏晋曹植《寡妇诗》]等。总结起来，从魏晋诗歌中可以看出，古人生活居住的庭院、宅园、宫苑种植着高大乔木、嘉木和各种芳香草卉，如榆、柳、松、桐、竹、梅、桃、李、梨、菊、兰等较为普遍，山野、川泽、田园之地有人工种植的桑、麻和自然生长的桂、椒、幽兰、莠、雚、蒲、葭、苇、蓼、苏等野生植被，坟冢、废弃之地往往与松、柏、荆、棘等植物意象密不可分。

五、隋唐诗歌

隋代存世时间较短，所出古籍极少，有关花木内容的古籍更不可寻，只能从存世不多的隋代诗歌中总结一二。隋代诗歌中，有的是描写行进途中道路或水道两旁的花木景色，如"小平路四达，长楸听五钟"[南朝-隋江总《洛阳道二首·其二》]，"杏堂歌吹合，槐路风尘饶"[江总《洛阳道二首·其一》]，"行行春径蘼芜绿，织素那复解琴心"[江总《杂曲·其一》]，"绿柳三春暗，红尘百戏多"[南朝-隋徐陵《洛阳道》]，"杨柳青青著地垂，杨花漫漫搅天飞"[隋代无名氏《送别诗》]，"洲渚敛寒色，杜若变芳春"[隋代孙万寿《早发扬州还乡邑》]等，可以看出当时道路两旁以楸、槐、柳、杨等作为行道树，路边还生长着蘼芜、杜若等闲花野草。还有的描写庭园或宅旁的花木景色，如"园菊抱黄华，庭榴剖珠实"[江总《衡州九日诗》]，"庭中芳桂憔悴叶，井上疏桐零落枝"[江总《姬人怨》]，"千叶芙蓉讵相似，百枝灯花复羞然。……井上桃虫谁可杂，庭中桂蠹岂见怜"[江总《芳树》]，"兰庭动幽气，竹室生虚白"[隋杨素《山斋独坐赠薛内史》]，"落梅树下宜歌舞。金谷万株连绮麖，梅花密处藏娇莺，桃李佳人欲相照，摘叶牵花来并笑。杨柳条青楼上轻，梅花色白雪中明"[江总《梅花落》]，"乘春行故里，徐步采芳荪。径毁悲求仲，林残忆巨源。见桐犹识井，看柳尚知门"[江总《南还寻草市宅》]，"独于幽栖地，山庭暗女萝。涧渍长低筱，池开半卷荷"[江总《夏日还山庭诗》]，"法堂犹集雁，仙竹几成龙。聊承丹桂馥，远视白云峰。风窗穿石窦，月牖拂霜松"[江总《入龙丘岩精舍诗》]等，可见隋代桂、菊、石榴、桐、芙蓉、桃、梅、李、柳、荷、丹桂、竹仍在庭园或园林中流行。此外，还有一些描绘自然山林、水景、田园风貌的诗句，如："垂柳覆金堤，蘼芜叶复齐。水溢芙蓉沼，花飞桃李蹊"[隋薛道衡《昔昔盐》]，"灼灼荷花瑞，亭亭出水中"[隋杜公瞻《咏同心芙蓉》]，"野平葭苇合，村荒藜藿深"[隋唐李密《淮阳感》]，"依花似协妬，拂草乍惊媒。三春桃照李，二月柳争梅"[江总《雉子斑》]，"芦花霜外白，枫叶水前丹"[江总《赠贺左丞萧舍人诗》]，"采桑归路河流深，忆昔相期柏树林"[江总《怨诗》]，"汉曲天榆冷，河边月桂秋"[江总《七夕诗》]等，堤上有垂柳、枫树、月桂、榆、蘼芜、葭、芦苇、藜、藿，水中有芙蓉、荷花，乡间有桑林、柏林，原野间一派桃李梅柳争春的情景。

　　唐代诗歌数量庞大，作者通过粗略检索发现，专门以咏各类花木为题的诗达千余首，诗歌中含有花木字眼的诗句更是万余篇之多。其中，歌咏频率最高的前十种花木依次为柳、松、竹、梅、牡丹、桃、菊、蔷薇、荷/莲、桂，此外还有樱桃、石榴、杏、柏、石竹、梨、李、木兰、芍药、蓬、辛夷、蒲萄、蜀葵、木芙蓉、月桂、柿、合欢、萱草、棕、榆、梓、栀子、桐、刺桐、芭蕉、藤、芝、蕙、桑等草木花卉。由于唐诗涉及花木的诗句不胜枚举，本书仅挑选几种代表性强的花木，通过诗句的引述和分析，对唐代庭园花木配置和唐人的花木审美趣味浅谈一二。

图 1.10　蔷薇

　　首先，唐人庭园中爱植蔷薇（图 1.10），尤其多配置在"架""墙"之上，如诗云"香高丛有架，红落地多苔"[唐代齐己《蔷薇》]，"蔷薇花尽薰风起，绿叶空随满架藤"[唐代徐夤《开窗》]，"一架长条万朵春，嫩红深绿小窠匀"[唐代裴说《裴说》]，"裛露早英浓压架，背人狂蔓暗穿墙"[唐代李建勋《蔷薇二首》]，"蔷薇一架紫，石竹数重青"[唐代徐晶《蔡起居山亭》]等。唐人爱植蔷薇在庭园中观赏的缘由，大概因为蔷薇本身属于蔓生类木本开花灌木，其枝条柔软、下垂（"翠融红绽浑无力，斜倚栏干似诧人"[唐代李冶《蔷薇花》]），是装饰廊架、墙体的最佳花木之一，而且颜色鲜明（"红芳掩敛将迷蝶，翠蔓飘飖欲挂人。低拂地时如堕马，高临墙处似窥邻"［唐代皮日休《奉和鲁望蔷薇次韵》］，"瑶姬学绣流苏幔，绿夹殷红垂锦段"［唐代张碧《林书记蔷薇》］，"头竹叶经春熟，阶底蔷薇入夏开。似火浅深红压架，如饧气味绿粘台"［唐代白居易《蔷薇正开春酒初熟因招刘十九张大夫崔二十四同饮》］），香气袭人、植株茂盛且生长迅速（"清香往往生遥吹，狂蔓看看及四邻"［唐代陆龟蒙《蔷薇》］，"断霞转影侵西壁，浓麝分香入四邻"［唐代方干《朱秀才庭际蔷薇》］），故十分适合庭园种植，而且在唐代十分普遍，如诗云："蔷薇繁艳满城阴，烂熳开红次第深"［唐代李绅《新楼诗二十首·城上蔷薇》］。

其次，唐代都城上至皇家、达官贵人的苑囿、庭园，下到普通人家的庭院、花圃，均十分流行栽培牡丹，有诗云："牡丹相次发，城里又须忙"［唐代王建《长安春游》］，"秦陇州缘鹦鹉贵，王侯家为牡丹贫"［唐代王建《闲说》］，"长安年少惜春残，争认慈恩紫牡丹"［唐代裴士淹《白牡丹》］，"长安牡丹开，绣縠辗晴雷。若使花长在，人应看不回"［唐代崔道融《长安春》］，"庭前芍药妖无格，池上芙蕖净少情。唯有牡丹真国色，花开时节动京城"［唐代刘禹锡《赏牡丹》］等；还有春游"赏牡丹"的习俗，且不乏以收集名贵牡丹品种栽植于庭园用以"炫富"的人，有诗云"长安豪贵惜春残，争玩街西紫牡丹"［唐代卢纶（一作裴潾）《裴给事宅白牡丹》］，"牡丹一朵值千金，将谓从来色最深。今日满栏开似雪，一生辜负看花心"［唐代张又新《牡丹》］，"澹荡韶光三月中，牡丹偏自占春风。时过宝地寻香径，已见新花出故丛"［唐代权德舆《和李中丞慈恩寺清上人院牡丹花歌》］，"三条九陌花时节，万户千车看牡丹。争遣江州白司马，五年风景忆长安"［唐代徐凝《寄白司马》］，"奔车看牡丹，走马听秦筝"［唐代白居易《邓鲂张彻落第》］，"看花长到牡丹月，万事全忘自不知"［唐代孙鲂《看牡丹二首》］，"近来无奈牡丹何，数十千钱买一窠"［唐代柳浑《牡丹》］等。除了两都长安和洛阳以外，牡丹的种植和赏花风尚也波及地方私家园林及风景名胜之地，诸如寺院里就十分盛行种植牡丹，如"去年曾看牡丹花，蛱蝶迎人傍彩霞。今日再游光福寺，春风吹我入仙家"［唐代刘兼《再看光福寺牡丹》］，"此花南地知难种，惭愧僧闲用意栽"［唐代徐凝《题开元寺牡丹》］，"浓艳初开小药栏，人人惆怅出长安。风流却是钱塘寺，不踏红尘见牡丹"［唐代张祜《杭州开元寺牡丹》］，"一作芸香吏，三见牡丹开"［唐代白居易《西明寺牡丹花时忆元九》］等。此外，唐人称单字"花"即指牡丹花，可见牡丹在唐代的地位。

最后，不得不提唐代的咏柳诗与折柳送别的习俗。《全唐诗》中以咏柳为题目的诗篇在众多咏花木的诗篇中数量为最。柳自古表达的就是离别之情、挽留之意，最早见于春秋时期（《诗经·采薇》云："昔我往矣，杨柳依依；今我来思，雨雪霏霏"）。折柳送别习俗大概兴起于汉代，《三辅黄图·卷六·桥》中载："霸桥在长安东，跨水作桥，汉人送客至此桥，折柳赠别。"灞桥在唐朝时设有驿站，凡送别亲人与好友东去，多在这里分手，有的还折柳相赠，流传着"年年伤别，灞桥风雪"的词句。后流行于魏晋南北朝的民间（如乐府诗），到了唐宋达到繁盛时期（以众多唐诗宋词为证），宋以后逐渐淡化，明清后很少有提到折柳送行的习俗，但依然有以柳表达送别之情的诗歌。唐代宫苑、私家园林、田野川泽以及城市中沿河道、路边种植柳树十分普遍，"胜游从小苑，宫柳望春晴。拂地青丝嫩，萦风绿带轻"[唐代杨系《小苑春望宫池柳色》]，"巩树先春雪满枝，上阳宫柳啭黄鹂"[唐代温庭筠《洛阳》]，"无人柳自春，草渚鸳鸯暖"[唐代李贺《经沙苑》]，"柳烟侵御道，门映夹城开"[唐代林宽《少年行》]，"千树阴阴盖御沟，雪花金穗思悠悠"[唐代孙鲂《柳》]，"春色东来度渭桥，青门垂柳百千条"[唐代许景先《折柳篇》]，"春风掩映千门柳，晓色凄凉万井烟"[唐代李郢《江亭春霁》]等。"灞桥""渭城""长安"这些唐诗中熟悉的地名经常与描述"柳"的景色有关，诸如"杨柳含烟灞岸春，年年攀折为行人"[唐代杨巨源《赋得灞岸柳留辞郑员外》]、"灞桥斜日袅垂杨"[唐代罗邺《莺》]、"莫役生灵种杨柳，一枝枝折灞桥边"[唐代谭用之《寄岐山林逢吉明府》]、"风吹新绿草芽坼，雨洒轻黄柳条湿"[唐代白居易《长安早春旅怀》]、"渭城朝雨浥轻尘，客舍青青柳色春"[唐代王维《杂曲歌辞·渭城曲》]、"黄山远隔秦树，紫禁斜通渭城。别路青青柳弱，前溪漠漠苔生"[唐代温庭筠《忆李羽东归》]、"万户楼台临渭水，五陵花柳满秦川"[唐代崔颢《渭城少年行》]，等等。

六、两宋诗歌

两宋时期的诗词总量远超唐代及之前所有朝代诗歌数量的总和。通过模糊检索，初步统计出仅诗题中含有各类花木字眼的诗句已达万余，若统计整篇涉及花木的诗篇，更是不

计其数。其中，题咏数量达 1000 首以上的花木有梅、竹、柳、松、菊、桂，达 100 首以上
1000 首以下的花木有木兰、牡丹、海棠、桐、芍药、木犀/桂花、杏花、桃花、蜡梅、芙
蓉、橘、桑、槐、梧桐等。与唐以前的诗歌相比，两宋诗歌中出现南方花木的诗歌数量大
幅增加，诸如茉莉、芭蕉、橄榄、枇杷、榕等。

　　两宋诗歌中，对花木题咏较多的诗人非苏轼、陆游、杨万里及刘克庄几人莫属。宋人
最爱梅（图 1.11），宋代诗歌里不仅有梅园踏雪寻
梅、赏梅饮酒的乐趣，还有庭院观梅作诗，亦有将
梅枝插于瓶中，置于室内案几观赏的雅兴。宋代咏
梅诗篇中，苏轼的数量不算多，但他的《红梅三
首》对梅的外表和内涵的描写被视为咏梅的千古
名作："怕愁贪睡独开迟，自恐冰容不入时。故作
小红桃杏色，尚余孤瘦雪霜姿"，将梅花耐得住孤
独、超凡脱俗的气质比作美人贪睡，即使用桃杏色
遮掩自己冰清玉洁的容貌而避免世人猜忌，依旧在
雪霜摧残下展露出清瘦的傲骨。南宋陆游的《卜算

图 1.11　梅

子·咏梅》："驿外断桥边，寂寞开无主。已是黄昏独自愁，更著风和雨。无意苦争春，一
任群芳妒。零落成泥碾作尘，只有香如故"，此篇一出，虽没有苏轼《红梅三首》的生动比
拟和文字斟酌，但朗朗上口。陆游用朴实的语言将梅花的孤独、不争、傲霜、留香的气质
一气呵成地描绘出来，便家喻户晓、传颂后世。陆游还评价梅花"品流不落松竹后，怀抱
惟应风月知"［南宋陆游《梅花已过闻东村一树盛开特往寻之慨然有感》］。

　　杨万里极为爱梅，仅题咏梅花（含蜡梅）的诗篇就达百首之多。他观看庭中梅花，将
其与林中梅花比较曰"林中梅花如隐士，只多野气无尘气。庭中梅花如贵人，也无野气也
无尘"［南宋杨万里《郡治燕堂庭中梅花》］。他写在诗歌里的那些寻梅赏梅的故事能够看出他乐观
积极的心态和求"梅"若渴的心情；比如他听闻翟园有千树梅，为能赏梅、作诗，特遣人先
到翟园探寻一番后得知梅未开，特作诗一首要去劝花开："我欲明朝携酒去，花须连夜唤春

回。东风肯报南枝否，待醼东风三百杯"；何止这一次着急看花，他看到张功父园梅在立春后仍不放花也作诗一首："前夕三更月落时，东风已动万花知。江梅端合先交割，春色如何未探支"。他在山林间漫步，正值"深寒浅暮"之时偶遇一梅树开花一朵，惊喜之余还略有遗憾，作诗曰："一树梅花开一朵，恼人偏在最高枝"，不是真的爱梅之人很难观察到高枝上的一朵孤梅，也不会生出"恼人"情绪——这个"恼"是因不能近处欣赏细查，也是因为不能攀折带回瓶插——对杨万里爱好"瓶梅"了解一二，便可察觉他"恼"的原因。

瓶梅，即是折枝插于瓶器之中，杨万里在他的诗中称呼瓶梅为"烛下梅"（他有十余首诗提到瓶梅，可见对其的热爱）。但他赏梅总是心急，瓶花不开也着急："烛下一枝梅，欲开犹未开……窗外雪犹冻，瓶中梅不开"[杨万里《烛下梅花二首》]，"胆样银瓶玉样梅，北枝折得未全开"[杨万里《昌英知县叔作岁坐上赋瓶里梅花时坐上九人七首》]；杨万里太爱梅花而怜惜她们，才将其移入瓶中，给予梅枝温暖、避免被风雨摧残，所以"梅萼才开已乱飞，不堪雨打更风吹。萧萧只隔窗间纸，瓶里梅花总不知"[杨万里《小瓶梅花》]，这大概就是杨万里尤其喜欢瓶梅的原因。他也喜欢雪后赏梅，雪与梅相配是极佳的景致，尤其是白梅与雪更是真假难辨，踏雪寻梅极具乐趣，雪后赏梅也写出不少有趣的诗句，如"雪与梅花两逼真，不知谁好复谁新"[杨万里《和吴监丞景雪中湖上访梅四首·其三》]，"即非雪片催梅发，却是梅花唤雪来"[杨万里《至后十日雪中观梅》]等。他在雪中赏梅还不忘"要寻疏影横斜底，拣尽南枝与北枝"，恐有"拣得疏花折得回，银瓶冰水养教开"[杨万里《怀古堂前小梅渐开四首·其四》]的嫌疑。

刘克庄也爱梅花。他在战乱之后修葺旧宅时乐观地"旋移梅树临窗下"，只为"准备花时要索诗"[南宋刘克庄《葺居一首》]；他赞誉梅花"造化生尤物，居然冠众芳"[刘克庄《梅花一首》]，他描写梅花的个性和气质是"木落山空独占春，十分清瘦转精神"[刘克庄《梅花》]；他每到一处都十分留意梅花之景，看到"篱边屋角立多时"，不禁感叹"不信西湖高士死，梅花寂寞便无诗"[刘克庄《梅花五首·其三》]，路过永福精舍看到"一树梅花掩旧居"而不禁怀念老友"白头留得吟诗友，每见郎君勉读书"[刘克庄《过永福精舍有怀仲白二首·其二》]。

除上述四位诗人外，梅尧臣、王安石、刘敞、韦骧、陆佃、黄庭坚、张耒、周紫芝、李纲、王之道等也有不少题咏梅花的诗歌。不得不说，宋代诗人将梅花的品质与气节推向了一个历史高度，奠定了梅花在中国人心中的地位。

宋诗除了咏梅外，还有题咏其他花木的诗篇，也不乏许多花木和诗人的有趣故事。苏轼自是欣赏梅花的孤傲冷艳，也不耽误追赶潮流、四处游赏牡丹，诗中不乏题咏赏牡丹的诗篇。他不仅雨中看牡丹、到寺院赏牡丹，还簪花取乐自己，自嘲"人老簪花不自羞，花应羞上老人头"，惹来"醉归扶路人应笑，十里珠帘半上钩"[北宋苏轼《吉祥寺赏牡丹》]。陆游赏"锦城梅花海，十里香不断"，喝醉了也学苏轼簪花，"醉帽插花归，银鞍万人看"[南宋陆游《梅花绝句十首·其三》]。杨万里的诗歌中题咏了众多花木，水仙、海棠、兰花、菊、栀子、拒霜花、榴花、杏花、锦带花、含笑、瑞香、山茶等庭院观赏名花自不用说，就连野花和路途中偶然看见的果木、草卉、道边树也会作诗题咏，如橘花、芦花、山丹花、牵牛花、鸡冠花、杜鹃花、桐花、李花等也会在意留心并作诗记录，诸如题咏山丹花："柿红一色明罗袖，金粉群虫集宝簪。花似鹿葱还耐久，叶如芍药不多深"[南宋杨万里《山丹花》]，将山丹的花色、质感、花药形态、花冠形状等描绘得惟妙惟肖，可见诗人对山丹花的好奇和喜欢，故而"青泥瓦斛移山麓，聊著书窗伴小吟"。刘克庄写桂花"生得粟来大，妆成蜡样黄。落金遮蚁穴，酿蜜满蜂房"[南宋刘克庄《桂花》]，可谓观察仔细、比喻巧妙；他写柳树姿态："静是无憀动是狂，秋蝉两两抱斜阳"[刘克庄《柳》]，意境优美；他赞美橘的花香胜过果实："一种灵根有异芬，初开尤胜结丹贲"。刘克庄不仅写很多花木的诗歌，还亲身栽树移竹、莳花种草。他在自家小圃中栽种了萱草、石榴、荷花、素馨、茉莉、菊、葵、韭、李、桃、芙蓉、海棠、桂花、荼蘼、杏花、兰花、瑞香等植物，既有观赏的花木亦有食用的蔬果，尽享田园之乐，其间必有栽花种树的辛苦，也发生了很多趣事，他便用诗歌记录下来。比如他在池塘中种植两池红白花色的荷花，结果却"一朵不留白，两池皆变红"[刘克庄《记小圃花果二十首·其四 莲花》]；他园中桃子仿佛通晓主人"老而饕"的习性而"累累生满树"[刘克庄《记小圃花果二十首·其十二 桃》]，这不禁让主人想起了"二桃杀三士"的历史典故；他的友人送他一株白石榴，结的果实甘甜，于是评价说："红榴满天下，不似玉榴甘"[刘克庄《记小圃花果二十首·其三客有赠一 玉榴种者》]。

七、明清诗歌

明清两代以各种花木为题的诗篇数量达到历史高峰，只因两代诗歌存世数量几十万余，基数最大，故而题咏花木的诗篇数量为最也不足为奇。在众多题咏花木的诗篇中，仍以松、竹、梅、海棠等传统知名花木为题的诗篇数量位居前列，均在千首以上；此外，荔枝、木棉、杜鹃花等南方花木出现的频率也较之前代有所提升。明清时期，题咏花木的诗句，无论从花木之形态、审美抑或是文学意象，大多有引用前代的影子，尤其对于许多著名的花木题咏，旁征博引，延续了历代花木文化。诸如"种菊尚三径，栽柳亦五株"[明代程鉁《次归田园居·其三》]中的"菊三径""柳五株"均与东晋陶渊明有关。其中"菊三径"的说法最早来自陶潜《归去来兮辞并序》中"三径就荒，松菊犹存"，"柳五株"最早见于南北朝时期，如"三山犹有鹤，五柳更应春"[北周庾信《和王少保遥伤周处士诗》]、"庭中三径，门前五柳"[南朝梁费昶《赠徐郎诗》]，后在唐代将其发扬光大（"柳五株"源自唐代诗人借陶潜之号题咏隐居高士的诗篇）。再如"种竹风满林，风清尘自远"[明代王绂《清风林》]，诗歌中将竹与风联系在一起唐之前已有先例（初唐韦安石有诗曰"修竹引薰风"，南宋洪适诗曰"不如种竹招风月"）。

明清时期，以"归园""园林"为主题的诗篇十分丰富，可从其中总结出一些花木配置和审美方面的特点或共性。首先，诗歌中归园后的生活多以花木、鱼鸟为伴，对花木种类的描述较之前代更加准确，且花木类型繁多。诸如黄衷在《园居杂兴四十三首》中就题咏了四十种花木（含果木蔬菜）和三种禽鸟（鹤、凫、鱼）。其中四十种花木，包含兰、菊、木犀、海棠、瑞香、荼蘼、山茶、紫薇等传统著名观赏花木，还有荔枝、杨梅、丝瓜、苦瓜、枸杞等瓜果蔬菜，其中柑橘类果木就有佛手柑、橙、桔、金橘、绿橘、香橼六种，较前代诗歌中对柑橘类植物的称呼更加准确、细致。吴宽题咏他的园居景致有"凿渠暗疏积水，开径剩引清风"[明代吴宽《园居雨后六言四首·其一》]，"水接方池绿满，花填小径红疏"[吴宽《园居雨后六言四首·其二》]，"高荷种出几柄，矮竹移来数丛。豆荚新生自绿，葵花老去犹红"[吴宽《园居雨后六言四首·其三》]，而且还总结出了几种传统的花木造景的"固定搭配"，

如"藤障""花门""榆篱""草径""薜屏""树屋"等［吴宽《园居续咏》］。程銈的园林中"幽
篁六七丛，茅屋三两间。寒梅发墙角，细柳舞堤前。苍松停暮霭，芳草漾晨烟。月浸书幌
内，风来桂树巅"［明代程銈《次归田园居·其一》］，"松下黄绮逢，轩前白鹤往"［程銈《次归田园
居·其二》］。孙承恩的园林中"花竹映幽斋，柴扉背水开"，"屋后万株花，垂杨拂岸斜"，"嘉
木交檐翠，新梢拂槛青"［明代孙承恩《园居漫兴》］。张萱的园居景致更是从选址、借景上得天
独厚，如"枫丹芦白溪如锦""丛桂千株竹千个，檀栾影度幽香过""万朵芙蓉一抹烟，蒸
云酿雨逗前川""门前无数娟娟竹""溪边枯柳絮装绵"，宅中自是"插篱编槿"，营造"松
亭竹阁"，满园"薜荔可衣兰可佩"，闲看"莎鸡在野""井上梧桐"。钱柄的园林"架阁成
楼傍竹丛，小山松桂半相同……满地蘼芜分晓露，沿阶苔草纵吟虫。年来榆柳尤萧瑟，引
得哀蝉一夜风"［明代钱柄《园居感事诗八首 其八》］。

　　明末清初毛奇龄可能是这一时期写园林、园居诗最多的诗人之一，仿佛他每到一处园
林就会题写一篇游记，从他的诗中可以了解到他游历广泛，去过的园林有祝氏园林、杨氏
园林、裕亲王园林、宛平相公园林、黄兵部园林、尤司理园林、王大司马园林等。在他笔
下，杨氏园林"长堤环坠柳，曲阁挂层柯。叠石刳岩涧，开樽对薜萝"［明末清初毛奇龄《游杨
氏园林和韵·其一》］，黄兵部园林"横廊堤柳接，卷幔水亭开。日晕穿林薄，烟丝挂酒杯"［毛
奇龄《雨后饮黄兵部园林留咏并与黄二之翰·其一》］，王大司马园林中"绿野堂成野兴浓，开樽长对
碧芙蓉……玲珑石洞覆丹蕉……回廊屈曲画栏低，紫蔓苍藤到处迷。十月晴光翻叶尽……
万树秋花接禁烟"［毛奇龄《饮王大司马园林八首》］，宛平相公园林"怪道午桥光景别，一花一
石手经营。平门近市亘修廊，西北高楼傍粉墙。桂槛下临光德里，柳丝低拂永丰坊……前
林赤槿后乌桕，流泉绕北陂"［毛奇龄《陪诸公集宛平相公园林十二首》］。此外，成鹫还专门写了
一首关于品花品石的长诗，共涉及古松、红槿、绿莎、双芰荷、芝兰、黄花、翠竹、蜀茶、
仙杏、古桂、蜡梅、桐花、玉树等十余种嘉木名花［明末清初成鹫《再续前题备述园林花石之胜兼送
领军入觐》］。

　　清代很多诗篇专门描写夏季园居生活。如查慎行描述其园居夏景"柘棘补篱成片段，
丁香香过木香香"［清代查慎行《初夏园居十二绝句·其二》］，厉鹗的园居初夏"野荼藤盖瓦，水

杨柳穿笆"［清代厉鹗《醉太平五首·其五　初夏园居》］，陈式金的园居夏日"欹红䉞翠满回塘，四面栽花断续香。树小阴清檀几净，桐高风透午阴凉"［清代陈式金《夏日园居即事》］，张英的园林"千山嫩绿晓参差，踯躅初红一两枝……榆荚松花夹路齐，山翁蚤起自扶犁。一声布谷霏微雨，水满平池稻满畦……初抛紫箨青如许，筍粉吹香日正长。柳下轻风卷钓丝，荷钱一夕点沧漪……绿树阴阴人迹少，枳篱茅屋焙茶……勺药花繁燕子飞，碧梧铺叶荫岩扉……青青蒲叶绕溪生……清溪曲曲皆桃李，衔得春泥半是花"［清代张英《初夏园林十忆诗》］。此外，李宪噩经营园林还自有一套理论："荒圃二三亩，种蔬兼种花。栽葵留宿柢，分菊护新芽。野蔓架成壁，山条斫作笆。初泥茅屋净，坐卧野情赊。"［清代李宪噩《园居三首选二点其一》］

第三节　诗歌中的花木之景及其文化内涵

本节通过网络数据库以检索关键词的方法，将涉及花木的诗句或篇章从众多的诗歌篇章中"抓取"出来，然后根据古人对花木的不同应用、审美意象及文化内涵等分类梳理和总结，以简明扼要的文字阐述和表格陈列的方式，供读者纵览花木诗词，了解花木文化，品鉴花木景致，追慕花木生活。

一、柳

柳（图 1.12），古诗中多称呼为垂杨、烟柳、垂柳等。本节通过关键词模糊检索的方式搜索先秦至清末这一历史阶段的诗歌，首先排除与柳有关的姓氏、人名及地名，再排除以柳喻人或比物等非直接描述柳的景色的诗句，最终获得 5800 余首描述柳之景色、姿态、风俗等的诗篇，其中以咏"柳"为题或题目中含有"柳"的诗篇近 1200 篇；其中"垂杨"在诗歌中的称呼最多，接近 4000 篇，明清时期占据一半以上；以"折柳送别"习俗为主题且有对

图 1.12　江边垂柳（明代华岩《花卉山水》）

柳景色具体描述的诗篇粗略统计有 400 首。这些与"柳"有关的诗歌根据其描述的地点或城市来看，柳树几乎遍布南北大小城池及乡野、山村，诸如雍州、长安、洛阳、金陵、江城、姑苏（苏州）、湖州、邯郸、江陵、广陵、巫峡、江津、商山、萧山、西湖、松江等，多与禁苑、御沟、驿道、堤岸、街、湖池、寺观等场景有关。

这些诗篇中，直接描述各类园林、庭院、街道、堤岸、村落等人工营造之"柳"景色（即非自然野生的柳或柳林）的诗篇亦有 2000 余。因诗篇较多、篇幅有限，上述每一类型场所各选若干首描述"柳"景色的诗句以供读者品读和感受其审美意境（见书后附表 3-1）。

除了对"柳"景色的描述外，还有很多与柳惯用搭配的或种植的花木，如"榆柳荫后园，桃李罗堂前"[东晋陶潜《归园田居五首 其一》]，"柳叶带风转，桃花含雨开"[南朝梁萧纲《侍游新亭应令诗》]，"更思明年桃李月，花红柳绿宴浮桥"[唐代薛稷《饯唐永昌》]，"杨柳青青宛地垂，桃红李白花参差"[唐代苏颋《杂曲歌辞 长相思》]，"杏花俗艳梨花粗，柳花细碎梅花疏"[北宋徐积《琼花歌》]等，概括起来有桃、李、杏、榆、槐、梧桐、枫等，其中，柳与桃、李、杏同时出现多是歌咏春季柳丝新发、春花初放之景，柳与槐、榆搭配出现多是描述夏季河道或街道两侧槐榆阴浓之景，柳与枫的组合多为烘托水边送别之境或表达柳黄枫红之秋景。

刘怡玮研究认为，两汉咏柳诗以"离别"文化意象为主；魏晋南北朝时咏柳诗应景拓展为一年四季，内涵方面拓展了借用"柳"类比美人，表现思乡、相思与闺怨，表示时光易逝，表达送别，歌颂功德；唐宋咏柳诗文化意象又拓展到象征"伤亡悼古"、"欺狂"人品、青楼女子、苦闷忧愤情绪等，汉唐时期柳文化在审美心理上存在若干嬗变，包括由应景到惜别的转变，由悼亡到悲悯的转变，由男性角色到拟女性角色的转变，由单一到多元的发散[5]。

二、桃、李、梅、杏

"桃、李、梅、杏"（图 1.13~ 图 1.15）四种早春开花的果木在古代城市、山林及庭院中的种植十分普遍，既可观花又可品果，是古人生活不可或缺的植物，它们在古代诗歌中出现频率极高。前三种花木在《诗经》中就有歌咏，"杏"也早在汉代农谣[汉代《崔寔引农语》:

图 1.13 杏花（北宋赵昌《写生杏花图》）

图 1.14 桃花（清代恽寿平《山水花卉》局部）

图 1.15 梅花（清代恽寿平《欧香馆写生册》局部）

"二月昏，参星夕。杏花盛，桑椹赤。"]中出现。"桃、李、梅、杏"同属蔷薇科，具有相近的花期和相同的花形，很多非专业人士很难分辨清楚，古代的文人墨客也难免在这四种花木鉴别上出现失误，尤其是诗人在眺望或远观旅途之中的山花景色之时，"桃李梅杏"的群体景观过于相似，诗歌中出现的"桃林""梅林""杏林"很有可能是这类花木的统称或杂木林；因大多诗歌中很少对四种花木的具体生物学特征的描述，多为花色、整体形态、性格特征和审美意境的歌咏，很难理性地判断诗人歌咏的或看到的景物是梅还是桃，是李还是杏，甚至有些诗歌名为"咏梅"，实则描写"腊梅"，不过作为文学作品，也没必要对这四种花木的具体种类求真求源，重在诗人所歌咏的意境、内涵与花木的整体景观风貌。因此，这里特意将"桃、李、梅、杏"放在一起检索和分析论述。

这四种花木中，桃、李通常并称。《诗经》曰："投我以桃，报之以李"，这是最早把桃、李放在一起吟咏的诗篇。后又有"桃李不言，下自成蹊""桃李三千""桃李满天下"等成语广为流传。桃、李虽然并称，但两花在许多文人看来，它们的性格却不同。桃花花色妖艳，如美人，诗歌中常称之为"夭桃"；而李花洁白、淡雅，如女道士，诗歌中常称之为"嘉树"。清代李渔在《闲情偶寄》中就认为李花"甘淡守素，未尝以色媚人也"。从汉至清都不乏歌咏桃李的诗篇，有些是用桃李比喻美人容颜或暗示繁华易逝，并无描述景致之意；有些是单独歌咏桃李之特征与品性，并未指出是哪里的桃李之景；还有些诗句中的桃李是描述山林、郊外的景观风貌；亦有涉及城市中局部小空间环境中的桃李之景，诸如庭院、小园或建筑前等；当然，还有部分诗篇直指城市风貌，甚至具体到哪一座城市或城市的哪个区域，这为研究古代城市绿化景观风貌提供了丰富的想象空间和参考。

"梅先天下春"，白梅淡雅清香，红梅热情傲霜，被誉为中华民族精神的象征，代表了不屈不挠的气节。历代咏梅赞梅诗篇数不胜数，仅以"咏梅"为题的诗篇就多达550余，历史上几乎所有名家均有"咏梅"诗篇流传，以宋代为盛，诸如李新的"暗有浮香通淡月，瘦无寒叶到空枝"写出了梅花的香气和姿态，张九成的"夜雪压枝生冷艳，晓寒入骨耿飞英"道出了梅花的风骨，陆游的"无意苦争春，一任群芳妒。零落成泥碾作尘，只有香如故"是人人能够上口的名句，林逋的"疏影横斜水清浅，暗香浮动月黄昏"更是被誉为千古绝唱。

歌咏杏花的诗词自先秦时期就有，但将杏花及逐渐形成和发展的杏花意象发扬光大是在宋代。宋人的诗词中往往借用杏花粉白娇嫩的外形比喻女子的容颜；又因杏花花期恰逢进士赶考之时，所以歌咏杏花的姿态和繁茂用以寄托及第之愿望；另外，因杏花花期短暂且容易被风吹落，遂用以感叹时光流逝、人生起伏和寄寓诗人归隐之情。元明时期诗歌中所咏的杏花或描述的杏花景色多与"村""山""城外""城东""城南"这些地点名词，以及"柳""桃花"等相对比的植物联系在一起，诸如"阊阖城外草芊芊，桃花杏花红烂然"［元代成廷圭《二月二十日同李希颜游范文正公义庄登天平灵岩两山希颜有诗因次其韵》］，"桃花杏花正无数，明朝更约来东关"［成廷圭《三月十八日同饶介之冯仁伯张道源王伯纯雅集城东李氏园亭赋此》］，"细雨春城杏花落，轻风南陌柳条新"［明代何吾驺《春城寒雨感赋》］，"宝钗换得葡萄去，今日城东看杏花"［元代乃贤《京城春日二首·其二》] 等，无论城中、城外、城郊还是山林、野陌，诗人总能发现杏花的身影，可见古代杏花生长、种植的普遍性和受欢迎程度。

　　通过关键词模糊检索发现，仅题名中含有"桃""李""梅""杏"的诗篇，排除姓氏或人名、地名中含有桃、李、梅、杏四字的诗篇外，咏梅的诗篇约 4500 余，咏桃的诗篇约 3800 余，咏杏的诗篇约 1900 余，咏李（含桃李）的诗篇约 240 余。如若将检索范围扩大到整个诗篇中涉及这四种花木的篇章，其数量接近 40000 首，诗篇中同时出现"桃、李、梅、杏"中的任意两种（除去桃李并称）及以上的诗篇将近 800 首，足见这四种花木在古代人居环境及人们生活中的地位。本节仅收集一些有关古代城乡绿化中以这四种花木为主景或能够反映其景观风貌特征的诗句作为研究对象，因诗篇众多，篇幅有限，仅选出景致描写比较细致或较具审美意境的诗篇供读者品鉴（见书后附表 3-2）。

三、桑柘

　　除了上述柳、桃、李、梅、杏外，"桑柘"在古代诗歌中出现的频率也比较高。尤其是描写城郊、村落、田园景致时，"桑柘"更是频繁出现。以"桑柘"为关键词，通过检索历代诗歌，发现 800 余首描写桑柘之景的诗篇，涉及年代由西晋至清代，涉及地域几乎遍布南北城郭、郊外与村庄；通过这些诗歌的描述，可以发现桑柘多分布于田间地头、院落的房前屋后以及道路、水域两边（见书后附表 3-3）。

　　"桑柘"是桑和柘两种植物的并称，两者同为桑科植物，但有一乔一灌之别。古代广植桑柘，除了专门的桑柘园，还有村口、田头、宅旁、庭院中都会植桑（图 1.16），形成"桑柘成林""桑柘连四野""桑柘绕屋"的农家田园景观。"五亩之宅，树之以桑，五十者可以衣帛矣"[《孟子·梁惠王上》]，宅旁及庭院植桑不仅可美化庭院、乘凉纳荫，还可以饮用桑果，但主要是用来养蚕制丝，这可视为一种朴素的自给自足的庭院生态经济。除了养蚕、实用之外，其木材可供造纸和作为建筑用材，亦可制造生活生产工具及家具。桑柘因其用途广泛，分布普遍且生命力旺盛，历代政府都鼓励百姓种植，形成了一幅"花木乱平原，桑柘盈平畴"[南朝鲍照《代阳春登荆山行》]、"不知县籍添新户，但见川原桑柘稠"[唐代方干《登新城

图 1.16　桑（明代赵文俶《春蚕食叶图》局部）

县楼赠蔡明府》]、"桐乡无限绿，桑柘抱城湾"[明末清初彭孙贻《桐乡夜泊和韵》]的田园风貌，因此"桑柘"一词也就成为农桑之事的代名词。

四、榆

榆树，自古是生长在北方地区田野、城郊、村头、路边的乡土树种之一，常与桑、槐、柳并称，如诗云："出郭视阡陌，翳翳多桑榆"[元末明初郭奎《题彭克让心远亭》]、"城中未省有春光，城外榆槐已半黄"[北宋唐庚《春日郊外》]、"高林古道榆柳郊，落叶晴霜荆棘地"[北宋张耒《寒鸦词》]等。榆树因根系发达且生长快、寿命长、极耐旱，树冠大且阴浓、榆钱可食等特性，被广泛种植在城边、边塞、堡垒、堤岸、驰道等两侧，作生态防护、遮阴以及充饥之用，故而形成了"榆塞""榆关""榆林""榆荚""榆钱"等文学意象符号，在历代诗歌中被引用和歌咏，诸如"杳杳青烟榆夹塞，鳞鳞翠浪麦平畴"[宋代李曾伯《同罗季能章成父张子直登樊城制胜楼》]、"长城迢迢属沧海，古塞历历生黄榆"[北宋刘攽《幽州图》]、"关城榆叶早疏黄，日暮云沙古战场"[唐代王昌龄《从军行七首·其三》]、"营基系井室，濠坎密榆桑"[宋代孙冲《过古夹寨城》]等。此外，榆树还是古代的社树，以榆树作为社树被称作"榆社"，例如《史记·封禅书》记载刘邦起兵时曾祷于家乡丰县枌榆社（里社），榆树为其社木。唐诗有云"井邑枌榆社，陵园松柏田"[唐代杜审言《和李大夫嗣真奉使存抚河东》]、"里社枌榆毁，宫城骑吏非"[唐代皇甫冉《太常魏博士远出贼庭江外相逢因叙其事》]等，可见榆树作为里社的社树延续时间非常久远，直至今日还有一些地名与榆社有关。古人对榆树的认识和利用多在于榆树的生态、实用价值，观赏价值次之，其常被广泛地应用于乡村、道路、城市的绿化，庭园绿化中，也因其高大、遮阴效果佳而与槐树共同成为最佳庭荫树之选。虽然榆树本身很少有诗人歌咏其姿态、叶子、花絮等，但诗人对"榆荚""榆钱"飘落的季节形成的"榆荚扑人飞""风榆落小钱"的景致赋予了浪漫的遐想。以榆、榆树、榆荚、榆钱、桑榆、榆柳、槐榆为检索词，排除地名、借喻词、代称之外，约有1200首诗篇，其中描述城市、乡村、庭院或水边等"榆"景观风貌的诗篇粗略统计有500余，本书选取若干诗句以供读者品鉴（见书后附表3-4）。

五、槐

槐在古代的用途十分广泛，先秦时期便作为社木接受人们的祭祀［《尚书·逸篇》载："大社唯松、东社唯柏、南社唯梓、西社唯栗、北社唯槐。"］。周代朝廷宫殿外种植有三槐九棘，公卿大夫按位份分坐于树下，朝觐天子，故后世用"三槐九棘"代指"三公九卿"，"槐宸"即指皇帝的宫殿，"槐位""槐卿"意指三公，"槐府""槐第"代表三公的官署或宅第等。因此槐还寓意福禄、权位而被后世引种在官署衙门的庭院，考取功名、求仕途之家也会在庭院种槐，后来庭院种槐逐渐普遍化、世俗化，因此植有槐树的庭院也便有了"槐厅""槐庭""槐堂"的诸多称呼。此外，古代槐树还广泛地作为行道树。《晋书·苻坚载记》载"自长安至于诸洲，皆夹路树槐柳……百姓歌之曰：'长安大街，夹树杨、槐'"，可见槐柳在汉代已作为行道树而广泛种植，直至唐代长安城中依旧是"迢迢青槐街"［唐代白居易《寄张十八》］、"弱柳青槐拂地垂"［唐代卢照邻《长安古意》］、"槐阴柳色通逵"［唐代严维《忆长安·五月》］，长安郊外亦是"青槐夹两道"［唐代王昌龄《杂曲歌辞·其一 少年行二首》］、"高槐结浮阴"［唐代孟郊《感别送从叔校书简再登科东归》］、"紫陌夜深槐露滴"［唐代卢纶《长安卧病秋夜言怀》］、"秋槐满地花"［唐代李涛］。

通过关键词检索，涉及"槐"的诗篇多达 6000 余首，仅以"槐"为题的诗篇亦有 530 余；时间跨度上，由汉至清从无间断，宋、明、清时期题槐、咏槐的诗篇占据九成，但汉唐时期的咏槐诗歌奠定了"槐"文化和槐树审美意象，宋及以后咏槐的诗篇在此基础上不断发扬光大，形成了"三公""庭槐""槐厅""槐街""槐荫"等特有的槐文化和象征意义。本书整理出一些与城市风貌、街道绿化、庭院或园林中有关"槐"景致或风貌描述的诗句（见书后附表 3-5），供读者品鉴。

六、松柏

松树与柏树，因两者均是常绿乔木，且自然分布广泛、寿命长，很早就被古人认知、培育和广泛应用，因两者习性相近，均终年不凋，且都为祭祀、陵寝、坟冢、寺庙所用，故常以"松柏"并称。松柏早在先秦就作为社树而受祭祀和崇拜，周代确定松柏为最高等级的陵寝树木，秦汉以后多种于坟冢、寺庙，也应用于各类园林、盆景及植树造林。通过关键词检索，含有"松柏"（并称）的诗篇多达 2900 余首，仅以"松柏"为题的诗篇亦有 110 余；历代诗人对松柏的题咏也大多围于以上所列举的松柏特征和应用场景，或歌咏松柏耐寒不屈的品质（如"岁寒见松柏"[南朝湛挺《历山草堂应教》]、"松柏坚且贞"[唐代还阳子《师海而伐之》]），或烘托墓冢氛围、寄托哀思（如"烟生松柏中"[南北朝无名法师《过徐君墓诗》]、"松柏郁苍苍"[北宋梅尧臣《望芒砀山》]），或描写寺观之风貌（如"飞轩俯松柏，抗殿接云烟"[唐代刘孝孙《游清都观寻沈道士得仙字》]、"塔院空闻松柏风"[唐代钱起《夜宿灵台寺寄郎士元》]），或借喻高士、隐士之气节（"松柏百尺坚"[唐代欧阳詹《答韩十八驽骥吟》]、"孤高松柏操，肯与霜雪易"[北宋吕陶《西风起高原一首奉送应之太博东归》]）等。本书整理出一些与寺观、庭院、陵寝及墓冢绿化有关"松柏"景致或风貌描述的诗句（见书后附表 3-6），以供读者品鉴。

七、白杨

白杨自古被认为是"坟冢"之树，这与诗歌题咏的白杨意象不无关系。诗歌中提及"白杨萧萧"，便是为了烘托墓地、坟岗或通向墓地之所的道路，如"驱车上东门，遥望郭北墓。白杨何萧萧，松柏夹广路"[魏晋《古诗十九首·其十三》]、"荒草何茫茫，白杨亦萧萧"[东晋陶潜《拟挽歌辞三首·其三》]等；亦有借"白杨""悲风"等来描写坟冢之地，如"悲风四边来，肠断白杨声"[唐代李白《相和歌辞·上留田》]、"月边丹桂落，风底白杨悲"[唐代顾况《义川公主挽词》]等。白杨亦可烘托和表达离别之意，如"古情不尽东流水，此地悲风愁白杨"[唐代李白《劳劳亭歌》]、"白杨叶上三更雨，黄菊风前一酒卮"[宋代张舜民《题三水县舍左几著作》]等；白杨还可用来表达怀古之情，如"白杨萧萧悲故柯，黄雀啾啾争晚禾"[唐代刘长卿《登吴古城歌》]、"可怜红粉成灰，萧索白杨风起"[宋末元初汪元量《莺啼序·重过金陵》] 等。通过关键词检索，含有 "白杨" 的诗篇多达 860 余首，以 "白杨" 为题的诗篇亦有 68 首；这些诗句中，以白杨烘托墓地、坟岗氛围的占据六成，其余诗篇则与离别、怀古或是与描写乡野、山林风景有关。本书从中摘取一二供读者品鉴（见书后附表 3-7 ）。

八、桐

古代诗歌中的 "桐" 并非指一种树木，根据具体的语境或诗人对 "桐" 的描述，可能是梧桐或泡桐，也有可能是刺桐或油桐。且不论诗人所指的是哪种桐，整体上 "桐" 在诗歌中的出镜率也很高，排除含有 "桐" 的地名（如桐柏山、桐庐、桐乡、桐江等）和 "焦桐"（指古琴），仅诗题中以 "桐" 为题咏对象的就约有 1530 余篇，如果统计诗句中含有 "桐" 的诗句，其数量更是破万。在众多题咏或涉及 "桐" 的诗句中，以梧桐数量为最，本书就以描写梧桐的诗句为例，分析梧桐文化与梧桐景致。

一句 "梧桐萋萋，生于道周" [商代季历《哀慕歌》]，可知早在商代道路四周便是茂密的梧桐。从 "凤凰鸣矣，于彼高冈。梧桐生矣，于彼朝阳" [《诗经·大雅·卷阿》] 可以看出卷阿一带高岗之上生活着凤凰、生长有梧桐，这成为后世 "凤栖梧桐"（图 1.17）意象的渊源。汉乐府诗《孔雀东南飞》中曰："东西植松柏，左右种梧桐"，松柏多为坟墓所植，但梧桐却鲜见，这里的梧桐并非墓冢标识之木，更多是借 "梧桐" 表达焦仲卿夫妻二人之坚贞爱情。唐代孟郊有诗云："梧桐相待老，鸳鸯会双死" [唐代孟郊《琴曲歌辞·列女操》]，亦是用梧桐和鸳鸯指代贞妇殉夫的爱情。先秦至魏晋南北朝时期涉及 "梧桐" 的诗歌中，多有凤凰与之相应，诸如 "爱植梧桐，以待凤凰" [孙吴诸葛恪《答费祎》]、"拂羽伊何，高栖梧桐" [东晋谢安《王胡之诗》]、"肃肃高桐枝，翩翩栖孤禽" [西晋张载《七哀诗二首·其二》] 等；亦有 "梧桐" 与 "井" 相联系的诗句，如 "双桐生空井，枝叶自相加" [曹魏曹睿《猛虎行》]、"桐生井底叶交枝。今看无端双燕离" [南朝梁萧子显《燕歌行》]；唐宋及以后题咏梧桐的诗篇中，梧桐与 "井" "金井" "银床" "井梧" 出现的频率更高，约有 870 余诗篇涉及，诸如 "入门紫鸳鸯，金井双梧桐" [唐代李白《效古二首·其一》]、"玉醴吹岩菊，银床落井桐" [南朝梁庾肩吾《出

图 1.17　梧桐与凤凰（清代杨大章《凤凰梧桐图》局部）

自九日侍宴乐游苑应令诗》]等；概因中国传统文化中将龙视为神明，龙居于江河湖海，井水通向河流湖泊，故井中亦有龙护佑一方，所以这种在水井之旁种植梧桐的传统是为了"藏龙引凤"、祈求神佑、向往吉祥。另外，宋代诗词中，梧桐与"秋风""夜雨"等词语同时出现在诗句中，多是借题咏梧桐来表达诗人悲秋、离愁、闺怨等情绪，如苏轼的"梧桐叶上三更雨"；此外，从花木配置视角来看，诗歌中的"梧桐"多与竹搭配种植在宅旁、庭院或居室窗外，如诗曰"桐竹交阴覆广庭"[北宋邹浩《南堂八绝句·其二》]、"竹影桐阴窗外"[北宋李之仪《更漏子·借陈君俞韵》]、"高堂桐竹新凉早"[明代王彦泓《郑超宗母七月七夕七旬初度》]。这种配置与凤凰栖息于梧桐而取食于竹实的文学意象有关，诸如诗云："凤栖桐不愧，凤食竹何惭"[武周李伯鱼《桐竹赠张燕公》]、"有鸟五色彣，栖桐食竹实"[唐代寒山《诗三百三首·其二十六》]等。梧桐高大挺拔、夏季阴浓，竹子青翠且常绿，是君子、雅士、高士居所的必栽之物，两者的组合不仅能营造一处"桐阴"或"梧阴"，而且绿竹环绕，隔热降噪，清爽于心，桐竹之景可赏绿、可纳凉、可观影、可听雨，实为嘉木组合（选取诗句情况见书后附表 3-8）。

除"梧桐"意外，诗歌中的"桐"有时候会明确写明是"刺桐"或"椅桐"，有时候只有"桐""桐叶""桐花"的表述，具体还要依据诗歌的细节描述来判断。研究认为，"椅桐"中的"桐"应该指的是可做琴瑟之桐，即泡桐，如诗云"树之榛栗，椅桐梓漆，爰伐琴瑟"[《诗经·定方之中》]、"众木岂无声，椅桐有清响"[唐代于頔《郡斋卧疾赠昼上人》]；"紫桐花"或描写"桐花"是紫色的诗句，应该是紫花泡桐，如"怅望慈恩三月尽，紫桐花落鸟关关"[唐代白居易《酬元员外三月三十日慈恩寺相忆见寄》]、"莎草遍桐阴，桐花满莎落……暗澹灭紫花，句连蹙金萼"[唐代元稹《桐花落》]、"黄鸟语方熟，紫桐阴正清"[唐代皮日休《初夏即事寄鲁望》]；描写刺桐花的诗句也有很多，大多明确写明了"刺桐"之名，如"庭前鹊绕相思树，井上莺歌争刺桐"[唐代无名氏《杂曲歌辞·太和 第三》]、"海曲春深满郡霞，越人多种刺桐花"[唐代曹唐《奉送严大夫再领容府二首·其二》]、"南国清和烟雨辰，刺桐夹道花开新"[唐代王毂《刺桐花》]、"刺桐花映野蔷薇，湘水侵门过客稀"[北宋释德洪《次韵思禹兄见怀》]等。

九、梨花

历代文人钟爱梨花（图 1.18），赋予梨花纯洁的象征，梨花因花色洁白、艳而不妖，常被比作美人、有妇德的女子；梨花又因在寒食节前后开放，且花期较短，常常寓意惜别伤感之情，文人用梨花来衬托一种凄凉的意境和哀怨的心情。此外还总结了有关梨的风俗，诸如惊蛰吃梨、食梨不可分梨、孔融让梨的道德典范等。[6]

诗歌中涉及梨花的诗篇高达 2800 首，其中仅诗题中包括"梨花"的诗篇亦有 445 首，最早涉及"梨"的诗篇出现在魏晋时期，几乎全是指梨作为果木的名称，并未从赞美、欣赏梨花的角度去描写。真正抒写"梨花"姿态与景色的诗篇出现在南北朝时期，但仅存世 4 篇。唐代题咏梨花的诗篇开始增多，诗歌中常将梨花比作美人，最著名的莫过于白居易的"玉容寂寞泪阑干，梨花一枝春带雨"[唐代白居易在《长恨歌》]，将美貌如玉的杨贵妃流泪时的神态比作盛放

图 1.18　梨花（清代恽寿平《山水花卉》局部）

的梨花在春雨中挂着雨珠的样子。后代不少诗人引用白乐天的这句比拟题咏梨花，如"一枝轻带雨，泪湿贵妃妆"[北宋汪洙《梨花》]、"好向晓光垂露看，杨妃梳洗出唐宫"[南宋王镃《梨花》]、"寂寞一枝春雨里，马嵬坡下返魂香"[元代郭居敬《百香诗·其三十九 梨花》]等。白居易以梨花比拟贵妃，不禁又让人联想到唐玄宗与杨玉环在"梨园"乐舞相伴、一唱一和的情景；皇家禁苑中的一处果园因他们二人而成为皇家戏曲教坊，"梨园"自此便有了另一重身份。

除了禁苑梨园中的梨花，唐代不少诗歌中还提到"左掖梨花""禁省梨花"等，诗人眼中，梨花绽放时"冷艳全欺雪，余香乍入衣"[唐代王维《左掖梨花》]，梨花花瓣被风吹落飘扬时"随风蝶影翻"[唐代武元衡《左掖梨花》]，落下时"几片落朝衣"[唐代皇甫冉《和王给事禁省梨花咏》]。冷艳的梨花被风吹落被诗人比作蝴蝶飞舞并不是唐人才有的想象，南北朝时期就有梨花飘飞如蝶的比拟，如"杂雨疑霞落，因风似蝶飞"[南朝梁刘孝绰《于座应令咏梨花诗》]、"萦丛似乱蝶，拂烛状联蛾"[南朝齐刘绘《和池上梨花诗》]，更有南齐王融写出梨花白天如"芳春照流雪"，夜晚"深夕映繁星"的优美意境。宋代诗歌中"梨花院落"出现的频率也很高，且将院落中的梨花与"雨"和"月"联系起来，给院落增加了一种寂寞清冷的意蕴，如"梨花院宇。澹月倾云初过雨"[宋代李祁《减字木兰花》]、"梨花院落溶溶月"[宋代李弥逊《虞美人·宜人生日》]；另外，"梨花院落"的诗篇中常出现"柳絮池塘""秋千（鞦韆）"等庭院小景，诸如"梨花院落溶溶月，柳絮池塘淡淡风"[北宋晏殊《寄远》]、"梨花庭院雪玲珑，微吟独倚秋千架"[北宋贺铸《踏莎行七首·其六 晕眉山》]、"月白鞦韆地，风吹蛱蝶衣"[北宋梅尧臣《梨花》]、"雨轻轻、梨花院落，风淡淡、杨柳池塘"[宋代晁冲之《玉蝴蝶》]、"柳絮池塘昼午，梨花院落昏黄"[宋代胡翼龙《西江月》]等，这些诗句反映出宋人的庭院中比较流行"梨花庭院""杨柳池塘""秋千小架"这种基本配置。唐宋诗歌中对梨花意象及有关梨花景致意境抒写对后世影响久远，直至明清时期的诗歌中仍有"溶溶院落""月下梨花"的描写（见书后附表3-9）。

此外，诗歌中还涉及梨花与梅、桃、李花以及海棠的对比，唐代钱起说梨花"艳静如笼月"而桃花"终被笑妖红"[唐代钱起《梨花》]，北宋黄庭坚也认为"桃花人面各相红，不及天然玉作容"[北宋黄庭坚《次韵晋之五丈赏压沙寺梨花》]，元末明初的杨基"平生厌看桃与李，惟有梨花心独喜"[元末明初杨基《湘阴庙梨花》]，亦有觉得梨花太冷艳的诗人，如北宋晁补之将梨花与烂漫芬芳的海棠对比评价道："惭愧梨花冷似霜" [北宋晁补之《和王拱辰观梨花二首·其一》]。

十、红叶

"红叶"，泛指秋天叶色变红的色叶树，如枫香、槭类、乌桕、黄栌、栎、柿、棠梨、红楠等（图 1.19）。古代诗歌中，多以红叶表现秋天、江边、离别

等意境。涉及"红叶"的诗篇有 1760 余，以"红叶"为题的诗篇亦有 173 篇，但大多并未提及是哪种树木的红叶，这些以"红叶"为题的诗句中，根据诗句或题名的描述，能够判断"红叶"所指的大多是"枫"和"乌桕"，还有个别诗句提及棠梨、石楠，如"叶叶棠梨战野风，满枝哀意为秋红" [北宋宋祁《野路见棠梨红叶为斜日所照尤可爱》]、"几岁江南树，高秋洛涘园。碧姿先雨润，红意后霜繁"等。以"枫叶""丹枫""江枫"为检索词，约有相关诗篇 2470 余；以"乌桕""桕""桕叶"为检索词，约有相关诗篇 250 余；这些诗歌中的"枫""桕"几乎都是表现秋季景观，常与"江边""霜"一同出现，如"江上丹枫堕夜霜" [北宋胡宿《送华涛东归》]、"山寒江冷丹枫落" [北宋黄庭坚《和李才甫先辈快阁五首·其一》]、

图 1.19　红叶（南宋佚名《秋林牧童图》局部）

"江边乌桕树，的的向霜明"［明末清初龚鼎孳《孙秋我扇》］、"清秋霜未降，乌桕叶先红"［宋代何筹斋《溪轩即事》］等。借红叶、丹枫、乌桕描写秋景的诗句很多，本书从中摘取一二供读者品鉴（见书后附表3-10）。

十一、榕

榕，广泛分布于我国两广、福建、云南、台湾等地，是南国最具代表性树种之一。因北方地区没有榕树生长，唐以前的文人对其了解甚少，鲜有诗人将"榕"引入诗篇，仅发现一首诗曰"榕树栖栖，长与少殊。高出林表，广荫原丘。孰知初生，葛藟之俦"［东汉杨孚《榕》］。唐代出现若干提及"榕树"的诗篇，诸如"见樗栲兮相阴覆，怜椶榕兮不丰茂"［唐代元结《演兴四首·其二　讼木魅》］、"茉莉香篱落，榕阴浃里闉"［唐代丁儒《归闲诗二十韵》］、"松盖环清韵，榕根架绿阴"［唐代许浑《岁暮自广江至新兴往复中题峡山寺四首·其三》］等；但这些不足以形成一定的影响力，且很难从诗歌中升华榕树的精神和文化。直到宋代，李纲和薛季宣分别作赋称赞榕树，至此榕树在文学上开始大放光彩，榕树的精神与文化也随之传播。《榕木赋》中说榕树"非栋梁之资；斫削之工，非俎豆之奉。以为舟楫则速沉，以为棺椁则速腐，以为门户则液，以为楹柱则蠹。薪之弗焰，无爨鼎之功；燎之弗明，无爝火之用"，就是这样一种看似无用之木，李纲却看到了它的可贵之处，就是因其所谓的"无用"而不受人的重用和待见，所以才得以茂盛而长寿，可"为行人之所依归，咸休影乎其中"。李纲对榕树的认知和态度与庄子对《逍遥游》中"樗"和《人世间》中"栎"两种树木的辩证思想一脉相承。《大榕赋》更是详细描述了榕树的姿态和气魄，并赞美榕树的品质"承天之施，得生于地，不假乎人，不离乎类。不以直节为高，不以孤生为异。凌寒而不改其操，连理而不称其瑞。无庸而庸无尚焉，为其全虚愚之义也"，简言概之，榕树有"大通之德"。以上两赋，奠定了榕树在文学上的形象和审美意象，对后代题咏"榕"的诗歌有着深厚影响。

通过关键词检索的方式，古代诗歌中含有"榕"的诗篇，除却地名以外约有1140首，其中以"榕"为题的诗篇有320余，以宋、明、清三代写"榕"的诗歌数量为盛。这些诗歌中出现频率较高的词是"榕阴""榕叶""榕树""古榕"，几乎全是描写南国风光，有的

生于寺院内外："榕叶春浓僧院寂"［元末明初陈谟《至南安和知事陈云壑祠龙母韵》］，有的种在县
衙门口："榕叶阴中掩县门"［北宋代陶弼《畲田》］，有的长在城墙外："老榕挹翠拂双垣"［北宋
熊浚明《南禅寺》］，有的生在道路旁："苍烟巷陌青榕老"［宋代龙昌期《三山即事》］，有的栽种于
湖池岸边："十亩方塘四岸榕"［北宋郭祥正《迁居西湖普贤院寄自省上人》］，还有的常见于庭院里、
村郭口、溪流旁……此外，与榕树同时出现于诗歌中的花木还有荔枝、蕉、桂、梅、橘、
竹、桄榔、荻等，尤其是闽地，榕树和荔枝的组合几乎遍及山林、官道、驿站、溪流、村
庄与庭院（见书后附表3-11）。

十二、桂

桂，古时亦称其木樨（木犀），叶常绿而并不凋，花芳香又可食，深受国人喜爱，逐渐
形成了赏桂树、闻桂香、酿桂酒等习俗，同时也流传下来许多有关桂树的神奇传说和美好
的象征，如"月中桂树""吴刚伐桂""桂子兰孙""蟾宫折桂"等。以"桂花""桂树""木樨（木
犀）""桂阴""岩桂"等为检索词搜索历代诗篇全文，约有3570余首诗篇涉及，其中题名
中含有上述关键词的诗篇共约1000余；从这些题名中看，桂主要出现的场所有寺庙（如妙
觉寺［宋代孙觌《妙觉寺三咏·其一木犀》］、观音寺［宋代史弥宁《次韵观音寺访木犀已过》］、西隐寺［南
宋曾丰《太白山西隐寺木犀》］、长沙寺［宋代陈与义《长沙寺桂花重开》］、资福寺［南宋陈文蔚《纵步过资
福寺僧留饮出示净度文三教一理论戏书时寺门桂花烂开》］、重玄寺［南宋陈深《重玄寺旃檀林桂花》］）、宫
苑、亭边、轩外、庭前、堂前、斋旁，亦有将桂树置于器物之中做盆景或瓶插的。题咏多
是从桂的花香、花色、形态、传说四个方面着笔。桂之香气是诗人描写最多的特点，"风飘
丹桂香"［隋末唐初高士廉《五言春日侍宴次望海应诏》］，闻桂香无需近前，有风来便可嗅出它特有
的香气，即使在看不到桂花的地方，桂花的香气亦可随着风的流动而散溢满堂、满庭、满
园甚至满山；诗人将桂花比作"黄金粟"（图1.20），因其花色金黄、花小如籽；例如辛弃疾
云"枝枝点点黄金粟"［南宋辛弃疾《踏莎行·其二赋木犀》］，杨万里云"黄金粟缀青瑶枝"［南宋
杨万里《题徐载叔双桂楼》］、"枝头烂漫黄金粟"［南宋许应龙《馆中和赏桂诗》］等；诗人歌咏桂树形
态之词多用"团团""婆娑""扶疏""苍苍"，以"团团"最多，诸如"桂树团团翠簇成"［南

宋韩淲《次韵·其五》]、"团团桂
树拥檐牙"[南宋楼钥《过故家》],
用"团团"形容桂树与其近半
球形或椭圆形的树冠相吻合；
涉及"桂"传说的诗句多提到
"广寒宫""月殿""蟾宫"等
词语，均指向月宫有桂树的神
话。此外，从种植与配置角度
看，诗歌中多提到植"双桂"
于斋旁（"双桂亭亭傍竹斋"[宋
代吕颐浩《桂斋》]），或庭前（"庭
前一双桂"[南宋周密《伐木杂
言》]），或堂前（"手植堂前双
桂秋"[宋末元初许月卿《六月雨
十一首·其九》]），或门前（"门
前双桂更作门"[南宋杨万里《子

图 1.20　桂花（清代蒋廷锡《桂花轴》局部）

上弟折赠木犀数枝走笔谢之》]），或庙前（"庙前双桂树"[元代黄玠《琏市有双桂庙里父
老云稽司徒女堕井死树有灵怪人家喜庆歌乐之事必祭之如喜神云》]）、轩前（"君家轩前双
桂株"[明代倪谦《双桂轩为侯给事臣赋》]）……总之，通过这些诗句可以看出"桂"
常对植配置在建筑阶前或庭院或门前两侧（相关诗句见书后附表 3-12）。

十三、楝

　　楝在古代城市生活中的存在感比较低，不及槐榕之阴浓，不若枫柳之婀
娜，不胜桃李之花繁，亦无松柏之气节，无兰桂之雅性。但在平原乡间、溪边
塘上，尤其是江南地区，楝树的分布和应用还是比较广泛的。江南有二十四番

花信风，即从小寒到谷雨，八个节气二十四候，每候对应一种应季开放的花，梅花为首，楝花为终，楝花即是谷雨三候的花。楝树，花色淡紫，繁密如烟，放于春夏之交；因楝树除了在花期辨识度较高外，其他时节十分低调，在古代诗歌中的存在感亦不明显，历代以咏"楝"为题的诗篇不过 40 余篇，整篇提及"楝树""楝花""楝叶""楝实"的诗篇也不过 400 余。文人墨客对其描绘也多以花信风描述一笔带过，很少有关于楝树的典故、传说、象征的描绘（相关诗词见书后附表 3-13）。楝树的高光时刻大概就是暮春楝花绽放的短暂时节，淡紫色的花瓣借着春风春雨四处飘零如雪（"小雨轻风落楝花，细红如雪点平沙"[北宋王安石《钟山晚步》]），而后又落在屋檐、水面的情景，淡淡的清香迎风扑鼻（"楝花飘砌。蔌蔌清香细"[北宋谢逸《千秋岁》]），诗人才会注意到原来还有楝花这种拥有淡雅之紫、清幽之香的花木。即使诗歌中对楝树的书写较

图1.21　石榴花（明代陆治《蜀葵石榴花图》局部）

少，也不影响楝树在中华大地上的普遍分布和栽植，故能授予谷雨三候之花的"封号"，其花的淡雅和清香，仍是值得传承和歌颂的。

十四、石榴

石榴（图1.21），古亦称安石榴，花与果红色，虽不是中华本土植物，但是自西汉张骞通西域开辟"丝绸之路"从安息国将石榴引入长安皇家园林上林苑、骊山温泉宫等，之后魏晋时期的贵族私家园林中也竞相种植石榴等外来花木作为猎奇攀比，南北朝

时石榴在南北方均有种植，且南方已经培育出更多的新品种，从此拉开了石榴在中国遍地开花的序幕。石榴文化的传播是古代丝绸之路文化的重要内容，在印度佛教文化中认为石榴可破除魔障，古称之为"吉祥果""子满果"，象征财富圆满，传入中国之后成为祭献祖先和神灵的佳果，在祭祖仪式上摆放石榴果，在陵墓神道边种植石榴树，在中秋节祭神时以石榴为供品，民间请钟馗神守镇所绘钟馗画像耳边亦插有石榴花。此外，石榴多籽也引申出多子多福、丰收、幸福的象征，这种象征意义在南北朝时已经形成[7]。直至今日，石榴仍是西安临潼一带的主要经济类果木，也是西安市花。

石榴与石榴文化在古代如此受到推崇，诗歌中必然少不了对石榴的歌咏和描述。通过检索发现涉及"石榴""榴花"的诗篇约1980余，均是汉以后，唐代咏石榴的诗篇最盛。白居易十分喜爱石榴花，他作诗若干题咏石榴花，说它花开茂密、花瓣质感如生绡："一丛千朵压阑干，剪碎红绡却作团"，并将其与难以让人亲近把玩的蔷薇和荷花做对比："蔷薇带刺攀应懒，菡萏生泥玩亦难"，而石榴花却热情好客："争及此花檐户下，任人采弄尽人看"；他还说山寺里的石榴花的"色相"差点令坐禅僧人心动，评价石榴花是"天魔女化身"[唐代白居易《题孤山寺山石榴花示诸僧众》]。北宋王禹偁《咏石榴花》写石榴是"王母庭中亲见栽，张骞偷得下天来"，且全诗未提石榴，更无对石榴特征的描写，却巧妙地将石榴的红花比喻成"一撮生红熨不开"，这与白居易的"剪碎红绡却作团"异曲同工，都形象地将石榴花瓣的质感和皱褶纹理比喻得恰到好处。除了红花，石榴还有黄花品种，北宋韦骧作三首诗咏黄石榴，如"六月群芳歇，榴花拆浅黄。色方金菊淡，体异玉簪长"[北宋韦骧《黄石榴花》]，简单几句就道出了石榴的花期、花色、形态；"花似新鹅色泽均，萼如柘茧乱纷纷"这句将黄石榴的花进行了更细致的描述，花瓣如新鹅的毛色，萼片色如柘黄，质感如茧。诗歌中除了有花色、花形及姿态的描述外，还有石榴的具体配置。诗歌中的石榴通常还出现在庭前、窗前、轩外、楼阁旁、溪水边（见书后附表3-14）。陆游有十五首诗歌提及石榴，其中几首题写自家庭院中的石榴："石榴萱草并成空，又见墙阴苋叶红"[南宋陆游《秋近》]、"微雨轻云已入梅，石榴萱草一时开"[南宋陆游《入梅》]、"萱草石榴相续开，数枝晚笋破苍苔"[南宋陆游《东窗》]等，可以看出陆游在房屋"东窗"外、园墙下并植了石榴和萱草。

十五、海棠

现代植物学里所说的"海棠"包含蔷薇科苹果属多种海棠和木瓜属的若干种海棠，其中最著名也是观赏及应用最广泛的有四种，即苹果属的垂丝海棠、西府海棠（图 1.22、图 1.23）和木瓜属的贴梗海棠、木瓜海棠。而古代，"海棠"一词出现得较晚，在唐之前几乎没有出现在诗歌中，仅发现隋末唐初褚遂良一首《湘潭偶题诗》曰"游遍九衢灯火夜，归来月挂海棠前"，是目前所掌握的资料中最早出现的一首提到"海棠"的诗篇。有学者研究认为，可能古代人们还没有将海棠从称作"棠""杜""柰"等蔷薇科相似属的花木中分离出来，统一将此类花木称作"棠""杜"。唐以后，尤其是中唐及之后，海棠出现在诗歌中的频率不断上升。通过检索"海棠"一词，发现约有 3740 首诗词中涉及，但这些诗歌中有很多仅提到"海棠"再无具体描述或借"海棠"题写其他，并无关于海棠的形态特征、景色景致或审美方面的描述或抒发。研究发现，元明清时期诗歌中有很多提及"海棠"更多的只是一种文学意象，诸如"输与海棠三四分"[元代查德卿《一半儿·其二　拟美人八咏》]，"海棠睡足风吹起"[明代李东阳《题杨妃出游图》]，仅是借海棠比喻美人或与美人做比较；而在唐宋诗歌中，海棠则更多偏向于赏景、赞美题材。根据研究需要，以唐宋诗歌为主，整理和分

图 1.22　垂丝海棠（清代董诰《二十四番花信　　图 1.23　西府海棠（南宋林椿《写生海棠图》）
风图》局部）

析其诗歌中的海棠文化及其配置。唐代敦煌曲子《虞美人其一·海棠开二首》中简单几句，便将海棠的花期——"东风吹绽海棠开"（即春季）、海棠花的特点——"香麝满楼台。香和红艳一堆堆"（即芳香而红艳）、海棠花的用途——"又被美人和枝折。缀金钗"（即为女子所爱，缀于金钗）描绘清楚了。南宋杨万里以海棠为题的诗篇有 30 余首，恐为题咏海棠最多的诗人，他在诗歌中自评"吾诗多为海棠哦，花意依前怨不多"[南宋杨万里《海棠四首·其四》]。杨万里赏海棠最喜海棠群植，种一株两株不够，他喜欢"人在中央花四傍"[南宋杨万里《观张功父南湖海棠杖藜走笔三首·其一》]的感觉，感叹京城"海棠一万株"[南宋杨万里《醉卧海棠图歌赠陆务观》]的景象，他在自家庭院"外种百来树，中安一小亭"[南宋杨万里《二月十四日晓起看海棠八首·其六》]；他还评价说海棠是仅次于花王牡丹的"亚元"，其花色"艳超红白外"，花香"香在有无间"[南宋杨万里《二月十四日晓起看海棠八首·其八》]。陆游也爱海棠花，亦题咏 20 余首。杨万里喜欢早起看海棠，而陆游则喜欢夜里秉烛赏海棠，并总结出看花的口诀"月下看荼蘼，烛下看海棠。此是看花法，不可轻传扬。荼蘼暗处看，纷纷满架雪。海棠明处看，滴滴万点血"[南宋陆游《海棠》]。陆游诗中最忆成都之海棠，作诗曰"成都海棠十万株，繁华盛丽天下无"[南宋陆游《成都行》]，"碧鸡海棠天下绝，枝枝似染猩猩血"[南宋陆游《海棠歌》]。篇幅有限，不逐一列举，仅在书后节选若干唐宋时期题咏海棠的诗歌，以供读者品鉴（见书后附表 3-15）。

十六、紫薇

紫微星垣自古被认为是帝王居处的象征，因唐玄宗改中书省为紫微省，便有了中书令曰紫微令，中书侍郎也称作紫微侍郎。又因白居易回京任职紫微省，见院中紫薇花（图1.24），赋诗一首"独坐黄昏谁是伴，紫薇花对紫薇郎"，因紫薇与紫微谐音，又经此一解读，便从一株普通的花木摇身一变成为紫微星垣里的宠花，从此紫微省、紫微令也呼作紫薇省、紫薇令，紫薇便与中书省结缘而名声大噪，后世诗人竞相题咏并喜植此花于省中、衙门或宅园。检索"紫薇"有关的诗词，"紫薇"不单单指紫薇花这一花木，还是中书省、中书官员、皇宫的代名词，显然唐代以后，"紫薇"与"紫微"几乎相通，很难通过检索快

图 1.24　紫薇（清代朱偁《紫薇双鸭图》局部）

速和准确地统计出诗人题咏的是"花"还是"省"，是官职还是皇宫，如"一振声华入紫薇，三开秦镜照春闱"[唐代蒯希逸《和主司王起》]中的"紫薇"应指紫微省或官名，"老臣恩遇知何极，梦到天门觐紫薇"中的"紫薇"应该是皇宫，"三槐龙影连青琐，千柳莺声度紫薇"[宋末元初柴望《呈中书权直程沧洲》]中的"紫薇"应是双关语，与"三槐"一样明着是写槐、柳、紫薇之景，暗指三槐和紫薇象征的官位。因此，以"紫薇花"为检索词，能够有效且快速屏蔽"紫薇"的象征意义和借代词，检索结果较为准确地反映出是对紫薇花的描写，共检索到题写"紫薇花"的诗篇 500 余，开始于唐朝、精妙于宋代、量盛于明清、延续至清末，再从中逐一研读和提炼出含有紫薇花特征描述、景致与配置描写的诗句（见书后附表 3-16）。

十七、牡丹、芍药

牡丹（图1.25）与芍药是同科植物姐妹花，花形极为相似，花期也相差不多，仅一木本一草本之别。现代人经常将牡丹与芍药一起种植以供观赏，古人也是如此，很早就注意到了两种花木的联系与区别，在诗词中也经常将两者进行对比。古时称牡丹为花王，芍药为花相，并称"花中二绝"。古代诗歌中涉及两种花木的诗篇不胜枚举，粗略统计出现"牡丹""芍药"或"牡丹＋芍药"字眼的诗篇数量接近5000首，如果只统计题名中含有"牡丹""芍药"或"牡丹＋芍药"的诗篇亦有3700余篇，足见两种花木在古代受欢迎的程度。

研究发现，题咏牡丹和芍药的诗篇，几乎全是出现于唐代以后，唐之前鲜有题咏或涉及两种花木的诗篇；此外，相较于题咏梅、竹、海棠、紫薇等知名花木的诗词中均有题咏其品性、象征或借代的事物，而题咏牡丹和芍药的诗歌中却很少有借两种花木隐喻或借代某

图 1.25　牡丹（清代蒋廷锡《牡丹图》）

种事物或人，除了对牡丹和芍药有"花王""花相"等赞誉以及与名人有关的典故外，更多的是对牡丹景致和花容的赞美，诸如"高低深浅一阑红，把火殷勤绕露丛"［唐代温庭筠《夜看牡丹》］、"绕台依榭一丛丛，紫映黄苞白映红"［北宋李至《奉和独赏牡丹》］、"艳蕊鲜房次第开，含烟洗露照苍苔"［唐代权德舆《和李中丞慈恩寺清上人院牡丹花歌》］等；亦有描写赏牡丹或种牡丹的情景，诸如"绕东丛了绕西丛，为爱丛丛紫间红"［五代周昉《独赏牡丹因而成咏》］、"卵石周围砌作坛，更须面面作栏杆"［宋代虞俦《南坡做牡丹坛二绝·其一》］、"曾倒金壶为牡丹，矮床设座绕花坛"［北宋郑獬《次韵程丞相牡丹》］等；还有的是将牡丹与芍药作对比评价，如："庭前芍药妖无格，池上芙蕖净少情。唯有牡丹真国色，花开时节动京城"［唐代刘禹锡《赏牡丹》］、"庭前芍药朵，开向牡丹傍。本以容华妒，翻令先后芳"［明代钟芳《清风亭蜀葵盛开》］、"牡丹素擅夫人号，芍药甘居侍婢卑"［清代赵翼《院中有芍药而无牡丹戏书》］等；还有借牡丹讽刺攀比之风、庸俗之气或感叹繁华易逝，如"牡丹妖艳乱人心，一国如狂不惜金"［唐代王毂《牡丹》］、"长安豪贵惜春残，争玩街西紫牡丹。别有玉盘承露冷，无人起就月中看"、"芍药花开出旧栏，春衫掩泪再来看。主人不在花长在，更胜青松守岁寒"［唐代钱起《故王维右丞堂前芍药花开凄然感怀》］等。从诗歌中还可以看出，唐代两京种牡丹和赏牡丹蔚然成风，名门贵胄之家多种植牡丹，有的种植在厅堂阶前两侧，且多设坛床、围栏、高台来显示牡丹的地位，也有的专门营造牡丹花圃，引种和培育各类牡丹。宋代及以后，牡丹种植就比较普遍，"旧时王谢堂前燕，飞入寻常百姓家"，南北寺观园林、私家庭院亦开始流行（相关诗句见书后附表3-17）。

十八、芙蓉（木芙蓉）

诗歌中的芙蓉可指两种植物，一种是水中芙蓉，亦称荷或莲，另一种是池上芙蓉，亦称木芙蓉（图1.26）、拒霜花、木莲。古人也注意到这两种花虽然花名相同而花期、生长环境却截然不同的特点，不少诗人专门作诗阐释两者的区别，如白居易说："莫怕秋无伴醉物，水莲花尽木莲开"［唐代白居易《木芙蓉花下招客饮》］，指出两者一种是水中莲，夏日开花秋日凋，另一种则是木本莲，秋季开花。洪适也一针见血指出："川陆有芙蓉，名同物不同。"［南宋洪

图 1.26　木芙蓉（清代邹一桂《花卉八开》局部）

适《盘洲杂韵上·木芙蓉》] 杨万里调侃说："岸植木菡萏，池栽水拒霜。那知一家
种，同艳不同香" [南宋杨万里《荇林五十咏·其三十八　芙蓉沜》]，更是将两者名字混
搭，岸上栽植"木"菡萏，池中栽种"水"拒霜，并指出两者是"同艳不同香"。
舒岳祥对相同种不同花名总结评价道："牡丹一名木芍药，拒霜也号木芙蓉。好
花名尽多重叠，不取枝同取貌同" [宋末元初舒岳祥《平皋木芙蓉千株烂然云锦醉行其中
如游芙蓉城也作歌纪之》]，这大概就是古人对相似花的取名原则吧。

　　无论哪种芙蓉，在古代社会生活及文学题材中都是热门花木。以"芙蓉"
为检索词搜索，仅诗题中含有"芙蓉"的诗篇多达 1400 余。研究这些诗歌发
现，唐代以前题咏"芙蓉"的诗歌几乎均指水中芙蓉，如"微风摇紫叶，轻
露拂朱房" [南朝梁沈约《咏芙蓉诗》]、"未及清池上，红葜并出房。日分双蒂影，
风合两花香" [南北朝朱超《咏同心芙蓉诗》]、"灼灼荷花瑞，亭亭出水中。一茎孤
引绿，双影共分红" [隋代杜公瞻《咏同心芙蓉诗》] 等。唐初，诗歌中依旧流行用
"芙蓉"称呼荷花，但已经出现了为区别于荷花而名曰"木芙蓉"的诗篇，如

赵彦昭的《秋朝木芙蓉》、霍总的《木芙蓉》，直至中唐以后，越来越多题咏"木芙蓉"的诗篇出现，已很少使用"芙蓉"一词题咏荷花，且题咏"木芙蓉"的诗篇远多于水中芙蓉。此时期题名中含有"芙蓉"的几乎都是地名或楼阁馆榭之名，诸如芙蓉楼、芙蓉园、芙蓉山、芙蓉峰、芙蓉亭、芙蓉沼、芙蓉溪、芙蓉榭、芙蓉池，而这些含有芙蓉的地名或建筑园林名称中，有些是因荷花而得名，如苏颋《春日芙蓉园侍宴应制》中因荷花而得芙蓉园之名："绕花开水殿，架竹起山楼。荷芰轻薰幄，鱼龙出负舟"，赵嘏《昔昔盐二十首　水溢芙蓉沼》中也因荷花得名芙蓉沼："云遍窗前见，荷翻镜里逢"。有些则是因"木芙蓉"而得名，如柳宗元《巽公院五咏点芙蓉亭》中因木芙蓉而得名芙蓉亭："新亭俯朱槛，嘉木开芙蓉"。传五代后蜀主孟昶宠妃徐氏因爱木芙蓉，都城成都的城墙上种满了木芙蓉，因此成都便有了芙蓉城、锦城的美称。成都广植木芙蓉的原因是不是因为孟昶对徐氏的宠爱不可定论，但从流传下来歌颂成都木芙蓉的诗篇中可以看出"芙蓉城"名不虚传："四十里城花发时，锦囊高下照坤维"［五代张立《咏蜀都城上芙蓉花》］、"去年今日到成都，城上芙蓉锦绣舒"［五代张立《又咏芙蓉花》］。宋代题咏木芙蓉数量最多，且较之前代以题咏花色、形态或描写景致为主逐渐转向表达木芙蓉的文学意象和审美意境，诸如，描写此花开放季节或性格时，必提"霜""拒霜"，因此木芙蓉又得名"拒霜花"；此花因与同是秋天开放的菊花同样具有不畏寒霜的精神，常搭配一起种植，故诗歌中也常将木芙蓉与菊花一起题咏，就有了"金菊对芙蓉"的词牌；此外，木芙蓉常与竹丛搭配种植，翠竹为背景显得芙蓉更加明艳照人，因此诗人常以"翠竹芙蓉""修竹芙蓉"为题一同题咏。

因题咏"芙蓉"的诗篇众多，根据课题需要，本节以木芙蓉为例，通过收集题咏"木芙蓉"的诗篇，梳理其中涉及种植配置、审美意境等方面的诗篇（见书后附表 3-18）。研究这些诗篇发现，木芙蓉多丛植或大量连续种植在湖池之周、溪边或两岸，也可种植于庭院，或"也傍清池也傍篱"［元代胡天游《晚日芙蓉》］，惯与菊花、竹子、芭蕉等花木搭配种植。

十九、蔷薇、玫瑰、月季

蔷薇、玫瑰、月季（图 1.27）三者在现代植物分类学中属于同科同属植物，具有相似的花形、叶形，但又有各自的特点和用途。明清时期人们就注意到了三者的区别与联系，因此常有诗人写诗描述三者的特点。蔷薇是一种十分古老的植物，我国人工栽培蔷薇至少从汉代就有文字可考，南北朝时期就大面积种植。因此，题咏蔷薇的诗篇也是三者中出现最早，数量最多的。通过检索发现涉及蔷薇的诗篇1000 余，其中仅题咏蔷薇的诗篇

图 1.27　月季（清代蒋廷锡《月季披秀》局部）

就有 220 余，接近题咏玫瑰和月季诗篇总量的三倍。最早题咏蔷薇的诗歌出现于南北朝时期，明清时期数量最多。玫瑰最早是指宝石，而作为植物名最早出现在东晋的《西京杂记》："乐游苑自生玫瑰树，树下多苜蓿"，但并没有对玫瑰树进行具体描述，与今天所称呼的玫瑰是否为一种尚无定论；唐代诗歌中最早出现题咏玫瑰的诗篇，但依旧没有特征描述，宋代诗歌中出现了玫瑰与蔷薇同题于一首诗，又有关于花色"紫""白""红"的题写，已经基本能够判断诗歌中的"玫瑰"应该与蔷薇极其相似。直到明清，一些题咏玫瑰的诗篇中开始对其有"浓芳郁郁"[明末清初彭孙贻《玫瑰》]、"柔条弱刺"[明末清初沈栗《踏莎行·玫瑰》]、"艳紫浓殷"[清代董元恺《一丛花·咏玫瑰花》]、"浓香艳紫重重"[清代王策《乌夜啼·庭中玫瑰一丛，秋来忽发数花》]等花香、形态特征的描述，依此可以判断出玫瑰、蔷薇、月季三者的亲缘关系。有学者研究认为，月季是从古代蔷薇中由人工选择、扦插、培育而形成的一个新种[8]，至今已经有1000 多年的栽培史，是我国劳动人民奉献给世界园艺界的奇葩。因月季为人工培育，出现较晚，从栽培到大面积种植，再到成为园林花木不可或缺的主角之一被人们认识、认知

和喜爱需要一定的积淀和时间，因此题咏月季的诗篇主要在明清时期，以清代为主，唐及以前没有涉及，宋代不足 10 首。正因如此，明清时期题咏月季的诗歌修辞和描述远超宋代题咏月季的水准，这在其他传统著名花木的题咏诗歌中是不常见的——历代题咏花木的诗歌几乎以唐宋诗词的修辞和意境为最。

通过研究这些诗歌发现，题咏蔷薇多赞美蔷薇的色彩、描述蔷薇的钩刺以及在庭院中的景致；题咏玫瑰多赞美其花色、花香以及一些玫瑰的食用价值；题咏月季多赞美其四季开花不断的品质。从三种花木的用途或景观配置角度去研究这些诗篇，发现蔷薇适合设架、攀附在墙垣，玫瑰、月季适合种植在庭院花池中观赏，月季也可簪花或瓶插（相关诗词见书后附表 3-19）。

二十、荼蘼（酴醾）

荼蘼是一种活跃于宋代文坛的新兴花木，它在唐代及以前还是一种生于蜀地的野花（"蜀中酴醾生如积，开落春风山寂寂" [北宋苏辙《次韵和人咏酴醾》]），北宋初期作为宫廷、贵族府邸的奇花异木栽培欣赏（"宫殿沈沈锁碧云，仙葩相倚正敷芬。珠帘翠幄知多少，不碍清香处处闻" [北宋孔武仲《景灵宫殿多植荼蘼清香远闻》]），后因达官贵人、文人墨客相互赠送荼蘼而在私家园林中传播开。南宋时期荼蘼已经种植在普通人家的庭院，甚至是村居、隐居、驿站之所的架上寻常之花，还一跃成为"二十四番花信风"谷雨第二候的代表花卉，而同样在谷雨前后开花的芍药、踯躅却不在宋人的花信风榜单，足见宋代对荼蘼花的追捧。

荼蘼之所以受宋人追捧，总结起来大概有三个原因：首先，荼蘼自身的优点突出，其花色洁白，花香馥郁，十分符合宋人的审美追求，正如宋代诗人鲜于侁诗曰："天香分外清，玉色无奈白" [北宋鲜于侁《荼蘼洞》]，李廌赞它"无华真国色，有韵自天香"。其次，荼蘼之名由"酴醾"酒化身而来，酴醾本是唐代皇家祭典、宫廷内宴的御酒，其品质提纯较高、色较清，荼蘼花色与酴醾酒类似，故花名取自于酒名，后特改为带有植物特征的"荼蘼"（古用"蘪"，逐渐被"蘼"取代）两字替代"酴醾"，以区别酒名和花名；这一点可以从存世的大量诗歌中找到证据。据粗略统计，酴醾在诗歌中出现的时间较荼蘼更早，酒名和花名均有涉猎，唐初即有酴醾作为花名出现于诗歌中；酴醾（花名）在历代诗歌中大概有700余篇诗歌涉及，而荼蘼总共大概有570篇涉及，首次出现于五代的诗歌。再次，宋代诗人赋予荼蘼花特有的文学意象，正好适合宋人的审美观。不争与耐得住寂寞是诗人笔下荼蘼的性格，如苏轼评价荼蘼说"酴醾不争春，寂寞开最晚"［北宋苏轼《杜沂游武昌以酴醾花菩萨泉见饷二首·其一》］；最著名的还是那句"开到荼蘼花事了，丝丝天棘出莓墙"［宋代王琪《暮春游小园》］，带有一丝惜春之情，亦有感叹荼蘼不怕春天即逝，也无需浓妆艳抹和盛装打扮，只需在高墙篱架之上尽情释放幽香，随着夏天的来临，它又能用繁茂的枝叶织成绿幄供人在其下乘凉、饮酒。就是这些品质，让很多诗人为它作诗，其亦成为后代庭院名花。

荼蘼在古代庭院中的造景形式很简单，即搭设高架，让荼蘼枝条攀附其上，经年便可覆盖成荫，被诗人称作"绿幄""翠幄""荼蘼洞""结屋"。荼蘼花开繁茂，在绿蔓的映衬下如白雪覆架，诗人称之为"雪覆新花"［北宋刘敞《荼蘼二首·其一》］、"满架雪生香"［宋代湛道山《荼蘼》］、"压架秾香千尺雪"［宋代朱松《赋王伯温家酴醾》］；南宋薛季宣说："嘉木自香香到骨，困人非酒欲谁酬"［南宋薛季宣《酴醾花》］，因此荼蘼架下，主人常与客人"还当具春酒，与客花下醉"［南宋朱熹《丘子野表兄郊园五咏·其二 荼蘼》］。荼蘼在园林中为什么被高架起来，而不是像它在原生地那样多伏岸或顺坡下垂或附墙垣而下，南宋陈宓云"堆架防攀折，逢人费护呵"［南宋陈宓《西窗酴醾》］，这也许是原因之一。荼蘼与其同科姐妹花蔷薇一样，茎多钩刺，古人前有蔷薇作障"乱钩衣"的麻烦，故此类钩刺多的枝条长且蔓生类的花木更适合高架；此外，北宋早期诗歌中"荼蘼洞"的形象书写，如"柔条缀繁英，拥架若深洞"［北宋文同《守居园池杂题·荼蘼洞》］，也是影响宋代及以后荼蘼造景形式的因素之一。

研究古代题咏"荼蘼"或"酴醾"的诗篇发现，荼蘼常与金沙、芍药作对比或并题出现于诗歌中，可见时人喜欢用金沙、芍药与荼蘼相互搭配。南宋陈著说荼蘼是"下交芍药当阶发，高伴金沙上架来"［南宋陈著《次韵单景山酴醾》］。宋代董嗣杲评价金沙说："花遗颜色祇如此，名借酴醾得并传"［宋代董嗣杲《金沙花》］，此花是借了荼蘼之名而入诗歌。今天已经不知道金沙是何种花木，不过，从古代诗句描述中可以判断金沙是一种与蔷薇科植物很像、开红花的藤本植物，与荼蘼花期相同，常与荼蘼一同攀附于架上，红白相映，如诗云"十年醉锦幄，酴醾照金沙"［北宋黄庭坚《次韵张仲谋过酺池寺斋》］、"金沙与同架，并蒂更连柯"［南宋舒邦佐《以鲁直露湿何郎试汤饼为韵赋酴醾七首·其三》］、"金沙安敢齿酴醾，白白红红间却宜"［南宋许及之《信笔戒子种花木·其十五》］。芍药与荼蘼，两者花期相近，芍药被誉为"花相"，常立于阶前、阑外，荼蘼在架上（"芍药倚阶才弄色，酴醾堆架渐吹香"［南宋韩元吉《春日》］），与之高低呼应、前花开罢后花登场，"共送春归"［宋代王之道《和徐季功舒蕲道中二十首·其二十》］（相关诗句见书后附表3-20）。

二十一、芭蕉

芭蕉在古代诗歌中出现得比较晚，唐之前未见其影。唐代诗歌中开始出现"芭蕉"，直至清代，涉及芭蕉的诗歌数量达到历史之最。通过检索"芭蕉"一词，发现共有1640余首古诗涉及，其中有250余首以"芭蕉"为题。

唐代诗歌中，"芭蕉"已经与"雨""白露""蕉影"以及"蕉叶题字"等事物联系在一起了，宋代诗歌更是继承和发展了芭蕉与这些事物的象征与内涵关系，后代多引用于此。众多题咏芭蕉的诗歌中，以芭蕉与夜雨（"芭蕉叶上三更雨""雨打芭蕉""芭蕉夜雨"）的数量最多，几乎占据半数以上。通过这些诗歌描述，可知古人居室窗外、屋檐下喜植芭蕉，夜雨滴落蕉叶发出有节奏的声音，有的诗人以卧听芭蕉雨声为乐趣而积极植蕉："老翁还作小儿情，手种芭蕉为雨声"［北宋张耒《东堂四首·其二》］、"旋煎罂粟留僧话，故种芭蕉待雨声"［南宋陆游《题书斋壁》］、"芭蕉为雨移，故向窗前种"［唐代杜牧《芭蕉》］、"爱听芭蕉坐到明"［明代陆深《喜雨次答郑文峰正郎》］；还有的诗人客在他处偶听芭蕉夜雨索性伴之入眠："阶前落叶无人扫，满院芭蕉听雨眠"［南宋李洪《偶书》］；有些"客人"因不惯雨声而烦闷不能入眠："客到每嫌闻夜雨，窗前不要种芭蕉"［南宋释行海《林间》］、"雨声只在芭蕉上，正与愁人作夜长"［宋代吕本中《初夏即事》］；甚至有些主人因追求意境也学窗外种芭蕉而又后悔不已："此夜不堪闻络纬，有人深悔种芭蕉"［清代黎学渊《秋雨》］、"妾怨宵来风雨恶，隔窗自悔种芭蕉"［清代钱荣光《闺情二首·其一》］；更有诗人从"雨打芭蕉"的景致中引发了"愁""伤"之意："芭蕉滴沥伤心处，俯仰空怀一笑名"［唐代皮日休《青城暮雨》］、"觉后始知身是梦，更闻寒雨滴芭蕉"［唐代徐凝《宿冽上人房》］。窗外植蕉除了可听雨声，还可看蕉影，别具情趣。蕉影既有日光之影："阶前昼永。绕石芭蕉影"［元代张翥《清平乐·盛子昭花下欠伸美人图》］、"芭蕉红日影将移"［明代程敏政《题四美人图·其二　棋》］、"半窗日影上芭蕉"［清代赵翼《寺楼夜宿》］，亦有月光之影，尤其是在风的吹拂下，蕉影投射在屋内或墙上极具动态、可成小景："满窗风动芭蕉影"［唐代顾甄远《惆怅诗九首·其二》］、"暗觉芭蕉影半墙"［清代潘端《鹧鸪天》］、"西窗明月中，数叶芭蕉影"［北宋邵雍《不寐》］。芭蕉除了可听雨、观影这些富有诗情画意的用途外，更重要的是为庭院夏日遮阴、营造绿意。芭蕉虽是草本植物，但却能够长成乔木样的高度，叶大如扇："芭蕉开绿扇"［唐代李商隐《如有》］、茂盛常绿且生长迅速，可"翠绡成幄覆清幽"［元末明初华幼武《芭蕉》］，无疑是庭院遮阴的佳选之木，在南方庭院多流行，尤其是在新建居室的墙边、庭院或窗外，因为在这里可迅速成荫，有诗曰"绕篱尚少成阴树，先种芭蕉一两株"［清代查慎行《盛宜山新筑瓣香庵于南湖之上雪中过之索诗赋赠二首·其一》］。

此外，从这些题咏芭蕉的诗歌中还可以看出，芭蕉除了窗外、檐下种植几株或一丛，还可在墙边、槿篱之旁种几丛，抑或是在房屋四周片植："绕屋是芭蕉，一枕万响围"［周敦颐《夜雨书窗》］、"新种芭蕉绕石房，清阴早见落书床"［元代祖柏《戏题阴凉室阶前芭蕉》］，还可见缝插针、因地制宜在墙角一隅单株种植："庭小不曾留隙地，又添墙角一芭蕉"［清代查慎行《种芭蕉二绝句·其一》］，甚至可专门在广庭之内、楼阁之旁开辟一片种蕉成林、气势恢宏："屋下芭蕉三百本，养得一湖生绿"［清代李慈铭《念奴娇十一首·其七》］。通过研究这些诗篇发现，芭蕉与竹（图1.28）一同出现于一首诗歌的频率极高，数量高达百首，概因对"芭蕉宜雨竹宜风"［宋代晁说之《欲谈》］的审美意境达成共识，"几叶芭蕉，数竿修竹，人在南窗"［宋代杨无咎《柳梢青·其十七》］的小景即可成就"修竹芭蕉入画图"［南宋释如净《偈颂十八首·其十五》］的画意。除此以外，诗歌中还涉及不少关于芭蕉与薜荔、蔷薇等搭配组景的描述，这些配置一直沿用至明清，今之历史名园中依旧可见其景（相关诗句见书后附表3-21）。

二十二、竹

竹，并非指一种植物，按照现在植物分类学上的定义，竹是禾本科竹亚科多个属植物

图 1.28　芭蕉与竹绕亭（明代钱榖《竹庭对弈图》局部）

的总称。竹从古至今，遍布南北，对人类的生产、生活影响深远，意义重大。因此，种竹、用竹、品竹、赏竹、咏竹自古流行于中国文人阶层，尤其是隐者、高士多喜竹。以"竹"为关键词检索古代诗歌很难快速准确捕捉到相关的有效信息，因"竹"并不单单指竹子这类植物，一些地名、乐器名、诗体名、器具以

图 1.29　种竹皆绕屋（明代沈贞《竹炉山房图轴》局部）

及具有象征意义的词语中都会有"竹"字，诸如"竹溪""丝竹""竹帛""竹枝词""竹火笼""石竹"等。以"种竹""移竹"为关键词，即可快速检索出1000余首与竹子的种植和景致直接相关的诗。

　　逐一研读这些诗篇发现，这些"种竹"诗篇中主要涉及竹的用途、位置、种植心得和配置等若干方面。首先，关于种植的意图或竹的用途。大部分诗篇中谈到"种竹"是为了营造一处清幽之地，表现无欲无求的隐者境界："凿池要皓月，移竹种清风"［南宋释元肇《秋日庵居》］、"绿竹名清友，书斋植最宜"［宋代李光《琼士黄与善会友堂课诸生作移竹诗为赋一首》］、"我观隐者居，种竹皆绕屋"［元末明初凌云翰《竹居为张行中赋》］（图 1.29）；种竹还可供观赏游玩、庭院造景、遮阴："种竹爱庭际，亦以资玩赏"［唐代姚合《题金州西园九首·垣竹》］、"公庭种竹待成阴"［北宋杨亿《贺资政学士王侍郎》］、"井上引藤初满架，池南移竹渐成阴"［南宋

陆游《书喜二首·其二》〕、"种竹盈轩翠，栽花满圃红"〔北宋范纯仁《和君实陪潞公子华景仁宴集各一首·其四》〕；另外，"种竹"绕屋可成围墙、节省财力："种竹为垣护草堂，面山临水纳幽芳"〔南宋金朋说《幽居吟》〕、"文初先生住天目，种竹千竿绕茅屋"〔明代史谨《环翠轩为江文初题》〕，同时"种竹"还可修补围墙或沟渠："种竹成阴补坏垣"〔北宋李复《李氏园》〕、"栽荷填废沼，移竹补疏篱"〔宋代戴炳《安居》〕、"补堑新移竹，穿池待种鱼"〔宋代邓深《游仲文园池》〕。

其次，关于"种竹"的位置。种竹多在门庭之前、亭轩之外："门庭新种竹"〔唐代王绶《题戴徽君幽居》〕、"寺门多种竹"〔明末清初彭睿埻《寄觉上人》〕，或是小轩、禅房、书房等四周："种竹南轩间"〔北宋宋祁《种竹》〕、"莳竹北堂轩"〔北宋杨亿《正言田学士况书言上庠祭酒厅北轩予所种竹滋茂》〕、"种竹盈轩翠"〔北宋范纯仁《和君实陪潞公子华景仁宴集各一首·其四》〕、"种竹绕禅房"〔宋代张九成《题竹轩·其一》〕、"万玉森森绕书屋"〔明代曹义《题竹为太仆丞严宗信赋》〕，亦可沿围墙列植或丛植："种竹南墙阴"〔北宋司马光《种竹》〕、"我亦墙阴数百竿"〔北宋苏辙《读乐天集戏作五绝·其五》〕、"绕墙种竹碧森森"〔明代孙一元《竹庄为孙用彰题》〕，宜溪亭、水边、堤旁："绕圃曲堤都种竹"〔北宋范纯仁《和子华陪文潞公宴东田》〕、"山根移竹水边栽"〔北宋王安石《县舍西亭二首·其一》〕、"空山乔木畔，种竹傍溪亭"〔元末明初宋禧《郑氏竹亭》〕、"水边种竹中作亭"〔明代顾清《漫兴》〕。另外，官舍、寺院、山居之地亦多种竹。

此外，还有一些关于"种竹"的心得和配置的诗篇。例如移栽方面，"移竹应须竹醉时，不妨带笋一时移"〔宋代虞俦《耘老弟五月十三日亲往新亭种竹喜而赋诗》〕，即说的是竹醉日移栽竹子更能成活，也可连带竹笋一起移栽。营造幽隐之地适合在宅旁园墙之外或房屋之外环植修竹，诸如"种竹环幽户"〔北宋张洞《浓翠台》〕、"种竹绕幽栖"〔明代王绂《题竹寄浦懒翁·其一》〕、"种竹环我园"〔宋代吴芾《忧居杜门久废笔砚兹因卜筑辄有所感不免破戒作数语呈诸亲友》〕、"种竹环其庐"〔南宋方回《寄题曹氏居竹》〕；如若是城中小宅，或寸土寸金之地，"种竹不在多"〔元末明初张昱《此君轩为周昉赋》〕、"种竹不可多"〔元末明初张昱《竹坡》〕，适合"幽轩种竹只十个"〔北宋释清顺《十竹》〕、"庭前种竹只两竿"〔明代陈颢《夏考功两竹为赵时俊作》〕；此外，关于庭院植物的配置，元代宗衍认为"堂前种竹堂后萱"〔元代宗衍《中山堂为许隐君作》〕，明末清初施闰章认为"前庭但种竹，后园但种兰"〔明末清初施闰章《孤松篇赠杜于皇》〕，等等。古代诗歌中还有更多的关于"种竹"方面的景致或心得，篇幅有限，不再列举（相关诗句见书后附表3-22）。

二十三、荷

　　荷，是我国劳动人民很早就认识的一种水生植物，其叶、花、头、茎均有食用价值，其叶其花观赏价值亦高，因此深受人们喜爱。古代对荷的称呼有很多，诸如芙蕖、莲花、芙蓉、菡萏、水芙蓉等。普遍认为，荷叶曰"荷"，荷花曰"芙蓉"或"芙蕖"，荷的横茎曰"藕"，未开放的花苞曰"菡萏"，与木芙蓉相区别而称呼为"水芙蓉"。

　　《诗经》《楚辞》中都提到过荷，尤其在《楚辞》中，"荷"是出现频率最高的几种象征高洁品质的"香花"植物之一，可见先秦时期"荷"就有了人格化深层寓意。《招魂》一篇所云章华台之景色"坐堂伏槛，临曲池些。芙蓉始发，杂芰荷些"，这说明荷花已经进入楚国皇家园林，符合贵族的审美要求。此外，采莲是古云梦泽楚民的重要农事活动，湖沼也成为青年男女相亲、谈情说爱的场所，从而萌发了以荷花为题材的民间乐舞，为华夏荷文化注入了新的文艺内涵[9]。因荷的称呼众多，加之"荷""芙蓉""莲"几字也有其他含义所指，仅以三者为检索词涉及的诗篇就有4万余首，很难快速检索出直接相关的诗篇，分别以"荷花""咏荷""采莲""莲花""芙蕖""菡萏"为检索词搜索诗题，共检索出1220余篇直接涉及"荷"的描写或景致抒写（相关诗句见书后附表3-23）。

　　诗歌中描写的荷景均以水为依，或湖或池，或塘或潭，大则千顷，小则盆池，有自然野塘，亦有园林曲池，凡植荷之处皆有水为伴（图1.30）。题咏荷花的诗篇中，"西湖"和"东湖"是出现较频繁的地点，两处荷花闻名于世，引来许多诗人题咏。诗中题咏的西湖即杭州之西湖，其荷景白天"沙鹭汀鸥尽日闲，水边风起万荷翻"[北宋张耒《西湖三首·其一》]，夜晚"菰蒲无边水茫茫，荷花夜开风露香"[北宋苏轼《夜泛西湖五绝·其四》]，其气势"西湖一千顷，圆荷覆青衣"[宋代王之道《次韵同年蔡仲平察院游西湖》]、"十里荷花水"[宋代张嵲《寿王苏州》]、"红云照绿波"[南宋王十朋《书院杂咏·荷花》]。诗中题咏的"东湖"具体所指可能不是唯一，历史上许多地方都有"东湖"，但根据具体语境，宋代诗歌中所提及的"东湖"应为南昌之东湖。如宋代易士达游东湖作诗曰"两堤柳影澹台墓，十里荷香孺子家"，诗中澹

图 1.30　荷塘（明代沈周《柳塘独钓》局部）

台墓即在南昌。再如南宋戴复古作《豫章东湖》，其中豫章即是引用汉代豫章郡来代指南昌。东湖与西湖均大面积植荷，郑清之曰"东湖百顷莲"［南宋郑清之《东湖送藕与葺芷》］，曾惇曰"风荷十顷翠相扶"［南宋曾惇《题东湖》］，赵以夫爱"东湖六月，十里香风，翡翠铺平"［南宋赵以夫《忆旧游慢·荷花泛东湖用方时父韵》］之景色等。

　　除却自然或人工湖池中用大面积荷花营造水域景观外，元明清时期，在学宫、文庙、贡院旁的水池——泮池之中也惯种荷，因此有了"泮水荷香"的景致和美誉。如"荷生泮池中，云覆明镜密"［元末明初贝琼《泮池荷花》］、"泮池深且广，绿水浸红莲"［明代王汝玉《佳赏轩杂咏八首·其三　泮池》］、"泮水澄如镜，荷花郁满池"［清代陈廷瑚《泮池荷香》］等。此外，如宅无广地，亦可栽荷于盆池之中，如若不想栽种，只想观赏，亦可从湖池中采荷花插于瓶中，再用"山矾作侍鬟"［明末清初范景文《荷花舟行见荷花折插瓶中·其二》］，便成小景。

第四节　诗歌中的园林与花木

一、寺观园林中的花木景致

古代的公共游憩空间主要有寺观园林、衙署园林、文人官吏在山林泉池旁修建的半开放性质的馆阁园圃以及各类自然风景名胜。其中，位于城市之中或近郊的公共园林当属寺观园林最为普遍，诗词歌赋中也较多咏记。

古诗歌中咏记寺观园林中的松、柏、桧、桂、竹等的篇章也很多（图1.31）。唐代卢纶夜宿定陵寺咏道："月照青山松柏香""禅室夜闻风过竹"［唐代卢纶《宿定陵寺》］；罗邺秋游化城寺咏道："秋霄爽朗空潭月，暑气萧寥古柏风"［唐代罗邺《化城寺》］；孟浩然访石城寺写道："竹柏禅庭古，楼台世界稀"［唐代孟浩然《腊月八日于剡县石城寺礼拜》］；钱起夜宿灵台寺写道："石潭倒献莲花水，塔院空闻松柏风"［唐代钱起《夜宿灵台寺寄郎士元》］；王建描写柱国寺"松柏自穿空地少，川原不税小僧闲"［唐代王建《题柱国寺》］。北宋梅询咏灵隐寺之园林风景"松篁发春霭，桂实坠秋月"［北宋梅询《武林山十咏·其七　灵隐寺》］；僧人释智圆闲居梵天寺时借描述寺院景致"松杉围静室，踪迹远人群"［北宋释智圆《梵天寺闲居书事》］来表达内心之静远；苏颂游中京镇国寺看到院中的建筑与高树不禁和诗赞道："青松如拱揖，栋宇欲骞腾"［北宋苏颂《和游中京镇国寺》］；陈舜俞在灵源院发现了"山家皆种橘，古寺独栽松"［北宋陈舜俞《宿灵源院》］的农家与佛家不同种植需求的小哲理。元末明初，宋禧在极乐寺纳凉时看到寺中池

图 1.31　花木掩映下的佛寺建筑（清代钱维城《豫省白云寺图》局部）

边 "桐井浮瓜秋叶暗，荷池对竹晚花凉" [元末明初宋禧《七月廿日与永兰亭纳凉极乐寺赠诗一首》]；张昱在永乐寺看到池旁 "绕径凉云修竹晓，满池香露小荷秋" [元末明初张昱《送隽侍者还永乐寺寄阐大猷尊师》]。明代文彭笔下的宝塔寺是一派 "松桧阴阴日转廊……垂帘深护菊花香" [明代文彭《再过宝塔寺》]，阴凉静谧之中又有菊之芬芳；孟洋《寺中对雨》中的古寺是 "松悬瀑布当檐落，竹引浮云绕栋飞" 的景象；仲嘉咏报国寺的松曰："报国寺中之古松，枝叶如盖皮如龙" [明代仲嘉《报国寺短松歌》]；蔡潮的《兴国寺》之景致是 "黄叶随风下小塘，桂花香杂稻花香" [明代蔡潮《兴国寺》]；钱澄之《报国寺古松歌》曰："报国寺中松几株，盘拿郁曲天下无" [明末清初钱澄之《报国寺古松歌》]；胡应麟将清源寺的景色描述得更加具体："桧老斜撑石，松枯半压潭" [明代胡应麟《清源寺中戏效晚唐人五言近体二十首·其七》]、"桂树萦阶发，藤花拂座飘" [《清源寺中戏效晚唐人五言近体二十首·其十五》]、"竹远通金磬，杉高并石幢" [《清源寺中戏效晚唐人五言近体二十首·其十八》]；施昱《游罗汉寺》描述了 "桂花飘合殿，松影匝回廊" 的景致。清代文学家王士禛写圆通寺景色 "水交松栎响，门掩竹藤阴" [清代王士禛《圆通寺示杲庵禅人》]；他在香山寺看到"竹色既闲静，松阴媚沧涟"[清代王士禛《香山寺月夜》]的月夜景色；张士逊在普贤僧房看到"竹覆空池冷，松排老树圆"[清代张士逊《同徐吉士陆上舍沈秀才过普贤僧房》]的景致；曹鼎望看到小塔寺"乱篁迷小塔，斜石倚孤松"[清代曹鼎望《小塔寺》]的小景；田雯看到毗耶寺"徙倚三株佛院松，静听雨后讲时钟"的小景，等等。

　　除上述松、柏、竹、桂等四季常绿之景，牡丹也是古代寺院受欢迎的花木之一。唐代佛寺兴盛，寺院的园林景观被众多诗人所咏记，其中出现频率最高的植物便是牡丹，仿佛有寺院就得有牡丹，到寺院赏牡丹成为唐代百姓的重大娱乐项目之一。张祜在杭州的开元寺赏牡丹时不禁想起钱塘寺的牡丹，便写道："风流却是钱塘寺，不踏红尘见牡丹"[唐代张祜《杭州开元寺牡丹》]；徐凝眼中的开元寺牡丹却是"虚生芍药徒劳妒，羞杀玫瑰不敢开"[唐代徐凝《题开元寺牡丹》]；白居易在长安城西明寺看到牡丹想起老友元九便感叹道："何况寻花伴，东都去未回"[唐代白居易《西明寺牡丹花时忆元九》]；权德舆描述慈恩寺清上人院的牡丹是"艳蕊鲜房次第开，含烟洗露照苍苔"[唐代权德舆《和李中丞慈恩寺清上人院牡丹花歌中唐》]；宋代到佛寺观赏牡丹依然风行，刘兼咏苏州光福寺的牡丹曰："当筵芬馥歌唇动，倚槛娇羞醉眼斜"[宋代刘兼《再看光福寺牡丹》]；司马光称赞洛阳安国寺的牡丹曰："一城奇品推安国，四面名园接月波"[北宋司马光《又和安国寺及诸园赏牡丹》]；苏轼在杭州吉祥寺赏牡丹还不禁插花于头上自嘲曰："人老簪花不自羞，花应羞上老人头"[北宋苏轼《吉祥寺赏牡丹》]，无独有偶，他在常州太平寺赏牡丹时也将牡丹戴在头上自嘲曰："自笑眼花红绿眩，还将白首对鞓红"[北宋苏轼《常州太平寺观牡丹》]。此外，除了上述花木以外，菊、荷、梅也出现在描述寺院景物的诗词歌赋中，不再列举。除上述描述古代寺观园林花木的诗篇外，本书还列出一些上述未提及的诗篇供读者品鉴（见书后附表4）。

二、皇家园林中的花木景致

　　从诗词歌赋的角度考证古代皇家宫苑中的花木景致，"宫词"一类的诗歌是最主流的参考。唐代王建作《宫词一百首》，描绘了宫禁之中的景物、生活，既有宫阙楼台、亭馆池榭之景，又有早朝仪式、节日活动、歌舞音乐，还有君王行乐游猎、后宫琐事等。后世赞誉王建为"宫词之祖"。笔者对王建的百首宫词研究发现，他虽然描述了宫禁之中的景物与生活的方方面面，但涉及具体的园林景致，却很少提及花木的名字和细节。概因王建本人并无宫廷生活经验，只是在做秘书郎的时候结识宫中宦官王守澄，两人相谈甚欢，王建对宫廷生活的描述多来自宦官的口述，鲜有真切地看到细节；也许因为两人的畅聊话题很少关注宫中的花木，所以王建的宫词中并无过多关于园林细节的描述。而后来花蕊夫人徐氏所作的《宫词》百余首，却有大量描述宫禁花木景致的篇章，不仅有具体的花木名，而且对其姿态、位置描述也很具体，较之王建的宫词，花蕊夫人徐氏显然更有宫廷生活经验，加之女性对细节的观察，才使得花蕊夫人所做的宫词在宫廷园林花木细节的描述上胜于王建的宫词。

　　唐宋以后"宫词"题材的诗篇也屡见不鲜，但此类诗歌从题名到诗句中的描写，很少提及具体是哪座宫殿，且部分宫词也并非诗人对具体某一宫中景物或生活的描述，有些是想象、追忆或由此及彼的隐喻；不过，这些并不影响后人对皇家宫苑花木景致的想象，暂且不论是哪个朝代、哪座宫殿。如若非要弄清具体是哪个宫苑的园林花木景致，也可从针对某一宫殿的诗词歌赋中推断一二。诸如《全唐诗》中描述大明宫中的宫殿区及宫苑区景致的诗篇十分丰富：贾至的《早朝大明宫呈两省僚友》，以及王维、杜甫、岑参等人作《奉和贾至舍人早朝大明宫》中，描写了大明宫的气势和早朝的气氛，以及宫殿前柳树依依的情景，如"花迎剑珮星初落，柳拂旌旗露未干"[唐代岑参《奉和贾至舍人早朝大明宫》]、"千条弱柳垂青琐，百啭流莺绕建章"[唐代贾至《早朝大明宫呈两省僚友》]等。此外，窦叔向作《春日早朝应制》诗中写道："紫殿俯千官，春松应合欢"，韦应物作《雪夜下朝呈省中一绝》中说："共爱朝来何处雪，蓬莱宫里拂松枝"，刘禹锡在《春日退朝》诗中写道："戟枝迎日动，阁影助松寒……御沟新柳色，处处拂归鞍"。王涯《宫词三十首》中有这样的描述："……寒食禁花开满树，玉堂终日闭时多。碧绣檐前柳散垂，守门宫女欲攀时……春风摆荡禁花枝，寒食秋千满地时。又落深宫石渠里，尽随流水入龙池。霏霏春雨九重天，渐暖龙池御柳烟……炎炎夏日满天时，桐叶交加覆玉墀……瞳瞳日出大明宫，天乐遥闻在碧空。禁树无风正和暖，玉楼金殿晓光中。曾经玉辇从容处，不敢临风折一枝……禁树传声在九霄，内中残火独遥遥。千官待取门犹闭，未到宫前下马桥。"由上述诗篇可以推断大明宫整座宫殿掩映在松和柳之中。诗中多次提到了禁树、禁花和梧桐，虽不知道禁树究竟是指何种树木，但是可以推断它是一种开花的乔木，而且花开十分繁茂。可以看出，唐代诗人眼中的、想象中的、意象中的宫廷园林中，一定有杨柳、梧桐、桃、梨、梅、竹等花木景致。

　　本书从诗词歌赋中探寻那些歌咏或涉及古代皇家园林花木景致的大体风貌和惯用的花木配置特点，分析这些景致和配置特点的文化含义，从中抽离形成一种审美意境或文化意象。同样以列表的方式向读者展示唐及以后的"宫词"诗篇中的皇家宫苑之园林花木景致（见书后附表5）。从列表中可以看出，唐宋及以后歌咏古代宫苑园林景观的诗句颇多，不仅涉及具体的花木种类，诸如柳、槐、梧桐、梅、海棠、桃、梨、竹、牡丹、芍药、木芙蓉、荷、芭蕉、菊等，还有花木与其他景致的搭配（图1.32），如"柳放金丝搭矮槐""低桧小松参怪石"；亦可以看出花木与环境的配置关系，比如"墙头千叶桃"、"御沟杨柳"、"池边柳"、"金井高梧"或"宫井新梧"、"堤边杨柳"、"满架酴醿"、曲

图1.32　花木掩映下的宫苑（南宋佚名《汉宫秋图》局部）

池之绿荷、香廊畔之修竹、阶前之萱与菊、栏边之芍药、殿前之牡丹、庭院之梨花与海棠、楼前之青槐、窗外之海棠、轩傍之修竹等，抑或是"茱萸绕殿"、紫薇傍曲阑、翠柳绕堤、绿竹隔短墙、桃李点御沟、垂杨夹朱楼、修竹映池，等等。

三、私家园林中的花木景致

私家园林是中国古典园林体系的重要组成。隋唐时期文人园林的活跃，将魏晋南北朝时期官僚、贵族以奢华、斗奇攀比为目的的庄园、别墅园林，推向了诗情画意、追求隐逸、乐于自然山水且具有较高艺术与审美水平的文人园林。明清时期以文人官员为代表的江南园林，更是将空间处理、花木配置、叠山理水的园宅一体的造园技艺和理法发挥至纯熟。本节主要从唐宋及以后的历代题咏或涉及花木的古代诗词中探寻私家园林的花木景致。

唐代白居易有不少诗作描述的是长安城里宅园的情景，多以怀旧、叙事、隐喻等内容为主，虽不是专门题咏宅园景色，但多借描述景物或花木来达到叙

事或抒情的目的。诸如"长安多大宅,列在街西东。往往朱门内,房廊相对空。枭鸣松桂树,狐藏兰菊丛"[唐代白居易《凶宅》],虽然诗人借描述长安大户人家在衰败之后,空无一人、枭鸣狐藏的秋天萧瑟之景来抒发为人行事的哲理,但不影响读者从这首诗中感受到即使是人去宅空,长安大宅之中往日青松掩映楼阁、桂花芳香满庭、菊丛傍生阑榭的园林景致依稀可以想见。白居易的另一首《渭村退居寄礼部崔侍郎翰林钱舍人诗一百韵》里有很多诗句描述了在闲居渭村时的开荒建园、浇园灌圃、莳花弄草的情景,其中"枳篱编刺夹""移竹下前冈""棠梨间叶黄""庭果滴红浆""浅酌看红药""徐吟把绿杨""避暑竹风凉"等可以看出宅园里有的花木种类。历代有很多关于私家园林花木或庭院种植的诗篇,不再赘述,以列表形式呈现给读者(见书后附表6)。从表中所列诗句可以看出,较之皇家园林中的花木选种,私家园林除了与皇家园林几种惯用的著名花木种类(柳、桃、李、梅、槐、海棠、竹等)及配置方式有共性外,其花木种类还涉及蔬、果、藤、草等不被认为是名贵观赏花木或著名花木的植物,诸如薤、苔、车前、牵牛花、荼蘼、薜荔、女萝、扁豆、苦瓠、蓼、

图1.33　花木掩映下的私家宅园(明代仇英《独乐园》局部)

芦荻等。南北方私家园林花木种类也呈现明显的地域差异，北方以松、柏、桃、李、杏、牡丹等为主要地域特色，南方以各类蕉、竹、梅、芙蓉、栀子、兰等为主要地域特色。在花木搭配与布局方面，比起大部分描写皇家园林的诗句，诗人对私家园林花木配置细节观察得更仔细，描述得更具体和形象，诸如"墙畔桃花""梧桐寒缚草""薜荔曲缠松""红杏女墙西""盖檐枫老叶""荼蘼盖曲廊""古藤紫垂廇""薜荔尽上墙""屋角数丛湘浦竹""梅花临水处""双松植堂傍""竹傍女墙低""高柳遮小阁""当轩松桂""屋前石岸多青枫""篱边黄菊""短竹萧萧倚北墙""垣上悬藤""当阶艺红药""庭前数树梅""萱草树兰房""萱草侵阶绿""窗竹森森""蔷薇点缀勾栏好""薜荔攀缘怪石幽""双桐夹路""酸枣依墙"，等等（图 1.33）。

四、乡居田园中的花木景致

通过上述列举可以看出涉及古代城市宫苑、寺观以及私家宅园之花木景致的诗篇众多且长盛不衰，当然古代诗歌中也不乏题咏田园、乡居景致和生活的

图 1.34　花木掩映下的乡村生活（清代冷枚《绿野草堂图》局部）

诗篇。本书通过收集和赏析此类诗篇，向读者解读古代诗人眼中的乡村田园之花木景致（图 1.34）。

　　反映乡村田园生活的诗篇多见于山水田园诗，众所周知，东晋陶潜以及唐代的王维、孟浩然，宋代的杨万里等擅长此类题材。此外，还有南宋范成大所作的田园生活诗篇数目也不少，其中《四时田园杂兴六十首》将他致仕回乡后的乡村生活劳作、民风民俗、乡野风貌以及自己种菜灌园、莳花弄草的生活描写得极为细致和充满乐趣，其中不乏对桑麻谷粟、瓜豆梅杏等农业作物的具体描述，当然也有村落和小园所栽种的花木。因乡村田园生活和景致特有的属性，本书将乡村田园出现的所有植物，均以"花木"归类，此类诗作众多，仍以列表的方式向读者展示（见书后附表 7）。从这些描述田园乡居生活有关的诗

句中可以看出，田园乡居生活中的"花木"景致与私家园林中的花木景致有很多不同。首先，因乡村所处的地理环境、生产结构和植被特征，在视野上较宽阔、氛围上较野态、季相上变化更明显；诸如"处处春波满稻畦""麦畴连草色，蔬径带芜痕"描绘出一幅平远而富有生机的田野图卷，"萋萋春草秋绿，落落长松夏寒""风高榆柳疏，霜重梨枣熟""荞麦铺花白，棠梨间叶黄""枣赤梨红稻穗黄""梅子金黄杏子肥，麦花雪白菜花稀"描绘出了诗人对物候变化细节的观察。其次，因田园乡居生活自给自足的特色，除了田中的粮食作物外，还必须有满足一日三餐、四季薪柴的庭院或宅前屋后的园圃种植，即"家家桑枣尽成林，场圃充盈院落深"，诸如"豆秸檐前积，藤蓑屋角悬""自把新茶试新火，喜看榆柳变炉灰"，这说明豆秸、榆柳用来烧柴，"新成芥辣旋栽苣，既

落瓜壶不用葱""得暇分畦秧韭菜""屋后分畦葵叶嫩""黄花菜圃午风软",可见芥辣、韭菜、瓜、苣等可以作为农家日常生活中的调味蔬菜。此外,这些诗句中常有与"花木"相得益彰的乡村物件、动物或特色景物,使得这些花木景致生动、有趣且充满生活气息。诸如,乡居院子的矮墙或短篱上缠绕着"豆花""瓜蔓":"瓜蔓寒侵篱落,豆花秋满阶除""篱头未下丝瓜种,墙脚先开蚕豆花",乡村林间、田野、树上栖息的动物:"戴胜桑间鸣""桑间戴胜飞""桑叶生阴布谷鸣""芳树几声鸠雨过""海棠零落子规啼""竹边行鸟雀,桑下散鸡豚","竹篱驯犬睡,水草老牛眠",以及木槿编成的篱笆、茅草做顶的房顶:"绕屋桑麻槿作篱""槿篱断处路微分,茅屋砧声隔岸闻""槿篱闻犬吠,茅屋有鸡飞""列槿藩草屋,艺蔬备晨飧"。

此外,以上诗篇中所涉及的"花木"名字,有的是模糊的称呼,为一类植物的总称,诸如"瓜""豆""葵""蔬""松""竹"等;还有的是一些植物的惯用搭配,其含义不局限于词语字面含义,诸如"桑麻""桑柘"泛指农事及农桑一类的植物,"桃李"泛指桃、李一类的早春开花植物或比喻学子;还有的诗句中提到的不同名称的植物其实是一种植物的不同别称,如"菡萏""芙蕖""荷蕖""莲"等均是"荷"的别称。当然,这些诗句中最多出现的还是具体描述某一种植物的名称,诸如"青枫""梧桐""酴醾""棣棠""海棠""蕙兰""樱桃""棠梨"等。

中篇

古代画卷中的花木研究

　　本书收集和整理出含有花木描绘（写实为主）内容的古代画卷（含唐、五代、宋、元、明、清等）170余幅/册（表2.1），首先依据画卷所处的时代、主题所处地理环境、季节物候特征等，综合分析和判断这些古画中所涉及的花木种类，并对其中一些识别度较高及若干容易混淆的花木种类进行形态特征的辨析。其次，从庭院、城市、田园村居三个维度讨论画卷中的植物配置、花木景致、花木文化等内容。

年代	作品名（作者）
唐	调琴啜茗图（周昉）、唐绘手鉴笔耕园·犹图（赵福）、唐绘手鉴笔耕园·羊图（赵福）、唐绘手鉴笔耕园·竹图（荣阳）、高逸图（唐·孙位）
五代	仙姬文会图（周文矩）、荷亭奕钓仕女图（周文矩）、仕女图轴（周文矩）、唐宫乞巧图（佚名）、浣月图（佚名）、无款闸口盘车（佚名）、花卉写生图册（黄居寀）
五代-宋初	辋川图（郭忠恕）、明皇避暑宫图（郭忠恕）
北宋	西园雅集图（李公麟）、会昌九老图（李公麟）、文会图（赵佶）、腊梅山禽图（赵佶）、池塘秋晚图（赵佶）、芙蓉锦鸡图（赵佶）、清明上河图（张择端）、陶潜赏菊图（赵令穰）、岁朝图轴（赵昌）、唐绘手鉴笔耕园·雁图（惠崇）、乞巧图（佚名）
南宋	梧桐庭院图（佚名）、宫女图（刘松年）、四景山水图（刘松年）、青绿山水图（刘松年）、撵茶图（刘松年）、山馆读书图（刘松年〈传〉）、十八学士图（刘松年〈传〉）、水殿招凉图（李嵩）、桐荫对弈图（李嵩）、宋高宗书女孝经马和之补图（马和之）、诗经豳风图卷（马和之）、秉烛夜游图（马麟）、桐荫玩月图（佚名）、薇亭小憩图页（赵大亨）、菊丛飞蝶图（朱绍宗）、写生折枝图卷（吴炳）、汉宫秋图（佚名）、红蓼水禽图（佚名）
宋	松阴庭院图（佚名）、秋庭婴戏图（苏汉臣）、重午戏婴图轴（苏汉臣）、冬日婴戏图（苏汉臣）、妆靓仕女图（苏汉臣）、蕉荫击球图（苏汉臣）、绣栊晓镜图（王诜）、秋庭婴戏图（苏汉臣）、洛阳耆英会图轴（佚名）、南唐文会图（佚名）、夏卉骈芳图（佚名）、柳院消暑图（佚名）、盥手观花图（佚名）、宋人画丛菊图（佚名）、花篮图（李嵩〈传〉）、唐绘手鉴笔耕园·牧童图（戴泽）、胡笳十八拍图（佚名）
宋末元初	兰亭观鹅图（钱选）、花鸟三段图卷（钱选）、芭蕉唐子徒（钱选）、兰亭集贤图（钱选）、山居图卷（钱选）、八花图（钱选）
元	乔木高斋图（赵孟𫖯）、鸥波亭图（赵孟𫖯、管道升）、大豆图（任仁发）、仿李嵩西湖清趣图（佚名）、具区林屋图（王蒙）、东山草堂图（王蒙）、花鸟图卷（王渊〈传〉）、山居纳凉图（盛懋）
明	十八学士图（佚名）、伏生授经图（杜堇）、蕉阴仕女（文徵明）、东园图（文徵明）、山庄客至图（文徵明）、山水诗画册页（文徵明）、陶谷赠词图（唐寅）、西山草堂图（唐寅）、山庄读书图（唐寅）、红叶题诗仕女图（唐寅）、仕女图（唐寅）、桐荫清梦图（唐寅）、汉宫春晓图卷（仇英）、清明上河图（仇英）、梧竹消夏图（仇英）、梧竹书堂图（仇英）、柳园人形山水图（仇英）、独乐园图（仇英）、贵妃晓妆图（仇英）、太真出浴图（仇英）、花园消遣图轴（仇英）、仕女图（仇英）、古代仕女图（仇英）、捉柳花图（仇英〈传〉）、南都繁会景物图卷（仇英〈传〉）、观榜图（仇英）、仕女图（杜堇）、玩古图（杜堇）、皇都积胜图（佚名）、卧游图（沈周）、瓶荷图（沈周）、黄菊丹桂图（沈周）、盆菊幽赏图（沈周）、山水物件花卉册（陈洪绶）、杂画图册·兰花柱石图页（陈洪绶）、花鸟草虫精品册（陈洪绶）、岁朝图（陈洪绶）、吟梅图（陈洪绶）、岁朝图（陆治）、岁朝村庆图（李士达）、秋花蛱蝶图（文叔）、唐苑嬉春图（朱瞻基）、花鸟图册十帧（佚名）、百花图卷（周之冕）、得趣在人册（汪中）、四季玩赏图（佚名）、金陵四季图（魏克）、风雨归村图（谢时臣）、江村行旅途（魏之璜）、宣宗嘉禾图轴（朱瞻基）
清	画豫省白云寺图（钱维城）、月曼清游图（陈枚）、休园图（王云）、清院本十二月令图轴（唐岱、丁观鹏等）、乾隆帝岁朝行乐图轴(丁观鹏、郎世宁)、雍正十二月行乐图·三月赏桃院（郎世宁）、本汉宫春晓图(佚名)、仿仇英汉宫春晓图卷（丁观鹏）、圆明园四十景图（沈源、唐岱）、历朝贤后故事图（焦秉贞）、山水册·水村图（焦秉贞）、姑苏繁华图（徐扬）、京师生春诗意图（徐扬）、端阳故事图册八开（徐扬）、仿宋院本金陵图卷（杨大章）、扬州四景图（袁耀）、汉宫秋月图（袁耀）、清院本亲蚕图卷（佚名）、升平乐事图册（佚名）、种秋花图（余省）、岁朝清供图（吴昌硕）、岁朝图（顾韶）、岁朝图（杨晋）、岁朝图（管念慈）、岁朝欢庆图（姚文瀚）、村童闹学图（佚名）、燕寝怡情（佚名）、紫藤金鱼图轴（虚谷）、百鸟朝凤（沈泉）、花卉图册十二帧（任伯年）、花卉图册（恽寿平）、花鸟草虫图册（恽寿平）、仿钱选岁朝图（董诰）、四时花卉（吴璋）、花鸟图册（吴璋）、花鸟图册（余樨）、花鸟图册（郎世宁）、四季花鸟图屏（陈枚）、王原祁艺菊图像（禹之鼎）、春闺倦读图（冷枚）、梁园飞雪图（袁江）、移桃图轴（金廷标）、百花图（邹一桂）、博古花草图轴（陈兆凤）

含有花木描绘内容的古代画卷收集整理名录 表 2.1

第一节　画卷中常见花木之辨析

纵观中国古代存世的著名画卷，无论是以写实花卉为主题的花鸟画卷，还是以写意表达的植被为背景的山水画卷，抑或是以写实或写意形式描绘的用于点缀、烘托的人物画或界画，大约八成有余的作品中均有对花木的描绘，可见在中国传统绘画中，花木是画家表达画境、意境、情境的重要内容之一。这些丰富的涉及花木主题或元素的画卷为研究古代花木文化提供了大量素材，除却那些通常在题跋、题名中标注花木名称的花鸟画以外，其余作品中很少有对画卷中花木名称的题点。由于画家笔下的花木形态各异、笔法不同，加之花木本身种类众多，即使是形态特征比较写实的花木，要想辨认出具体的种类也非易事。

经过收集、整理发现，中国古代山水画卷中描绘的花木，远景多以写意的手法勾勒出树木的轮廓。松类、杉类、竹类等树木的形态较容易辨认，而其他乔木类的轮廓则很难辨识，不过对于本书来说，也无须辨识出画卷远景处的植被具体种类，只需了解山林整体风貌和从中折射出的古代环境审美思想。中景则多以写实的手法描绘形态特征较明显且人们较熟悉的树木，诸如桃、梅、松、竹、枫、兰草等很容易从树形、花色辨识出来，而形态特征不明显或小众化的植被则多以写意的笔法勾勒出，只能判断是草还是木（还可辨析出几株或几丛）。近景处的花木则描绘得大多比较写实，树形、枝干、皮色、叶形甚至花形、果实等特征都会不同程度地表现一二（图2.1），诸如远景、中景处的松，很难通过细节描述辨析具体是哪一种松，而近景处的松则可通过松针的排列和长短、枝干的纹理等判断出

油松或马尾松等具体种类。

　　古代人物画和界画中描绘的花木，多位于中景和近景处，以写实的手法勾勒出花木的完整形态、花叶特征等，也有以折枝的方式勾勒花木主体形态特征的。此类画卷中的花木不仅比较容易辨识其具体种类，而且可以看出花木与人物、建筑、庭院、家具、器具的关系（图2.2），与本书花木种植文化的研究最为密切。花鸟画中的花木以近景写实描绘居多，尤其是明清时期的花鸟图卷中（图2.3），写实与设色的配合将花木描绘得几近逼神，十分有助于辨识花木的具体种类，然而，对于这些花木的具体应用场景、配置手法等大多很难从画面中获知。

一、辨识度较高的几种花木

（一）芭蕉

图2.1 《山庄客至图》（明代文徵明）　　　　图2.2 《玩古图》局部（明代杜堇）

图 2.3　《花鸟精品册》摘选（明代陈洪绶）

芭蕉以宽大且有韧性的叶片和显著的筋脉为主要特征，虽是草本，却有着乔木高大、挺拔的身姿和浓密、舒展的冠幅，甚至高可压屋檐，生长迅速，常年翠绿，加之文人对其意象的渲染，因此深受古人的喜爱，常植于庭院的窗前檐下、墙边石旁，抑或是宅旁一隅。芭蕉也是古代画卷中比较常见的主景或点景植物，无论画家用工笔画法还是泼墨写意画法，无论用墨画，还是色画，均能让读画的人很快从图中辨识出芭蕉。芭蕉在古代画卷中，常与女性联系在一起，诸如仕女图以及描述庭院生活的闺中图，暗示芭蕉与女性柔美的气质相通（图 2.4）。

图 2.4　芭蕉　上：明代杜堇《仕女图》局部
下：南宋《十八学士图》局部

（二）竹

竹与芭蕉一样属于大型草本植物，但却拥有乔木高大、挺拔的气质和生长迅速且终年翠绿的品质，因此也是古代庭院、园林、山林中常出现的植物。花鸟画中竹子的画法往往是用几笔带有节的竹竿和几簇三五一组的竹叶表达出来，简洁明了，特征清晰。建筑庭园画中的竹子往往以竹林的形态出现，同样是将直立挺拔的竹竿和团团簇簇的竹叶表现出来，只需小写意便能向读画者展示出竹林的意象（图 2.5）。与芭蕉的文化属性不同，竹子往往与德行高尚的男性联系在一起，经常出现在各类

图 2.5　竹林（南宋《十八学士图》局部）

反映文人士大夫生活、群贤雅集、隐居等为主题的画卷中，比喻君子的气节。竹在古代画卷中也常与石头、雪景等联系在一起，同样暗喻忍耐、坚强、有气节的品质。

（三）柳

柳在中国的分布可谓南北普遍，人类知柳、用柳、植柳、咏柳、画柳的历史也源远流长。柳树在民间可以说是老少皆知，观音菩萨手中的杨枝净水瓶中所插便是柳枝，儿童玩耍也会折一根柳枝当作长鞭，行人送别也会折柳表达挽留惜别之意。古代画卷中表达的柳通常有旱柳和垂柳两种。研究发现，描绘城市繁华景象的街景图中，旱柳的形象较多，诸如北宋张择端版的《清明上河图》和明代仇英版的《清明上河图》中描绘的开封和苏州的城市街景中均是旱柳的形态，其树冠紧凑、大枝向上、小枝斜伸无下垂；描绘建筑庭园小景或宫廷园林的界画中，往往以垂柳的形态出现，诸如南宋李嵩的《水殿招凉图》和五代周文矩的《荷亭弈钓仕女图》（图2.6）中出现的均是垂柳的形态，前者用写意的手法勾画出垂柳舒展的树冠、下垂的小枝，后者用写实设色手法描绘出下垂的小枝和披针形的柳叶。

（四）松

被誉为岁寒三友之一的松，自古就受到文人墨客的喜爱，也是传统文化中象征君子的符号之一，寓意君子之坚强不屈、高风亮节，因此"松"在古代画卷中出镜

图 2.6　垂柳　左：南宋李嵩《水殿招凉图》局部　右：五代周文矩《荷亭弈钓仕女图》局部

率可谓高居首位，凡画中有山水则必有松与之呼应，但有庙宇殿台也少不了几株老松与之相称。松的主要特征就是常绿不凋的针状叶，也是绘画作品中画家必会表现的特征，其识别度极高。除却松针，画家往往还要通过松干纹理、松枝的姿态表现松的苍老与遒劲。虽然画卷中松的形象很容易辨识，但是，在植物分类学中名称中带有"松"字的植物有百余种，仅松科松属植物就有九十种之多，想要判断古代画卷中松的具体种类十分困难。不仅是在画中，就是让一个普通非专业人士去鉴别自然界中的不同松树种类也非易事。"松"是民间或文艺界对松科松属植物的总称，在我国南北均有分布，但种类却有所不同，比如南方多产黑松、五针松、马尾松，北方多见油松、樟子松、华山松等。所以要想获知古代画卷中出现的松具体是哪一种，还需要求画卷本身有松的细节表现，诸如松针的长短、组合与排列、皮干的纹理抑或是松果的形态（图 2.7），如果细节不详，还可参照作品描述的场景所处的地理环境、历史年代等。如果上述条件

图 2.7　松　左：清代陈枚《月曼清游图》局部　右：明代陈洪绶《花鸟草虫精品册》之一

均不满足，就很难判断松的具体种类。不过松树种类识别问题对于研究古代花
木种植文化与配置理法并无太大影响。

（五）石榴

石榴是汉代从西域传入我国的外来植物，深受人们喜爱，经过两千多年的
引种、栽培、传播、推广，已经遍布中华大地。石榴的花和果都十分有特色，
让人过目不忘。石榴花色红似火、瓣卷成簇，花萼红且坚硬，极具特色；石榴
果皮坚硬，籽粒透亮且繁密，也极具观赏价值。石榴独特的花和果实是画家表
现石榴的首选，而石榴的叶，虽不比花和果的辨识度高，但仔细观察其长圆形
或椭圆状披针形的叶片有光泽、略革质感、中脉明显，也是鉴别石榴的特征之
一。画家笔下的石榴（图2.8），无论写实、写意还是工笔，总会把石榴红色坚
硬的花萼和火红明艳的花瓣勾勒出来，抑或是表现其微微张口、凸出果实球面

图2.8 石榴
左上：明代沈周《卧游图》 右上：五代黄居寀《花卉写生图册》之一
左下：宋代李嵩《花篮图》之一局部 右下：清代吴璋《花鸟图册》之一局部

图2.9　玉兰　左：清代陈枚《四季花鸟图册》局部　中：明代陈洪绶《兰花柱石图页》局部　右：清代管念慈《岁朝图》局部

的果蒂，读画者一眼就能认出。

（六）玉兰

　　玉兰又称白玉兰，早春开花，满树洁白，朵朵单生于枝头，不见叶或有少量新发嫩叶。玉兰另一个特征是其花苞未开放时，一个个毛茸茸的橄榄型花苞立于枝头，阳光下能泛出光芒。画家正是抓住了玉兰的这两个特征，才让洁白、高雅的玉兰活跃于绢纸之上，读画者也可轻松识别。古代画卷中，一些表现岁朝节和以花瓶陈设为内容的花鸟画卷中出现玉兰与海棠的频率较高（图2.9），此外，玉兰还常与海棠花、金桂、牡丹相伴出现，寓意"金玉满堂""富贵满堂"等。

（七）梧桐

　　梧桐枝干通体碧绿，也称青桐、碧梧。在古代设色画卷中，常常表现梧桐树干碧绿、通直的特征，从主干到枝叶一派碧绿，身姿挺拔且高大，很容易辨识。梧桐树叶宽大、形似手掌，通常五裂，中间三裂略大，两侧裂叶略小，这也是画家表现梧桐的特点之一，在水墨、白描等画卷中居多。此外，如果画卷中出现庭院、纳凉的人物或凤凰在树上栖息，再配合宽大的掌状叶形的表现手

图 2.10　梧桐　左：明代唐寅《桐荫清梦图》　右：清代陈枚《月曼清游图》局部

法，就可以判断出是梧桐。古代画卷中有很多表现梧桐庭院或桐荫小景的画，诸如南宋《梧桐庭院图》《桐荫玩月图》，明代唐寅的《桐荫清梦图》，清代陈枚的《月曼清游图》等（图 2.10）。

（八）紫薇

紫薇（图 2.11），一种落叶灌木或小乔木状木本花卉，夏季开花，一串串花序悬于枝头，色彩明丽，或粉或白，可爱喜人。紫薇花期长，其叶小而繁，卵圆状互生排列，花叶相映生辉，是古人营造夏季庭院景观的主要花卉之一。古代画卷中

图 2.11　紫薇
上：南宋刘松年《四景山水图》局部
下：南宋赵大亨《薇亭小憩图页》局部

的紫薇花多出现于庭院中，且以对植的方式出现，常与花池、石景搭配。绘画作品中的紫薇常出现于画卷前景或中景，虚实结合的手法表现紫薇婆娑可人的姿态，枝条上繁密的片片小叶和树冠外围团团盛开的花序是紫薇花的典型特征，加之画作描述的季节背景或特意点出夏季主题等内容，就更加能够肯定画中的紫薇。

图 2.12　木芙蓉
上：明代沈周《卧游图》局部
下：五代黄居寀《花卉写生图册》局部

（九）木芙蓉

木芙蓉也叫芙蓉花或拒霜花，锦葵科木槿属落叶灌木或小乔木，今盛名于成都，因后蜀孟昶于宫苑城上遍植此木，故得芙蓉城或蓉城之名。木芙蓉常被诗词歌赋所题咏，在画卷中更不乏其身影。锦葵科植物的花大都热情奔放，花瓣平展外放，柱头长且凸出于花冠，颜色以红、粉、紫为主。木芙蓉、秋葵、蜀葵三种是出现在画卷中较频繁的锦葵科姐妹花（图 2.12），其次木槿、锦葵也有描绘。木芙蓉在木槿属植物中属于花大、叶大型，与其他同属植物很容易区分，其叶 5～7 浅裂、状如南瓜叶，其花硕大，有单瓣亦有重瓣，粉红至深红，形似牡丹但殊于柱头形态。古代画卷中常表现木芙蓉盛开的形象，其叶与花同时表现出来，无论是泼墨或没骨手法简单勾画写意几笔，还是工笔画法用线条、晕染等表现实物，只要抓住叶大有浅裂、花大有色变的特点，均能容易地识别出木芙蓉。

（十）蜡梅

蜡梅又常被写作腊梅，取"蜡"字缘自花瓣半透明有蜡质感，取"腊"字是因其花在寒冬腊月绽放。蜡梅最大的特点是花先于叶开放，无花梗或近无梗，单瓣或重瓣，满树黄花十分醒目，给北方萧条的冬季带来几分色彩和芳香，因此普遍种植于北方园林中，但南方也不乏蜡梅。蜡梅另一个特点是果实坛状或倒卵状，红枣大小，常宿存枝头，冬季十分明显。蜡梅还有一个特点：主干直立，分枝和小枝均斜伸且直，给人以倔强、力量、向上的感觉。因此，古代画卷中的蜡梅形象基本上均以表现冬季花期的姿态为主，将黄花、斜伸且直的枝干表现出来（图2.13），个别作品中亦有蜡梅果实的描绘。

（十一）山茶

山茶是中国特产花木，常绿灌木或小乔木，花大色艳，以红色系为主，亦有白色山茶，花形饱满，尤其是重瓣山茶更显得圆润富贵，从古至今深受欢迎，主要用于庭院种植观赏、盆栽、瓶插等。在古代画卷中，画家捕捉到了山茶叶子卵圆且常绿、花冠红色且花蕊金黄的特点，常以山茶来烘托或表现冬日的景致，诸如一些岁朝图、宫廷十二月行乐图、四季花卉图等主题中多见有山茶形象的描绘。山茶在画卷中的识别度比较高，尤其是限定在冬景的大环境中，或与水仙、南天竹、梅花等冬季赏花、观果植物一起组成的小景或瓶插（图2.14），观者很容易识别。

图2.13 蜡梅
上：清代恽寿平《花鸟草虫图册》局部
中：北宋赵佶《腊梅山禽图》局部
下：清代郎世宁《花鸟图页》局部

图 2.14　山茶　左：明代王毅祥《四时花卉图》局部　右：明代陆治《岁朝图》局部

（十二）南天竹

南天竹，名竹但不是竹，是小檗科常绿灌木，其叶形似竹叶，叶色随季节与光照而变

化，有绿有红；其果似珠，红且
簇拥于枝头，圆锥形果序火红
一团，在冬季尤其是雪后异常夺
目。古代画卷中的南天竹均是以
表现其火红的果序为主，与松、
梅组合出现多以表现冬景，如明
清两代的岁朝图中常见；还有些
描述建筑庭园主题的画卷中，南
天竹多与石景相组合置于庭园
一隅或窗外一角，如《岁召欢庆
图》（清代姚文瀚）、《岁朝图》
（清代杨晋）、《燕寝怡情》等（图
2.15）。

图 2.15　南天竹
左：清代杨晋《岁朝图》局部　右：清代佚名《燕寝怡情》局部

（十三）秋葵

相对于锦葵科其他姐妹花，秋葵显得素雅、低调很多，单瓣花居多。如锦葵科植物的花大都热情奔放，花瓣平展外放，柱头长且凸出于花冠，木槿、扶桑、蜀葵等都以浓艳、热情的红、粉红、粉紫的花色为主，而秋葵的花瓣是一抹浅黄，仅花芯部分有一眼紫红，因此秋葵也叫黄秋葵、黄蜀葵。除了花形与花色，秋葵的叶也是辨识度较高的特征之一，与蜀葵、木芙蓉相比大小方面相差无几，但是秋葵的每个单叶呈 5 ~ 7 掌状深裂，几乎裂至叶柄，容易让人看成是掌状复叶，这便是秋葵与其他锦葵科姐妹花第二个不同之处。我国自古就有栽培秋葵、食用秋葵的习惯，既是寻常人家庭院、菜圃常见植物，也是文人士大夫园林中用于点缀、观赏的植物。因此，古代画卷中秋葵经常作为点缀、配角，出现在院落一角、置石一旁或野草丛中，诸如五代十国之《浣月图》，明代杜堇的《玩古图》《伏生授经图》，清代余省的《种秋花图》等（图 2.16）。

（十四）菊

古人笔下所绘或所咏的菊花通常是现代生物分类学上的菊科菊属的一类菊，是中国特有的植物之一，也是最早被人们引种、栽培、培育成观赏价值较高的多年生草本花卉之一，其历史文化十分悠久。据文献记载，中国人工栽培菊花的历史已有三千年，中国文人自古喜饮菊、种菊、赏菊、咏菊、画菊，还赋予菊花"四君子""寿客""女华"等雅称。菊花的生物学特征比较明显，由无数小花圆形辐射状排列成的头状花序是其显著特征，花以黄色为主，因此也称其为"黄

图 2.16　秋葵
上：明代杜堇《玩古图》局部
中：清代佚名《燕寝怡情》局部
下：清代余省《种秋花图》局部

花""金英",亦有白色、蓝色、
紫色等。中国古代画家笔下的菊
花,有的形态自然、蔓生状斜靠
在置石一旁,有的植株矮小、花
蓝紫色呈野生状点缀在篱架或草
丛一角,有的植物挺拔、花色多
变、花形饱满地植于盆中置于庭
院显眼位置,这些都充分表现出
古代菊花的种类繁多、种植普遍、
深受喜爱的特点,诸如明代沈周
的《盆菊幽赏图》、北宋赵令穰的

图 2.17　陶潜赏菊图局部（北宋赵令穰）

《陶潜赏菊图》(图 2.17)、清代陈枚的《月曼清游图》等 (图 2.18)。

图 2.18　菊
左：明代王榖祥《四时花卉图》局部　中：清代陈枚《月曼清游图》局部　右：清代余穉《画卷图册》其一

（十五）鸢尾

鸢尾,古人称之为蓝蝴蝶、扁竹,花形奇特,花色以蓝紫色系为主。鸢尾在古代多为
药用,引入庭院作为观赏植物大概始于南北朝时期。古代画家笔下鸢尾花多为设色画,将
其六片蓝紫色的花瓣状叶片包膜表现出来,其中下部三片略大、下翻、中部有条白色或黄

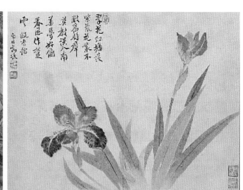

图 2.19　鸢尾
左：五代黄居寀《花鸟写生图册》局部　中：清代郎世宁《花鸟册页》局部　右：清代恽寿平《花鸟草虫图册》局部

色斑纹，上部三片略小、向上立起，呵护着花蕊和子房。鸢尾叶宽剑形，叶顶部渐尖，基生丛状，诸如五代黄居寀的《花鸟写生图册》，清代郎世宁的《花鸟册页》、恽寿平的《花鸟虫草图册》、吴璋的《四时花卉》、丁观鹏的《仿仇英汉宫春晓图卷》等（图 2.19）。

（十六）荷

荷，从古至今都是最为著名的水景植物，在古代画卷中，几乎有水塘、池湖等水景表达的画卷中均有一池或几朵荷花点缀。荷，叶大而圆，柄位于叶中，叶柄处叶面微微凹陷，能持水；花亦硕大，单生于花葶，花色或粉或白，花后结为莲蓬；荷花与荷叶均挺于水面，优雅自持。荷花盛开于夏季，因此，古代画卷中以荷花盛开来表现夏季，以莲蓬和枯叶来表现秋冬。在写实或工笔画法的画卷中，荷叶常以反映正面的叶脉纹理和背面的浅色对比来表达，荷花通常以粉色渐变色来刻画，或盛开或菡萏；在写意作品中，通常用几团深浅不一、大小有别的圆或近圆形来表现荷叶，几笔勾线来表现叶梗，结合水景便可判断出水中之荷。诸如五代南唐周文矩的《荷亭弈钓仕女图》、宋代苏汉臣的《重午戏婴图轴》、佚名的《柳院消暑图》、赵佶的《池塘秋晚图》、刘松年的《四景山水图》（图 2.20），清代王云的《休园图》以及陈枚的《月曼清游图》中就有荷花不同画风的表达（图 2.21）。

（十七）水仙

水仙是中国传统十大名花之一，其原种（多花水仙）自唐代从欧洲引入，在中国已有一千多年栽培史。水仙是早春主要的观赏花卉之一，北方常盆栽置于室内、案头。水仙叶

图 2.20　《四景山水图》局部（南宋刘松年）

图 2.21　荷花
左：清代陈枚《月曼清游图》局部　中：五代南唐周文矩《荷亭弈钓仕女图》局部　右：北宋赵佶《池塘秋晚图》局部

形如兰花般优雅、飘逸，其花絮伞形、小花 3～7 朵一组，花瓣六片、白色，花开平展，副冠白色或鹅黄、杯状。古代画卷中的水仙十分容易辨识，画家多将其置于器物中，表现其盛开的姿态，多出现在百花图、花鸟图、岁朝图中（图 2.22）。

图 2.22　水仙
左：五代黄居寀《花鸟写生图册》局部　中：明代佚名《百花图卷》局部　右：清代吴昌硕《岁朝清供图》局部

（十八）蓼

蓼，亦称蓼花，生于水中或水边，常有红蓼、水蓼、酸模叶蓼等种类。比起上述花卉的知名度和观赏性，蓼花有所不及，因此一直处于野生状态，很少有专门栽培，概因其一年生属性，加之花形小。其实蓼花在花期还是蛮具观赏性的，其最大的特征是红与粉红间色紧密状排列的小花形成的总状花序像谷穗般悬于枝头，微微下垂，其茎粗壮有节，茎中空，高可比园墙。蓼花的野趣、随性和顽强的生命力，被许多画家、文人看在眼里。《诗经》"山有桥松，隰有游龙"中的"游龙"便是红蓼的称呼，唐代白居易有诗云："秋波红蓼水，夕照青芜岸"，描述的即是岸边红蓼与水波相应的早秋景色。亦有许多蓼花入画的作品，如五代黄居寀的《花卉写生图册》，北宋赵佶的《池塘秋晚图》、《红蓼

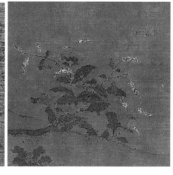

图 2.23　蓼
左：北宋赵佶《池塘秋晚图》局部　中：五代黄居寀《花卉写生图册》局部　右：南宋吴柄《写生折枝图卷》局部

白鹅图》(赵佶〈传〉)等(图2.23),南宋吴柄的《写生折枝图卷》、佚名的《红蓼水禽图》。

二、容易混淆的若干花木

(一)桃、梅、海棠

桃、梅与海棠均是蔷薇科植物,花期相近、花色和花形相似,因此容易混淆,若不是专业人士或亲自种植这些花木,普通人很难鉴别出桃、梅、海棠。但古代画家对这几类花卉的观察可谓细致入微,尤其是工笔画中,画家将这三种春花植物的特征描绘得十分到位。以清代余穉所绘的《花鸟图册》为例,可看出画家是如何在绢纸上生动地描绘出这三种花木不同点的。如图2.24所示,初看这三组图面中均以花、鸟为主景,粉红、绿为主调配色,花萼均是紫红色,看起来是一种花木。再往近处查看,读者会发现,有一组图中盛开的粉白色花并无绿叶相配,图幅中所画绿叶乃是竹叶,竹叶巧妙地衬托了粉白色的花,再往更细节的地方查看,粉色花瓣顶端呈圆弧状,这便是梅花的特征:梅冬季盛放、花先于叶,与翠竹、青松并称"岁寒三友"。另外两幅均是花叶并存,花三五一组簇生于枝头,但再仔细察看,其中一幅中的花没有花梗,且叶为嫩芽或初生状态,叶形细长呈披针形,花瓣的顶端略尖,这些便是桃花的特

图2.24　从左至右:桃花、梅花、海棠(出自清代余穉《花鸟图册》)

图 2.25 《仙姬文会图》(五代周文矩)

征；而另一幅有长长的紫色花梗、花瓣颜色由深至浅向花芯晕色，叶较大、舒展的便是海棠。桃花、梅花、海棠在古代画卷中出现的频率很高，不仅仅是历代花鸟画的必画之选，在宫廷建筑、庭园、山水等主题的画卷中亦频繁出现，诸如五代南唐周文矩的《仙姬文会图》(图 2.25)，北宋张择端的《清明上河图》，南宋马麟的《秉烛夜游图》、刘松年的《四景山水图》，宋代佚名的《洛阳耆英会图轴》，明代仇英的《汉宫春晓图》《清明上河图》，以及清代陈枚的《月曼清游图》，徐杨的《姑苏繁华图》，袁耀的《扬州四景图》，王云的《休园图》，佚名的《院本汉宫春晓图》，唐岱、丁观鹏的《清院本十二月令图轴》，丁观鹏、郎世宁的《乾隆帝岁朝行乐图轴》，郎世宁等《雍正十二月行乐图》，沈源、唐岱的《圆明园四十景图》等，均有海棠或梅花或桃花的描绘。

(二) 牡丹、芍药

牡丹与芍药十分相似，是同科同属的姐妹花。在古代画卷中区分牡丹和芍药，还要从两者的主要差异来判断。首先，牡丹属木本植物，芍药属草本植物，故画家通常用褐色表现牡丹的木质秆，草质的枝叶茎用绿色表现；而芍药的整株枝茎均以绿色表现（图 2.26）。其次，牡丹叶片较宽大、有叶裂；而芍药叶片较窄，披针形或狭卵形；再次，牡丹花为单花生于顶端，外形饱满，重瓣层次多；芍药花在茎顶端或叶腋处以多花苞为主，常表现为 2～3 朵簇生，花瓣层次略显单薄（图 2.26）。

（三）月季、玫瑰

月季与玫瑰是蔷薇科蔷薇属最具代表性的观赏花木，古今中外深受喜爱，在庭院、园林中的种植十分普遍。但由于蔷薇属植物在花形、叶序上比较相近，因此常被混淆。即使它们十分相似，但古人还是对它们的不同点有所探索和发现，很早就对蔷薇属不同花木进行了命名，诸如蔷薇、月季、玫瑰、木

图 2.26　上图从左至右：牡丹、芍药（出自五代十国黄居寀《花卉写生图册》）；下图从左至右：牡丹、芍药（出自清代郎世宁《花鸟册页》）

香、刺玫等，其中最不容易区别出来的就是月季和玫瑰。首先，月季叶序上的小叶 3~5 片一组，叶子较光滑，质感偏革质；玫瑰叶序上的小叶 5~7 片一组，叶子上有皱褶，质感较薄。其次，月季与玫瑰花形相似，花色略有差异，玫瑰花色较浓，以红、紫红为主，月季花色略淡，以粉红、黄、橙黄等为主。另外，月季茎上刺大、较少，玫瑰茎上刺多、毛多。在古代花鸟图册中，尤其是历代百花图册、花卉写生图之类的画卷中，对这两种花木特征的刻画十分写实，堪称认识和鉴别花木的工具书或科普画。例如清代《百花图》中就分别对月季和玫瑰进行了描绘，细节特征准确，还有明代《百花图卷》《花鸟草虫精品册》中描绘了两种颜色的月季，而陈洪绶《花鸟草虫精品册》中描绘了玫瑰的特征（图 2.27）。

（四）萱草、百合

萱草与百合同是百合科花卉，但为不同的属。两种花卉相似的部分是其花形、花被均为六片，花苞像把闭合状态的小伞，花开放后花瓣向外舒展，花冠形似喇叭形，数朵顶生于花梗。两者最大的不同点是花色，萱草为橘黄色，而百合以白色、乳黄色为主，又因百合属种类众多，还有橘红、红色、橘黄色的

图 2.27　从左至右：月季、玫瑰（出自清代邹一桂《百花图》）、月季（出自明代佚名《百花图卷》）、玫瑰（出自明代陈洪绶《花鸟草虫精品册》）

图 2.28　左：萱草　右：百合（均出自清代余穉《花鸟图册》）

百合，诸如渥丹、山丹、卷丹等。另一个不同点是两者的叶型不同，萱草叶子细长、条状披针形，基部丛生；百合叶较萱草叶短而宽、倒卵形或倒披针形，随茎散生至花轴（图 2.28）。古代画卷中，萱草多出现于庭院一角或建筑一隅，诸如清代《燕寝怡情》（佚名）、明代《十八学士图》（佚名）、明代仇英的《梧竹书堂图》（图 2.29）、南宋马和之的《宋高宗书女孝经马和之补图》、明代文俶的《秋花蛱蝶图》（图 2.30）等；百合常见于花鸟图册，如宋代佚名的《夏卉

图 2.29　《梧竹书堂图》局部（明代仇英）

骈芳图》、李嵩的《花篮图》，明代周之冕的《百花图卷》，清代余省的《种秋花图》、任伯
年的《花卉册页》（图 2.31）、郎世宁的《花鸟册页》、余穉的《花鸟图册》、邹一桂的《百
花图》等。

图 2.30 《秋花蛱蝶图》局部（明代文俶）

图 2.31 《花卉册页之一·百合》（清代任伯年）

第二节　从画卷看古代庭院之花木配置

　　宋代郭若虚所编撰的《图画见闻志》将中国传统绘画按照内容和景深或细节，划分为山水、花鸟、人物及杂画四科，未涉及庭院画或园林画，然而庭院的建筑或花木、园林往往是上述四科绘画主题的背景、配景。古代还有一种特殊的绘画形式——界画，其多描绘建筑，涉及宫殿、庙宇、亭台楼阁，常以庭院、园林、花木、植被与建筑呼应或相衬，本节就将研究范围重点放在界画这一类型的画卷上，梳理和分析与庭院花木配置相关的信息。

　　古人对居所的称呼有很多，诸如宫、邸、府、宅、家、舍等，因其主人的身份、地位等不同而称呼各异，如《宋史·志第一百〇七·舆服六》称："私居，执政、亲王曰府，余官曰宅，庶民曰家"。有其居所必有其屋。同样古人根据房屋的功能、性质及式样的不同赋予房屋不同的称呼，诸如厅、堂、室、轩、楼、阁等。然而，无论居所和房屋的称谓如何，但凡居所中有房屋介入或围合必然会在房屋之外或房屋之间形成一定的开放空间，无论何种等级地位的居所和房屋，都将这个开放的空间称之为"庭"或"院"。"庭"和"院"经常被合称为庭院，一般没有区别，但细分开来，古人称呼正屋前的为"庭"，正屋后的为"院"，即前庭后院。其实，在大多居所空间中，庭院不止出现于正屋前后，几进院落或偏房较多的居所宅居中，"庭院"可能出现于多处房屋的前后和侧方；也可以概括称"庭院"是居所房屋四周的一处室外活动场地。

　　与庭院称呼相似的还有"庭园"一词，是居所内部房屋以外或远离房屋独立形成的一处用于游赏的园子，有时根据主人需要还可能发展成为"菜圃""花圃"等；庭园功能更丰富、面积更大一些，则可称为"园林"，它是包含居住建筑在内的一系列建筑以及建筑所组成的院落和建筑以外的附属空间，通过花木、水景、山石的巧妙布局，营造一种优美的居住、游憩环境，有些还会豢养禽鸟、池鱼、鹿、犬于此优美境域之中。无论庭院还是庭园抑或是园林，都与古人的居住环境密切相关，只是在大小、位置或规模上有所不同。厘清了三者之间的关系，就可理解本书讨论的对象特征，即居住场所中的室外空间，为方便论述，暂且统称为"庭院"。

一、庭院中的高大乔木

古代建筑庭院主题的界画中，高大的乔木往往单株或两三株组合出现在庭院内，且多位于画面前景或框景的位置。高大乔木在庭院中多是作为遮阴纳凉或背景衬托，也有作为主景观赏之用的。研究发现，古代庭院中出现频率较高的庭荫树、主景树或充当画面背景的高大乔木以松、柳、梧桐、槐等为首。

如宋代扇面图《松阴庭院图》描绘的是一处私家别院的院落一角（图 2.32），画幅很小，且在画面上部大片空白，引发观者对庭院及其周边环境的想象与遐思。在画面中部是两株高大、婀娜的老松种植于树池之上，并与置石相配，成为画面的视觉中心。松树主干倾卧，松枝斜伸，树冠延伸至长廊之上、楼阁之旁，透过楼阁的窗户看到主人正在卧榻上休息、享受荫凉。此外，南宋李嵩的《水殿招凉图》同样也是一幅纨扇画作（图 2.33），采用了近景叙事的手法描绘了一处引活水入庭院建筑旁形成水瀑以降温消暑的场景，主景是体量高大的水榭和廊桥，廊桥之下是流动的水瀑，建筑背后是两株高大、袅娜的垂柳，水流和水瀑的一柔一动将建筑线条的生硬和体态的笨拙调和得恰到好处，赋予画面动态感，仿佛可以听见流水的声音，可以看到柳枝随风摇曳的身影。同样，在苏汉臣的《重午婴戏图》（图 2.34）中，描述的也是一处庭院水景旁的情景。

图 2.32 《松荫庭院图》(宋代佚名)

图 2.33 《水殿招凉图》(南宋李嵩)

两组高大乔木分别位于水榭左右两侧，画面近处的一侧是两株一高一低长在山石上的垂柳，在其荫凉之下，十余婴童在嬉戏玩耍；画面远处的建筑一侧是一株独立的高大乔木，形似槐树，怀抱水榭一角。

五宋《浣月图》描绘了庭院中月光下一群女眷观看一处园林小水景的场景（图 2.35）。庭院中两株高大乔木——梧桐和松树，位于画面的左边和上方，形

图 2.34 《重午婴戏图》局部（宋代苏汉臣）

图 2.35 《浣月图》（五代十国佚名）

成框景，将画面中心的人物和水景"包括"起来。松枝遒劲、茂密却难掩皎洁月光，梧桐枝叶婆娑，与其下的女眷们相互衬托，更能说明画面场景为后庭院。古代画作中很多表现庭园生活的场景，尤其是后庭或休闲庭院中都有梧桐作为遮阴树或主景树，如五代佚名《唐宫乞巧图》、南唐周文矩《仕女图轴》，南宋佚名《梧桐庭院图》、刘松年《宫女图》（图2.36）、马和之《宋高宗书女孝经马和之补图》、佚名《桐荫玩月图》，明代杜堇《仕女图卷》和《玩古图》、文徵明《东园图》、仇英《太真出浴图》，清代陈枚《月曼清游图》等，足见梧桐在历代庭院中的流行和传承。

图 2.36 《宫女图》（南宋刘松年）

五代时期郭忠恕的《明皇避暑宫图》（图2.37），描绘了唐代骊山华清宫的景观风貌，画面背景处是秀丽、挺拔的骊山，前景处是林立的山石和树木。中景部分由远及近分布着楼阁台榭，错落有致、气势雄浑。宫殿建筑外围分布有两条稀疏的林木带，庭院内部未见花木，仅在几处庭院中点缀若干高大乔木，单株或两株配置，依据形态判断是松树，这与诗歌中所题咏的宫殿园林多植松的描述相呼应。

图 2.37 《明皇避暑宫图》（五代郭忠恕）

图 2.38 《花园消遣图》局部（明代仇英）

图 2.39 《汉宫秋月图》局部（清代袁耀）

明代仇英的《花园消遣图》（图 2.38）中，画家将一株高耸且体态婀娜、枝叶扶疏的松树置于画面前景，松干与松枝形成景框，将建筑与庭院框在画面中心，衬托出室内外主人、仕女及孩童的各种体态和动作，庭院小而空，除却位于画面底部框景处的一块置石和这株高松外，庭院里再无其他小景，显然，这株高松就是此处院落的主景树和视觉焦点。

清代袁耀的《汉宫秋月图》（图 2.39），通过想象描绘了汉代宫苑月色下的人物故事情景。画面中央是一株高大的槐树，枝叶舒展、树形挺拔，而宫殿的围墙、大门、亭、殿堂、长廊与池湖等围绕这株槐树展开，古槐下站立两个侍女，通过她们姿态与手势的刻画，仿佛告诉观画者此时宫中可能有故事发生。

二、庭院中的观赏花木

古代庭园，除了具有遮阴、背景或主景作用的若干株高大乔木之外，还会种植许多观赏作用为主的花木，诸如观花灌木、观花小乔木、观叶竹类和芭蕉等，这类花木较之高大乔木，在尺度上更适合人的视角去观赏其花和叶。观赏花木通过其本身的展叶、开花、结果的生命规律来传达庭园四季的变化，增加庭园景观的时序感。古代画卷中的庭园观花灌木出现频率较高的当属木芙蓉、牡丹、梅、桃等，观叶植物有竹子、芭蕉、南天竹等，观花价值较高的小乔木有紫薇、海棠等，还有一些植株较为高大的草花，如蜀葵、秋葵等。

宋代苏汉臣擅长婴戏图和仕女图，而婴孩和仕女所处的画面背景几乎都是庭院，以庭院为背景，描绘孩童们的童年生活，画面中各类玩具、游戏项目、人物服饰、庭院摆设以及庭院花木景致给后人了解宋代生活的各个方面提供了素材。其《秋庭婴戏图》描绘了一幅秋季庭院中两名孩童专注于摆弄玩具的情景（图 2.40 左），在人物的背景处，画家布置了一座高耸且质感厚重的石峰，与孩童娇小的体态形成对比和呼应，石峰背后是一株冠形舒展、枝叶茂盛、盛花于枝头的木芙蓉，芙蓉与石峰虽是庭院一处角落景致，但也能想象出画面之外这户庭院的园林美景和富足生活。木芙蓉盛开得再美丽，似乎也不如各种各

图 2.40 《秋庭婴戏图》与《冬日婴戏图》（宋代苏汉臣）

样的玩具吸引孩童的注意力，画家也有意将木芙蓉安排在画面背景处，但却占据画幅最多，将这一前一后、一矮一耸的孩童和石峰很好地调和到一起。此外，《冬日婴戏图》同样描绘了一男一女两个孩童在庭院玩耍的场景（图2.40右），画面中依然是通过花木景致来交代人物所在的场景和季节，置石旁盛开的白梅、山茶以及终年不枯的翠竹，还有一只可爱的幼龄花猫，这些都在暗示冬季里庭院依旧充满生趣，氛围轻松、愉快。《蕉荫击球图》描绘了一家四人在庭院里打发休闲时光的情景（图2.41），画面前景处两个男童正挥动球棒击球，中景处右侧一位少女立于案旁和一位倾靠桌案的仕女一同注目男童击球，而画面中景中心处则是一丛枝叶茂盛、舒展柔韧的芭蕉与太湖石环抱簇拥，芭蕉下方以及座椅背后还描绘出了几簇盛开的绣球花，这些庭院花木不仅交代了画中的季节和该户人家的富足，似乎还能给初夏庭院中休闲的人带来几分凉爽和惬意。苏汉臣的另一幅《妆靓仕女图》同样也是描述庭院生活场景（图2.42），一位仕女正在庭院的桌前对镜梳妆，桌案上的水仙开放，斜后方女仆恭敬站立，女仆身后则是庭院置石和一株老梅，零星几朵梅花开放，这些场景点出画

图2.41 《蕉荫击球图》局部（宋代苏汉臣）

图2.42 《妆靓仕女图》（宋代苏汉臣）

中的季节，女主人对镜梳妆的神态和表情以及
女仆站立的姿态和距离，仿佛衬托女主此时的
心态如桌上的水仙那样流露着一丝寂寞和思念，
暗示女主的性格如身后那株老梅和几点疏花那
样的清冷和孤高。这显然与《蕉荫击球图》中
的仕女所描述的场景和心境不同，前者用瓶中
水仙和老树上的梅花以及站立距离较远的女仆
来暗示这处庭院女主的孤独与冷傲，而后者则
通过苍翠的芭蕉和盛开的木绣球以及与仕女贴
身站立的少女来衬托人物关系的亲密和庭院氛
围的闲适与活泼。

　　明代仇英的《汉宫春晓图》中描绘了作者
想象中汉代宫廷仕女生活。长卷中以宫廷建筑
及庭院为背景，描绘出几十位姿态、神情、服
饰等各异的仕女在庭院或亭台中的各种活动场
景，画家用各种姿态和种类的观花灌木及小乔
木作为庭院点缀，其中几组人物活动与这些观
花植物不无关系，如浇灌牡丹、采摘桂花、树
下斗草（图 2.43）等。这些场景虽是画家想象，
但可折射出庭院观花植物是宫廷庭院的重要组
景要素，赏花、玩花、簪花、灌花也是仕女生
活的一大乐趣。

　　此外，《汉宫春晓图》中还可以看出古人对
庭院观花植物的审美情趣，这些庭院中的花木性
格在画家笔下如同画中仕女一般具有拟人的性格

树下斗草

采摘桂花

浇灌牡丹

图 2.43　《汉宫春晓图》局部（一）（明代仇英）

和姿态。有的枝干斜伸横卧，一副慵懒娴雅之态（图 2.44 左上）；有的老桩嶙峋、新枝发花，一股枯木逢春之意（图 2.44 右上）；有的扶墙而上、探头院外，表现出好奇的神态（图 2.44 右下）；还有的是沿堤扶栏、临水照影，十足自怜之态（图 2.44 左下）。

南唐周文矩《仙姬文会图》中（图 2.45），庭院花木景致生机盎然，美人

图 2.44　《汉宫春晓图》局部（二）（明代仇英）

们在庭院里悠闲地书写诗画、攀谈听琴，还有侍女在浇水、折花。庭院中的花木大多已经开花，最引人注目的就是种植在雕刻着龙凤图案的方形石槽花坛里盛开的牡丹，花色呈紫、黄，应是有花王和花后之称的牡丹臻品"姚黄"和"魏紫"。牡丹是古代庭院中不可或缺的观赏花木，尤盛于唐，延续至后世。牡丹主题的写生图卷数不胜数，仕女画、界画中牡丹的形象也屡见不鲜。画卷中牡丹花池的左侧是一道开满篱架的白色蔷薇，蔷薇篱架之上一大簇盛开的海棠枝干压下来，仿佛与牡丹争春斗艳。蔷薇篱架外一株端庄的合欢也正在枝头绽放粉色的绒球。此外，画卷中还描绘了玉兰、山茶等花灌木的形象。

　　如前所述，唐代中书省改称紫微省，中书令亦改成紫微令，因"紫薇"花与"紫微"省同音，因此唐代诗人多以紫薇花比喻紫薇郎或紫薇省，故此宫中紫微省便流行种植紫薇花。南宋赵大亨《薇省黄昏图》就描绘了一处庭院里的凉亭两侧各种植一株紫薇的场景（图2.46），男主正侧卧榻上，头枕凭几小憩。紫薇花正值盛开，一树粉紫，一树粉白，花冠占据了过半的画幅，十分显眼。紫薇花开和凉亭卧榻，这是画家有意交代画面中庭院正值炎热的夏季，亭子竹帘卷起来，主人将床榻置于亭中，亭子又在两株紫薇的树荫庇护下，显得这处小院的夏季十分惬意舒适，也反映了主人平静、闲适的心境。

图2.45 《仙姬文会图》局部（五代南唐周文矩）　图2.46 《薇省黄昏图》（南宋赵大亨）

清代余省《种秋花图》表现了秋季庭院几个孩童在读书之余种植草花的场景（图2.47）。画家采用全景式构图，由近及远将各类植物从细腻写实到粗犷写意表现于画面之中。画面前景描绘了庭院篱墙外溪水旁的石景与草木茂盛的情景，上有高大乔木之松，中有繁花点缀的桂树，下有盛开的黄色秋葵、粉色木芙蓉、红色鸡冠花、橙色射干、蓝色雨久花、白色玉簪以及各色的秋菊；紧贴篱墙内外还有橙黄色孔雀草以及各色的鸡冠花、秋菊。画面中景处，以一座书房建筑为中心，屋后是两株高大的庭荫树——梧桐，梧桐树叶已略微泛黄，正值果期；梧桐之下置石一尊，置石之旁可见石竹、射干等草花正在开放。置石对面亦有同样一通皴皱的置石，置石之旁一株较为高大的桂花也正在花期，置石下方草卉茂盛、蜂蝶萦绕；梧桐之

图2.47　《种秋花图》（清代余省）

后是两组分别开有圆形、方形门洞的园墙，将宅园分隔成为至少三个院子。圆门围墙之后的园子似乎花木更为茂盛，竹丛与芭蕉苍翠青绿、紫薇树花与果并存，墙角处还有百合与蓝色菊花盛放。圆形洞门的庭院左侧围墙上开有方形门洞，将视线引入另一处有园亭的园子，园子远景处峰峦叠嶂、园子近景桂树芬芳，其余地方作者用留白的手法任凭观者想象。余省笔下的秋季庭院花木种类繁多，画中人物动作与视线也是以花木为焦点，各种草花缤纷、木花生发，几

处高大乔木点缀，营造出怡然自得、惬意满足的生活场景。

三、庭院中的篱架小景

"篱架"即篱与架。篱在古代多是用竹、苇、荆条等植物编成的具有屏障、分隔作用的栅栏或障碍物，常用作园墙，亦称"樊"。架这里指用木或竹向高处搭建起来的棚架或构筑物，往往用于各种植物攀附，诸如花架、瓜棚、豆架等。"篱架"在中国古代庭院中很早就出现了，从最初的实用型篱架逐渐发展成为观赏性极佳的庭园小景致。例如，五代南唐周文矩的《仙姬文会图》中就出现了一处爬满藤蔓的绿色篱墙形成的室外绿色屏风，衬托着篱架前面的牡丹花池，绿屏之上零星点缀着白色藤花，形似蔷薇或木香、清新淡雅，与花池中盛开的雍容华贵的花王花后形成强烈对比（图2.48）。明代文徵明的《山水诗画册页》中描绘了一处竹林别业的庭院景致（图2.49），画面中所表现的山居别业临水而建，庭院房舍修竹掩映，庭院略显空旷，但比较突出的就是庭院中从大门一直延伸到通向建筑、竹编而成的一道篱笆小径和一处棚架，篱笆棚架之旁隐约有草蔓依附，种类不详。

庭院篱架小景在清代的花卉图卷、宫廷界画中出现较多。如邹一桂的《花

图2.48 《仙姬文会图》局部（五代周文矩）   图2.49 《山水诗画册页》其一（明代文徵明）

卉八开》图册中就有牵牛花篱架的特写（图 2.50）。画面中表现的牵牛花较之斑竹编成的网状篱架在体量上进行了夸张放大，使得蓝紫色的漏斗形花冠十分醒目，但在牵牛花形态特征的描绘上接近写实，可以想象画面之外的庭院田园生活。牵牛花是一年生植物，其繁殖生长能力强，开花繁茂且花色美丽。此外，牵牛花的种子也具有很好的药用价值，自古就被人们采集并种植于庭院篱架之上。

　　《清院本十二月令图轴》之八月仲秋的图页中就有一处篱架小景（图 2.51）。画面描绘了宫廷八月秋高气爽、金桂飘香时宴饮赏月的情景。在画轴下方的庭院中央有一处用竹编建构成的八边形门洞和一小段篱墙，门洞上方和篱墙上面爬满了盛开的蔷薇和牵牛花，这处花篱门洞刚好组成了一幅框景，将门洞内外的置石与芭蕉框入门洞形成画境。郎世宁的《雍正十二月行乐图》之三月赏桃画面中也出现了类似的篱架小景，其竹架的编建方式也十分相似，篱架之上是开满白色和红色的蔷薇类植物。另有两幅冷枚的表现清宫庭院生活的作品中也出现了类似的竹子构架的花篱，其中《闲亭对弈》图中的花篱处于画面中央建筑的一角，篱墙开有方形门洞，起到强调空间入口和增加庭园景致的作用（图

图 2.50　《花卉八开·牵牛花》局部（清代邹一桂）

图 2.51　《清院本十二月令图轴·仲秋》局部（清代唐岱、丁观鹏等）

2.52）；《十宫词图册》中的花篱位于画面两处建筑之间的位置，似乎将庭院一分为二，形成一堵花墙，"墙"上开设八边形漏窗。这处庭院的篱墙通过漏窗起到了阻隔空间而保障视线通透的作用（图2.53）。除了宫廷中比较流行这种竹架花篱的小景，民间亦有青睐。徐扬的《姑苏繁华图》中，一处官宦人家的庭院中就出现了竹架花篱小景。

四、庭院中的盆栽与室内瓶插

　　古代表现庭院生活的画卷中不少出现了盆栽和瓶插这两种花木艺术形式。画卷中的盆栽多单数或一对放置在庭院空旷明显的位置以供观赏，亦有围绕建筑亭台或廊榭成排摆放的。盆栽多以常见著名花木为主，如牡丹、荷花、菊花、兰草、水仙等，亦有辨识度不高的一些奇花异木。盆栽的花木，其容器在材质和形态上也有很多种类，描述宫廷生活的画卷中，盆栽多以青瓷大缸或大盆造型为主，相对应的花木也选择体量略大的种类，如清代《平定台湾战图册之清音阁凯宴将士》中描绘了在清代皇家园林之承德避暑山庄清音阁庭院中皇帝宴请平定台湾有功将领的场景（图2.54），画面中的皇家庭院中就出现了六处盆栽，其中两盆兰花状的盆栽摆放于皇帝端坐的厅堂门口两侧，其余四盆对

图2.52 《月曼清游图·闲亭对弈》局部（清代冷枚）　图2.53 《十宫词图册》局部（清代冷枚）

图 2.54 《平定台湾战图册之清音阁凯宴将士》局部（清代佚名）

称排列安置于厅堂大门台阶之下的不远处。两盆造型松的盆栽对称置于中央，两盆结了果实的佛手置于造型松之外，整个清音阁庭院并无其他花木，仅在画面右下角的前景处，也就是庭院戏楼之旁绘有一株高大古朴的老柏树。从花木配置角度去看清代皇家戏楼建筑庭院，其观赏花木并不多，乔木等也不会配

置于庭院中央或主要位置，主要以盆栽花木营造庭院景致，这样才能营造一个很好的看戏听戏的通透空间。而清代《月曼清游图之重阳赏菊》册页，表现的是皇家后宫庭院生活情景（图 2.55），其花木配置就较为丰富，盆栽的数量和类型也比较丰富，除了盛放在瓦盆中的各种花色的菊花盆栽以外，还有放置在假山石上的盛放在长方形浅口石质容器里的松石盆景、方形深口青

图 2.55 《月曼清游图之重阳赏菊》（清代冷枚）

花瓷盆中的小树石景以及紫砂质地的圆形花盆中的小树（其种类难辨）盆栽，
这些都能反映仕女们宫廷庭院生活的花木审美情趣和莳花弄草的乐趣。

　　同样，在清代《别苑观览图卷》中，亦有庭院摆放盆栽和盆景的景致（图
2.56）。该长卷描绘的是坐落于山水、城市之间一处充满静谧、悠远氛围的皇
家别苑的园林景致和生活场景。长卷中的别苑主体建构是山水之境，"S"形
布局的连绵山石将别苑一分为二，山石左右两侧各环抱一池水域，右侧水域
旁画面近景处是一组建筑，由台、殿堂、连廊组成，台上放置着若干组条几和
座架，其上摆放着不同造型的盆栽和盆景，殿堂建筑之内透过开启的门扇也
可看出案几上摆放着盆栽；左侧水域旁画面近景处也有一组建筑，由厅堂、连
廊、侧室及小屋组成一个相对封闭的庭院，园中设有一大片牡丹花池，侧室外
面的空场地也摆放着多组盆栽和盆景；透过画家对这些细节的描绘，可以看出
古人在依山傍水的自然环境中营造自己的园林，并不止于自然山水的审美，而
是要将山水微缩于自己的园中进行人工的创作，还不满足于远望山林花木之繁
茂，更要将花木收于园中欣赏，当然也要动手栽培盆栽花木，精心搭配盆景造
型，将花木融于艺术和生活，并赋予更多的人文内涵。除了上述宫廷庭院中有

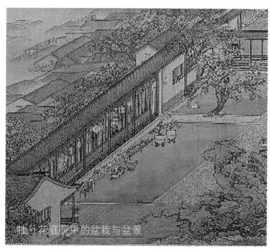
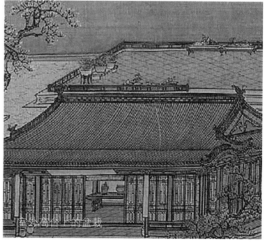

牡丹花庭院中的盆栽与盆景　　　　　　　　　　　　　　　　地势高台上的盆栽

图 2.56　《别苑观览图卷》局部（清代袁江）

盆栽和盆景的描绘，历代画卷中也不乏对普通百姓庭院及田园乡居生活院落中的盆景花木的描绘。如宋代《桐荫玩月图》中的庭院里出现有荷花的盆栽，南宋谢环《杏园雅集图》中的庭院里有兰花等若干株盆栽，元代王蒙《东山草堂图》中松柏环绕、茅舍长廊围合的小院里孤放着一盆兰草，明代沈周的《盆菊幽赏图》中的山居园林里出现了大量的菊花盆栽，明代唐寅的《西山草堂图》中的篱笆小院里摆放着一盆梅，清代《燕寝怡情》中在官宦人家的庭院里摆放有盆栽的兰花、造型松盆景，清徐扬《姑苏繁华图》中描绘了多处苏州人家小院中的各种盆栽以及摆放着盆栽的市场和载满盆栽的商船，这些足见明清时期盆栽的流行和繁盛。

　　瓶插在描绘古代仕女庭院生活画卷中很常见。瓶插提供了在室内观赏室外花木的途径，也给庭院生活带来些许摆弄花枝、搭配花瓶、布置室内陈设的乐趣。古代瓶插主要用于居室内观赏，诸如厅堂的供案之上，书房的书案或画案之上，卧室的角几之上等。瓶插是主人个人艺术修养和审美情趣的高级体现，除却瓶插花木的种类搭配和枝干造型讲究外，其瓶插的器具也很讲究，不同大小、形态的瓶器会有不同体量、风格的花木与之相配，在诸多画卷中体现得淋漓尽致。如清代冷枚《春闺倦读图》中的瓶插放置在厅堂一侧木雕高几之上（图 2.57），瓶中所插月季花色嫩粉似画面左侧仕女面容之色，月季枝叶的姿态略显扭动之势与仕女单膝跪凳、半伏身倚靠在桌案上并做托腮之状也有相似之处，花瓶的釉色与仕女服饰的颜色也相呼应，玉壶春瓶的长颈造型及玉兰花型的刻花装饰也

图 2.57　《春闺倦读图》局部（清代冷枚）

有着对仕女高贵娴静、知书识礼气质的暗示。除了花瓶，再看室内其他陈设：墙上贴着"渔夫独钓"的山水画、悬挂着青绿色流苏的竹箫，高几上已燃尽的金香炉、桌案上打开的书箱、手中的书卷，这些无不透露着仕女的教育、出身、兴趣

图 2.58 《吟梅图》局部（清代陈洪绶）

图 2.59 《鸥波亭图》局部（元代赵孟頫、管道升）

喜好以及无聊中相思的心境。另，清代陈洪绶《吟梅图》中的瓶插被一位仕女捧于胸前正要拿与主人观赏（图2.58），仕女手中素雅的直颈白釉瓷瓶与盛开的白色水仙和梅花的气质相得益彰，瓶中梅枝舒展、硬朗似画中男主人，水仙枝叶柔韧似画中女主人，可以看出画家有意刻画一处瓶插小景来衬托和暗示男女主人的品性。女主人神情淡定地转头看向侍女手中的瓶插，与对面眉头紧锁、思考诗作的男主人形成鲜明的对比；男主人欲提笔吟梅却低头不看梅，仿佛志在思考和吟咏梅花之傲骨，女主人却气定神闲地欣赏着瓶中之物，似乎意在描绘和书写梅花之美韵。

瓶插很少放置在居室外，但也有例外，如元代《鸥波亭图》中的瓶插就放置在水边亭榭内的方几之上（图2.59），瓶中的花枝（疑似榴花）仿佛受困于瓶中和方几之上，与建筑之外的自由自在的潺潺流水、苍苍古

柏、幽幽翠竹形成对比。画面可见亭中一人凭栏远眺、若有所思，旁侧的一人拱手作揖、笑容恭敬，后侧持扇的仆人低头伏背、十分谨慎，三个人物的关系通过表情和姿态很容易读出来。凭栏之人正是主人，仿佛身处建筑之内、水波之上，心却向往亭榭之外的自然风景，正如那方几上瓶插之木，本可以在土壤中自然舒展根系、在空间中自由生长茎叶，无奈成为瓶插植物，供人摆布和欣赏，生命也会在花叶枯萎后走向衰亡。纵观历代画卷中的瓶插花木，其种类繁多，除了著名的梅、牡丹、荷等观赏花木外，还涉及果木、草花、藤花甚至粮食作物，如竹、石榴、紫藤、黄栌、百合、菊、谷穗等，似乎一切花草树木皆可用来瓶插，全由主人或画家的心境和画境。由于画卷中表现瓶插的作品很多，难以逐一解读，为方便读者了解古代还有哪些画作描绘了古人庭院生活中的瓶插艺术，这里选取若干有瓶插内容的画卷以表格的方式呈现读者以供查阅其花木种类、瓶器样式及瓶插摆放位置（表 2.2）。

含有瓶插内容的古代画卷列举　　　　　　　　表 2.2

朝代	画作名称	作者	花木种类	瓶器样式	摆放位置与环境
五代	《十六罗汉像》	贯休	莲花	玻璃纸槌瓶	罗汉殿前供奉者手捧
南宋	《高士延清图》	佚名	竹子、灵芝	瓩瓶	室外高台画案之上
	《药山李翱问答图》	马公显	梅	长颈鼓腹瓶	禅院松下石几之上
明代	《宣宗嘉禾图轴》	朱瞻基	谷穗	玻璃贯耳瓶	无背景环境交代
	《花园消遣图》	仇英	百合、梅花	双耳直颈锥形瓶	室内花架之上
	《西厢记图册》		桂花	斛瓶	床榻旁桌案之上
	《瓶荷图》	沈周	荷花	铜方壶	无背景环境交代
清代	《种秋花图》	余省	蔷薇、兰	瓩瓶	书轩桌案之上
	《岁朝欢庆图》	姚文瀚	牡丹	活环耳盂形瓷罐?	宴会厅一角
	《燕寝怡情》	佚名	梅花	长颈圆腹白色赏瓶	书案一角
			山茶、南天竹、白梅	双耳龙形仿青铜花瓶	卧室床边桌案一角
			秋海棠、孔雀草、翠菊	青花盂罐瓶	书房卧榻角几之上
			木芙蓉	青花直颈圆腹瓶	卧室条案一角
			水仙（非插，水培）	圆形浅口白色盆	案几之上与玩石放置一起
	《博古花草图轴》	陈兆凤	紫藤、黄栌	开窗山水赏瓶	无背景环境交代，与玻璃鱼缸搭配摆放
	《仿钱选岁朝图》	董诰	杏、南天竹、山茶	兽面衔环仿青铜瓶	无背景环境交代，与盆栽水仙、松子储藏罐搭配摆放

图 2.60 《折槛图》（宋代佚名）

图 2.61 《蕉阴仕女图》局部（明代文徵明）

五、庭院中的石景花木配置

　　掇山置石是古典园林必不可少的造园要素或造景手法，两者均是利用"石"进行造景，且常与花木、水景组合搭配形成景致，不同的是掇山重在堆叠而成的整体，置石重在个体石材的特质。古代画卷中，但凡有描绘建筑园林或庭院小景的绘画内容，抑或是仕女人物或花鸟画卷中，均可见置石或假山造型，而画卷中的石景往往都不是孤立存在的，常与各类园林花木搭配在一起，诸如宋代《折槛图》中的竹石搭配（图 2.60），明代文徵明《蕉阴仕女图》中的蕉石搭配（图 2.61），唐代孙位《高逸图》中的蕉石和竹石搭配、赵福《犼图》（图 2.62）中的黄蔷薇与置石搭配、周昉《簪花仕女图》中的辛夷与置石搭配，明代陈洪绶《林亭清话图》扇面（图 2.63）中的松石搭配等。通过整理和研究发现，与石景搭配最为频繁的花木有芭蕉、竹子、木芙蓉、牡丹等，这些花木的体量往往与石景相当，两者相互呼应。芭蕉和竹子具有生长迅速、四季常绿的特性，自古是文人墨客青睐的植物，故在庭院中常与石景搭配，用于柔化石头的坚硬质地，也含有"仕女""君子"之意。木芙蓉和牡丹均

图 2.62 《狁图》局部（唐代赵福）

图 2.63 《林亭清话图》扇面（明代陈洪绶）

属于观花灌木，花大而丰，流行栽植于庭院或园林，皇家庭院中常置于各种造型的花坛中，多与石景搭配形成庭院小景。还有一些高大乔木，诸如松、柳、槐等，常位于石景一旁，起到覆盖或限定空间的作用；一些小型草花，诸如兰草、水仙、菊花等，常置于石景的基部或石景之上，起到点缀或配景的作用。因古代画卷中描绘有石景花木的数量众多，不再逐一叙述，仅列出一些可以辨识的花木种类供读者品鉴（表 2.3）。

含有石景花木的画卷列举   表 2.3

朝代	作者	画卷名称	石景特点	配置花木
五代	周文矩	《仙姬文会图》	建筑台阶之下栏杆之旁；太湖石	月季、狭叶十大功劳
	佚名	《唐宫乞巧图》	两处石景位于官殿建筑庭前荷池旁，似湖石	锦葵、木芙蓉
北宋	李公麟	《商山四皓会昌九老图》合卷	一处立于亭前矩形石质花坛中央；另一处位于岸边木桥旁；均是太湖石状	牡丹、竹子
	佚名	《松阴庭院图》	立于连廊庭院中央的大型石质花坛中央，青石质感	两株老松，几株花灌丛
	佚名	《柳院消暑图》	立于庭院厅堂建筑与围墙之间，似青石堆叠，造型高耸	芭蕉
宋代	苏汉臣	《秋庭婴戏图》	立于庭院一角，置石高、瘦，石笋状	木芙蓉
		《冬日婴戏图》	位于庭院一角，置石堆叠，似湖石	山茶、梅花、竹
		《灌佛戏婴图轴》	位于庭院栏杆旁，高柏之下，太湖石	月季、竹子
		《妆靓仕女图》	位于庭院栏杆旁，自然立于地面，太湖石	梅花、竹子
		《蕉荫击球图》	庭院一角，自然立于地面，似湖石	芭蕉、木绣球
	李嵩	《桐荫对弈图》	水榭旁，自然立于地面，太湖石	梧桐、芭蕉
南宋	刘松年（传）	《十八学士图》	位于庭院建筑一旁，多处石景，太湖石	芭蕉、竹子、蒲葵、梧桐
	赵构	《宋高宗书女孝经马和之补图》上卷	庭院主厅建筑入口两侧，太湖石	竹子
	佚名	《桐荫玩月图》	若干散布于庭院不同角落的自然地面上；太湖石	芭蕉、仙人掌

续表

朝代	作者	画卷名称	石景特点	配置花木
明代	文徵明	《蕉阴仕女图》	立于庭院一角栏杆旁自然地面，太湖石	芭蕉
		《山水诗画册》	立于庭院建筑旁自然地面，太湖石	芭蕉
		《东园图卷》	若干散布于建筑旁高大乔木下和湖池中，似湖石	松、草
	仇英	《汉宫春晓图》	立于庭院中央花池中，太湖石	牡丹
		《贵妃晓妆图》	一处立于庭院建筑入口台阶正前方矩形石质花坛中央，另一处位于建筑入口台阶一旁自然地面；似湖石	牡丹、夹竹桃?
		《独乐园图》	散布于园中不同角落，湖石为主，亦有黄石	棕榈、萱草；竹子、兰草
		《仕女图轴》	立于庭院一角栏杆旁，太湖石	芭蕉
		《太真出浴图》	散布于园中不同角落，太湖石	芭蕉
	杜堇	《仕女图卷》	若干立于庭院自然地面，太湖石	芭蕉、棕榈以及花灌木
		《玩古图》	若干立于庭院自然地面，太湖石	秋葵、蜀葵
	唐寅	《陶穀赠词图》	若干立于庭院树下，太湖石	芭蕉
	佚名	《四季玩赏图》	多处石景均立于石质花坛中，有的立于建筑庭园十字形园路交叉位置，有的位于建筑近侧，还有的位于庭院一角等；太湖石	梅花、竹子、山茶以及多种花灌木
清代	陈枚	《月曼清游图》	多处石景位于建筑两侧或庭院一角，有的立于地面，有的立于花坛内；太湖石、黄石	竹子、蒲葵、牡丹
	王云	《休园图》	多处石景，或掇山或置石，有的位于庭院中央，有的位于池湖边，有的位于庭院围墙旁；太湖石	牡丹、芭蕉、柑橘树、南天竹及若干高大乔木
	丁观鹏	《仿仇英汉宫春晓图卷》	宫廷园林中多处布置，以湖石为主；有的立于自然地面，有的立于各种造型的石质花坛中	芭蕉、棕榈、杏
	郎世宁等	《雍正十二月行乐图》	宫廷园林中多处布置，有黄石、青石、太湖石等；多立于自然地面之上	芭蕉、桃花等
	佚名	《院本汉宫春晓图》	位于宫廷主殿建筑台阶之下两侧对称布置的石质花坛内；组群配置，似青石	牡丹

第三节　从画卷看古代城市之花木景致

本节通过列举和分析若干描绘古代都城或名城的长卷，向读者呈现古代城市的街景、郊外、乡野、山林等植被风貌或花木景致。

一、汴梁（亦称汴京，今之开封）

提到描绘城市街景的画卷，最有影响力的当属北宋张择端所作《清明上河图》长卷，它影响了后代诸多画家对城市景观风貌描绘的风格。《清明上河图》以全景式的构图，描绘了北宋时期汴京河岸沿途的城市风貌和社会生活场景。《清明上河图》自宋以来一直有不少画家临摹仿画或以"清明上河图"为主题进行创作，描绘城市及山水风貌，近现代也有不少研究者从《清明上河图》及一些摹本中去研究宋代的城市布局、商业活动、建筑特点以及宋人的服饰等，还有一些学者从城市景观角度谈论过该图卷所描绘的街景及郊外景致。本节从花木配置与植被风貌视角谈论该画卷中的城市街景特点与宋人的审美趣味。画卷最右端，河岸边几株还没有萌发新芽的老树（形似旱柳、榆树或白蜡）开启了宋代京城街景的前奏。从树木的特征可以看出时间上处于早春时节；从稀稀疏疏、三五组群的树木或沿河或傍路或近屋舍的布局特征来看，这些树木并非有意规划种植，而是自然而生，但为适应乡村人居生活需要而经历了若干让步和牺牲，才有了树下的房舍、林中的路径；一队载着货物的驴车行进在河沟与农田之间的小路上，且快要接近一座简陋的木桥处，让观者视线不禁向画面左边移动，能够想象出这对驴车即将通过木桥赶往进城的大路上；视线继续左移，这条郊外的大路一侧是稀疏的房舍，另一侧是较为宽敞的河道，河道两侧几乎都是老态龙钟的旱柳，姿态各异，皮干多有劈裂，长有树瘤，尽显老态和随意。视线再左移，开始出现较有序列的房舍依次排列在街道两边，尽是茶水、酒馆等餐饮小铺；商铺后方可见一处亭台建筑，台下依稀可见几丛绿竹。视线回到街道继续向左移动，房舍和商船越来越多，树木越来越少，直至一条垂直于河道的街道出现，沿河的街道消失在林立的房屋之中，取而代之的是宽敞的河道及其两岸的房舍，河道里各色商船忙碌，河岸旁各家商铺人头攒动，其间偶见岸边两株老柳树。直至虹桥，画面中的人物数量和动作表情达到了刻画描绘的高潮，足见市井繁华和经济繁荣。过了虹桥，画面前景处描绘一处岸边的两层酒楼，几株柳树环绕，一株落叶的高大乔木点缀（榆树或椿树），能够看出这家酒楼的档次较之前的众多酒家茶舍高出几等。继续视线左移，河道与商船逐渐消失在画面顶部，街景又一次出现，街巷有纵有横，树木开始增多，三三两两随机分布在街道两边，依旧是旱柳为主，偶见两三种其他落叶高大乔木，树叶仍无萌发；画面近景的一处酒家后院里柳枝萦绕，翠竹一丛。过了酒家，画面中又出现了一段河道，两岸旱柳依依、十分茂密，画面近景处在河道之上架了一座宽敞的两侧带有栏杆的木桥，桥上有十余个凭栏站立歇脚或观景的闲人。过了桥就是一座高耸的城门楼，同样被柳树与一些高大落叶乔木簇拥。过了城门楼向左，就到了画面的左端收尾部分，街道两侧的店铺出现更为豪华的两层楼阁，最左端有两处宅邸，其中一家院落之内可见翠竹与叠石假山。画面最左边以一株岸边的垂柳收尾，这株垂柳与街道两侧随机出现的旱柳不同（图 2.64），枝条明显下垂，是整个画卷中唯一一株垂柳。概括起来，《清明上河图》中所描绘的汴梁城市街景主要由街道和河道两条主线组成，沿河岸多连续种植旱柳以固土护堤；沿街道两侧不连续且无规律点植旱柳为主，间杂椿、榆等以供行人遮阴之用；街道两边除却店铺、茶馆酒肆之外，还有宅邸、衙署、观景等建筑，在其院落中依然是种植柳、椿、榆等用以遮阴或提供一定的食用价值（椿芽或榆钱），另外还可辨认出三处院落中种植有竹丛以增加庭院景观（图 2.65）。张择端版的《清明上河图》中并没有发现与《东京梦华录》所记载的在汴河岸边种植桃、李、梨、杏等观赏果木的情况，元代赵孟頫所

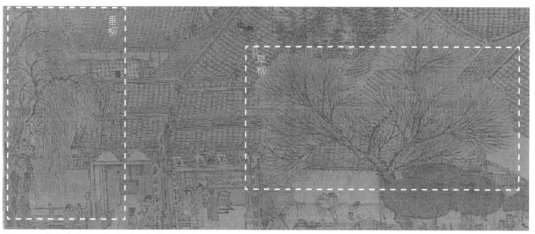

图 2.64 《清明上河图》中垂柳与旱柳姿态对比

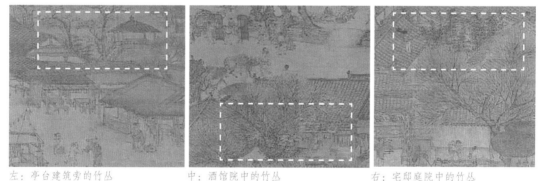

左：亭台建筑旁的竹丛   中：酒馆院中的竹丛   右：宅邸庭院中的竹丛
图 2.65 《清明上河图》中三处竹丛景致

摹《清明上河图》中亦未发现有此类花木特征的描绘。

二、苏州（亦称姑苏，今之苏州）

明代仇英的《清明上河图》参照张择端版的构图形式，采用青绿重设色的技法将明代苏州城及城郊乡野描绘得栩栩如生，因色彩明显，图中的花木形态辨识度较高，加之江南城市温润的气候条件，使得仇英版《清明上河图》中描绘的花木种类和数量也较之张择端版丰富了许多。整幅长卷中，贯穿始终也是应用最多的植物仍是旱柳，它遍布乡野河道、阡陌、村居旁，街道、院落、园林之中，构成了苏州城及城郊的基本风貌。诸如画卷最右端以描绘苏州郊外乡野风貌为开端，远处淼淼江水飘过三两船只，绵绵青山下杨柳依依、青草芮芮，此时柳树新芽已发，三五一组、八九成群散布在草地上，牧羊和放牛的孩童们愉快地在林草之间玩耍，或骑牛观望或折柳做鞭或放飞纸鸢（图2.66）……

比较明显的一点是广种桃花，或与杨柳间隔植于河岸两边形成江南"桃红柳绿"的早春景致，或三株两株植于围墙内外，不管村民、市民还是官家的院墙内外均喜桃花相迎（图2.67）。还有，在一些特定的建筑或场所庭院内还会有苍松、劲柏、翠竹等常绿植物，诸如画卷最左端的一处皇家宫苑建筑群中的

图2.66 《清明上河图》中的一段乡野旱柳风貌（明代仇英）

图2.67 《清明上河图》中院墙内外的桃花景致（明代仇英）

植物配置主要是以松柏为主，兼有一些阔叶常绿树种，这些常绿植物表现为枝叶茂密、叶形多样，俨然不是早春时节还未萌叶或处于嫩叶稀疏状态的落叶树木，诸如有的叶形长卵形且成掌状或近轮生叶序，如石楠、枇杷、杨梅均具有此特征；还有一些树形端直、叶形卵圆且簇生成圆形的叶序，如广玉兰、木兰等植物具有此特征（图 2.68）。另一处位于画卷左侧中部，设有戏楼、高台、假山的青楼院子里种植有松、竹、蒲葵等各类常绿植物；此外在画卷右侧近中部有一处佛寺建筑的院落内也长满了松柏等常绿高大乔木（图 2.69）。

纵览全卷苏州城市街景风貌，远山近水之间的河道、街巷以及乡村阡陌之间，杨柳或成排或组团，间植桃花和若干株常绿小乔木（种类不可辨），整个城市街景及郊外道路两侧绿意盎然；临近路边的村舍之旁，或街道、河道两旁的民宅院落之中均有几株乔木相伴，仍是桃、柳居多；在一些特定场所的园林中，植物配置相对丰富，例如松、柏、竹、葵、枫、玉兰等形态描绘清晰，可辨识其种类，还有一些绽放白色小花的乔木及一些刚萌叶不久的乔木，因绘画手法比较写意，不可辨识其具体种类。对比于宋版《清明上河图》中对汴梁的

图 2.68　形似枇杷、广玉兰的常绿乔木

宫殿园林中的松、柏等常绿植物

青楼园林中的竹、蒲葵、柏等常绿植物

佛寺庭院中的松、柏等常绿植物

图 2.69 《清明上河图》中的苍松劲柏等常绿植物

街景描绘，苏州版《清明上河图》中的花木景致明显种类更为丰富、配置组合更为多种多样、城市街景中树木数量明显增多，常绿树种居多，这表明了中原城市和江南城市在气候、地域上的明显差异。清代徐杨《姑苏繁华图》中苏州城的景物与植被风貌描绘更为写实，城市布局似乎更接近今天苏州城区的遗址格局。据粗略统计，《姑苏繁华图》中出现了40多种花木，其中可以辨识的种类有垂柳、松、柏、朴、杉、竹、青枫、红枫、海棠、石楠、夹竹桃、椿等十余种，其余二十多种花木不能通过既有描绘的特征而辨识其具体种类。徐杨笔下的苏州风貌与仇英笔下的苏州风貌总体上都表现为花木种类繁多、数量众多、常绿树种居多，但两者也有许多不同的地方。首先，仇英笔下的明代苏州城以旱柳为主要的街景树，而徐杨笔下的苏州城取而代之的是垂柳，并无旱柳的描绘；其次，仇英笔下的苏州城中鲜少刻画街道两旁庭院内部更为细节的花木景致，徐杨笔下的苏州城各户人家院落内外的花木景致刻画十分细致，不仅有对植物花、果实、叶色等细部特征的刻画，还出现了盆栽、盆景、藤架等庭院小景致(图2.70)；此外，还描绘了苏州城繁盛的花卉贸易场景，有售卖盆栽、

图2.70 《姑苏繁华图》中一户人家的庭院小景致

小苗、盆景的商店，有挑担售卖的花贩，还有运输花木的商船（图2.71），反映了清代乾隆年间苏州民间花木培育水平与花木受欢迎程度。

三、金陵（宋代称南都，今之南京）

　　传为明代仇英的《南都繁会图》描绘的是明代后期陪都南京的城市街景与繁荣的商业活动及郊野风貌。长卷上部及最右端描绘的是南京自然山水和乡野田园景致，山峦起伏中点缀葱葱绿意，时而垂柳沙汀，时而桃林漫野。画卷最左端描绘的是华丽多彩的皇宫建筑群，琼楼玉宇高耸入云，乔木森森，红花峭立。其余部分多是描绘南京城市商业的繁荣景象，店铺林立、人头攒动，对城中花木的描绘屈指可数，仅在画卷前景处的民居建筑外出现5株左右的乔木（不可辨其种），画面中部街道边出现1株乔木、一处背街的小院中种植2株不同种的乔木，繁忙的河道两岸对植几株垂柳。总之，《南都繁会图》描绘的主题是城市的商业景象，花木在其中只是点缀和背景，数量极少且种类仅有若干，但并不能说明当时的南京城市不重视绿化或城市街景的营造。

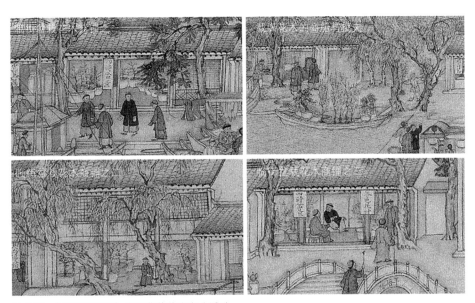

图2.71　《姑苏繁华图》中繁荣的花木商业活动

　　清代冯宁所作《仿杨大章宋院本金陵图卷》中，对南京城市街道景致的描绘十分生动，尤其对花木的描绘着墨甚多且细致。长卷从左至右、画面从上至下都有花木的刻画。城郊，无论是乡野田埂之上还是村舍院落内外，或群植或片植，每一组群树木种类5种有余，几乎一棵对应一种（图2.72）。城中，无论城墙城门之旁还是街道河道一角，抑或是宅园府邸之中，乔木三五一丛、七八一组很是常见，种类也丰富多样；也可偶见街道商铺一旁单株或成双配置（图2.73），另外还有翠竹或密植于庭院围墙，或自然生于河岸和路旁。还有一些特定场所，诸如画面左侧描绘的乡村生活景观中有一处村民正在祭祀土地公、土地婆的场景，土地庙建在一株高大的老树之下，这株老树树干基部主根系拔地而出，主干有两处中空、前后通透、大可藏人，生长状态看似基部略显衰老，但却在树冠处虬枝盘满、枝叶茂密，极富生命力（图2.74）。《仿杨大章宋院本金陵图卷》对花木的描绘还有一大特色，即用色十分丰富，处于同一组团的若干株树冠几乎一种一色，全图细数下来不下十余种颜色用于表现不同花木的树冠或叶形，诸如黄、橘黄、橘红、金黄、翠绿、嫩绿、深绿、墨绿、灰绿、青、绛紫等。《仿杨大章宋院本金陵图卷》中出现了近40种花木，其中可

图2.72 《仿杨大章宋院本金陵图卷》局部之城郊乡野之树木风貌（清代冯宁）

图 2.73　《仿杨大章宋院本金陵图卷》局部之城内树木的各种组合（清代冯宁）

图 2.74　《仿杨大章宋院本金陵图卷》局部之土地庙后的老柏树（清代冯宁）

以辨识的种类有枫、竹、椿、柏、杨、石楠、松、玉兰等。

此外，有关南京城市及郊外风貌的古代画卷还有明代魏克《金陵四季图》（图 2.75），

图 2.75　《金陵四季图》局部（明代魏克）

描绘的是宋代京城金陵（南京）郊外的山水风貌，涵括金陵城外的山峦、湖泊、渡口、塔、寺、廊桥、村舍等景致，山林草木着墨颇多，因为画卷是全景视角，多为远景或写意手法描绘，难辨其花木具体种类，仅松、柳、枫、竹、棕榈、芭蕉、桃花等特点明显的花木可辨出。另，还有明代《上元灯彩图》（佚名），主要表现的是元宵节期间南京夫子庙街市热闹的商业场景，对花木的着墨极少，只有几株垂柳点缀，熙来攘往的集市上可见售卖盆栽水仙、梅花、兰花、松以及假山石景的摊位，再无其他表现城市街景植物景观的描绘。

四、京师（明清亦称皇都，今之北京）

清代徐扬的《京师生春诗意图》采用鸟瞰式构图描绘了清代乾隆时期北京城的正阳门大街、紫禁城、景山、西苑、琼岛以及天坛祈年殿等主要景致，表现了京师早春的城市景观风貌及各类人物活动场景。正阳门大街笔直且宽敞，并未栽种花木，但在临街建筑的个别后院内配置有高大乔木、矮灌两三株，均为落叶树木，未见其叶或花，且大多处于院落一角或背街小巷之门旁。正阳门大街左前方是天坛，祈年殿高耸、清晰可辨，周边松柏苍翠、云雾缭绕（图2.76）。正阳门瓮城及东西两侧的街道及院落内，树木见多，但依旧是落叶乔

图2.76 《京师生春诗意图》局部之"正阳门大街-天坛"景致（清代徐扬）

木为主，间杂一些常绿柏树，乔木与柏树上积雪可见。进入皇城正门，两侧的宫殿院落中松柏葱郁，若干落叶乔木点缀其中，较之皇城外的院落种植显得格外苍翠且富有生机。正门向北直至三大殿的中轴线上并无任何种植，三大殿两侧的各宫院落里则又是稀稀疏疏的乔灌点缀其中（图 2.77）。三大殿之后的御花园内可见松柏及落叶高大乔木萦绕在楼、阁、馆、亭之间；宫城北门之外是万岁山，松、柏、杉与落叶高大乔木清晰可见，与北海的白塔相对。这幅反映早春的京师图卷，与南方的姑苏、金陵相比，雪未消融、没有杨柳发芽、桃梅盛开的表达，凸显了北方的城市寒冷、树木萧条的特点，因此松、柏这类常绿树木的配置就显得十分必要和普遍，这一点在画面中明显地被画家描绘出来。

此外还有明代的《皇都积胜图》（佚名），对明代中后期北京城的城市商业活动和建筑风貌进行了描绘，因缺乏该画卷高清晰图源和整幅长卷的完整资料，只能从画质一般的几个片段中获取一些城市街景种植的信息。长卷中的"正阳门牌楼—大明门前朝市"一段街景中，在城门两侧、牌楼、正阳桥旁可见若干株柳、杨等落叶乔木，在街道、市场内没有树木种植。"广宁门进入南城"的一段街景中，城墙内外和街道两侧的商铺后院中均出现了大量的树木，且根据不同叶形的描绘可知至少有 7 种不同的乔木，初步判断可能是柳、杨、玉兰、女贞、柏等。

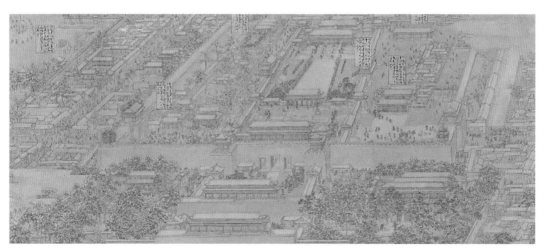

图 2.77 《京师生春诗意图》局部之"皇城正门 – 三大殿"景致（清代徐扬）

第四节　从画卷中看田园村居中的花木景致

一、文人隐士的乡居（山居）园林

明代沈周将其友吴宽在苏州城东郊外庄园绘入《东庄图册》，全册现存 21 幅，画面内容皆是竹、木、草、卉抑或是桑、果、麦、荷，一派田园生活气息（图 2.78 ）。其中"东城"册页中城墙厚重高耸，城墙外水流旁蒹葭苍苍、林木茂盛、屋舍俨然。"方田""麦山""桑州""果林""南港"几幅册页表现的是农桑风貌；"西溪""北港""艇子浜""全真馆""菱濠""曲池""折桂桥""知乐亭""竹田"几幅描绘出了水系池湖旁的草木美景，诸如岸边之竹丛、芦荻、蜀葵、垂柳，池中之荷与菱角；"拙修庵""息耕轩""续古堂"三幅刻画了庄园主要建筑旁的花木景致，如续古堂前的竹石、藤蔓影壁及乔木两株，堂后则是修竹、高松；息耕轩门外绿篱障壁、门内紫薇一株，轩旁遮阴杂木若干；拙修庵土墙上藤蔓挑出、茂竹压墙，草庵前桂树一株，庵后杂木若干。还有"朱樱径"册页里，由石块碎拼而成的小道蜿蜒穿梭在三五一组的朱樱林中，一人正漫步林间，生动有趣。

明代文徵明的《山庄客至图》描绘的是山居园林的景致。画面中，山庄背景是高耸的峰峦，前景是潺潺溪流，溪流之上架起一座双护栏的木桥，一对友人正在骑马行进；貌似男主人亲自骑马迎客。画面中部是掩映在山石与松柏杂木之中的山庄建筑组群，杂木叶未发，门外一株正值开花的红梅，说明此时乃为春季，万物萌动；山庄建筑青瓦白墙、素木格窗，

图 2.78 《东庄图册》部分景致（明代沈周）

女主人在楼阁之上翘首以盼（图 2.79）。沉寂一个冬天的山庄此时正是迎来万物复苏和友人相聚的最佳时节，在这里隐居可谓是"无丝竹之乱耳，无案牍之劳形"，一派怡然自得，时而有好友前来探访，不亦乐乎！

此外，清代石涛的《对菊图》中描绘的山村环境更是宜人，一户隐居山林乡野的高士似乎还不满足于自然山水之乐，在自家房前屋后及院中、房内，栽种摆弄各种花木草卉，如松、竹、柳、芭蕉等，但主人尤爱盆菊（图 2.80）。清代金廷标《移桃图轴》中的高士隐居于山泉高瀑之旁，庭院中乔木森森，柏、枫、竹、桂等萦绕四周，亦不满足，仍让童仆移来山桃两株栽种于书屋门侧（图 2.81）。清代张崟的《梅林雅趣图》中雅士所居虽是竹篱茅舍，略显清贫寡淡，但院后是竹林为障、院前梅林掩映，宅旁山石之上高松为伴，门前溪水流淌、儿童戏耍，房中雅士执笔书写，案几之上有梅枝瓶插，隐居生活十分惬意（图 2.82）。

二、农人的村居田园之景

如果说沈周、文徵明、石涛等笔下的田园生活是文人士大夫阶层的别墅避世生活和乡居体验，那么历代画家笔下的《耕织图卷》反映的则是乡里农人从事农桑之事的生活场景。南宋梁楷《耕织图卷》主要描绘农人在庭院中从事蚕桑事宜等的流

溪水木桥处男主迎客

山庄楼阁上女主远眺

图 2.79 《山庄客至图》局部截选（明代文徵明）

图 2.80 《对菊图》局部（清代石涛）

图 2.81 《移桃图轴》局部（清代金廷标）

图 2.82 《梅林雅趣图》局部（清代张崟）

程，对农家小院中的花木描绘并不多，但仅有的几株花木的描绘皆在暗示乡村四时变化，反映出农人在勤劳、繁忙的生活中也有对自然的审美和偷得几分闲的生活乐趣。如第一幅画中，蚕妇们正在小心翼翼地照顾蚕宝，从其中一个房间里正在燃烧的烛火可以得知夜已深，一个妇人犯困了也不愿睡去，而是守护在一旁伏凳小憩。院落里房前屋后有若干株老梅却空无一花，院墙外有一小丛翠竹与老梅呼应，这既是对冬季的描绘，又是衬托在寒冷之中蚕妇们秉烛而作的辛劳，为的是蚕宝吐丝、抽丝纺线的盼头，正如冬日院墙旁的那丛翠竹一样生机待发。第二幅图中已经是春天桑叶舒展、蚕宝吐丝的季节；虽然画家仅在画面中房屋周边的三个不同位置各画一株桑树，却能让观者想象出画面之外桑树环绕房舍的场景。第三幅画面描述的是煮蚕茧和织帛的场景，通过树枝上残叶不多的两株桑树可以判断此时已经是秋季，正是收获的季节（图 2.83）。

　　清代焦秉贞《耕织全图》虽是奉旨所作，意在重视农桑、体恤民情，但却也描绘出了一幅美丽、和谐的乡村劳作、生活场景。《耕织全图》的"耕图"部分包括二十三幅，描绘了从早春"浸种"到冬天"祭神"，乡村田间地头的树木也从枝条萌芽到绿荫初成，再到枫红桐叶黄，这些树木的物候变化特征连同乡村农事规律和农人衣着的改变一起细致地记录在画中，为我们了解清代江南乡村的田园风貌提供了重要参考。"织图"部分亦有二十三幅，"耕图"多是田中男人们劳作场景，而"织图"画面呈现的多为女人在院中劳作的场景。从花木种植来看，"织图"中对植物的刻画更为具象，房前屋后均有高大乔木

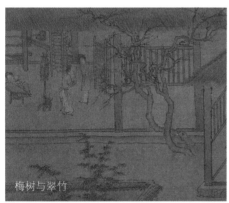

图 2.83 《耕织图卷》布局截选（南宋梁楷）

图 2.84 《耕织全图》之织图局部（清代焦秉贞）

一二，房舍一角必有花灌若干、翠竹一丛（图 2.84），可辨别的花木有竹、槭、梧桐、石楠、芭蕉、垂柳、蒲葵、松、木莲、广玉兰、椿、柘等。

　　北宋赵令穰的《湖庄清夏图》描绘了夏日南方一座临水村庄的自然生态美景（图 2.85）。画卷中对屋舍的描绘寥寥几笔，不见一人，其余均是村庄树木、湖水、鸟禽、水雾的细致刻画，乡村自然之景美如画，让观者倍感村庄的清凉、宁静、和谐与生态之自然，不觉夏日的炎热。画面开端三株槐树高大笔

图 2.85　《湖庄清夏图》局部截选（北宋赵令穰）

直，树冠顶端枝头上停留着四只不同姿态的小鸟（形似喜鹊），仿佛在鸣唱交流；在三棵槐树不远处，一株倾卧状态的垂柳，其树枝顶端站立一只背向三槐的喜鹊，一副傲娇姿态，与槐树上较为活泼的四只形成对比。这株柳树略低于槐树，其体态婀娜、枝干疏散，与树干直立、枝条向上的三株槐树形成对比，一多一少、一高一低、一端正一婀娜，相互衬托，呈现出构图中的均衡之美。在这几株特写的槐柳之左，即画卷的核心内容，其中部的前景又有一丛三株一

组的垂柳立于湖边丘坡之上；中景处是近岸水域长满水草、萍蓬与睡莲的湖池，
池中八九只野鸭正在畅游；背景处是岸上茂密的杂木林和依稀可见的林中小道。
画面再向左移，通过前景处一座小桥的指引，视线被导入一片茂密的杂木林，
林中有房舍几座，未见院墙。画卷左端接近收尾处亦有一处湖池，远处溪流之
水正奔流而入，池中亦有另一组野鸭在畅游。画面左端依旧以三株特写高大乔
木收尾，其中一株主干斜卧向池中方向生长，极具动态，树冠旁有四只野鸭正
展翅飞翔。村中有湖池、溪流以调节气候和灌溉农桑，村旁有密林蔼蔼以取材
伐薪、采集野果，房舍与水岸之旁有稀树若干以遮阴纳凉、歇脚观景，水中有
鸭戏、树上有鸟啼，这是一幅体现乡村生态、自然、和谐的美丽画卷，也是画
卷作者和当时贵族、文人阶层对乡村田园图卷的审美体现。

　　无独有偶，北宋赵士雷的《湘乡小景卷》中也用类似的构图技法和画面内
容元素描绘了南方水乡村落的自然生态之景（图 2.86）。画卷前景即是湖池之
岸边，同样在画卷的开端和收尾之处各描绘出两株一组的特写高大乔木作为画
面框景，左松右柏，各类鸟儿栖息其上。中景同样是水景，岸边驳石散落，一

图 2.86　《湘乡小景卷》局部（北宋赵士雷）

图 2.87 《水村清夏图》局部（南宋马奎）

只野鸭立于驳石翘首张望，一只白鹭上岸小憩，一对鸳鸯站立岸边呢喃。水中菖蒲挺立、团团簇簇，一对鸳鸯出入成双，四只大雁正在水域上空飞翔，几组野鸭在浮水。画面背景处依旧是密林，依稀可见柳枝下垂、主干粗壮有裂、根系隆起，林间可见若干鸟禽在休息。

　　南宋马奎的《水村清夏图》则是将水村一角呈现于纨扇大小的画面之中（图2.87）。背景是远山、崖壁、青松、湖池与蜿蜒的小径，中前景处各有一户农家。两户农家皆是草屋、篱墙、柴扉，前景处的人家临水而居，面水开轩，水面上蓬莲漂浮、水岸边蒲草茂盛，院中并无一株高大乔木遮阴。另一户人家位于画面中下部，背对水域，面向一条道路和一座小桥，院中亦无花木种植，却见房舍四周杂木环绕、绿荫葱葱。水村人家不需刻意移花栽木于院中以供观赏或纳荫，浩渺的池湖与茂密的树林就可以为农家提供可食、可赏、可纳荫、可用材的生活所需，这应该就是古代乡村最真实、简单、与自然协调共生的生活状态。

　　此外，能够反映田园水乡自然生态风貌的画卷还有五代南唐赵干的《江行初雪图》，描绘了一段长江边上初雪之时的景物，有江边翠竹、枯柳、残枫等林木之风貌，亦有江中或岛屿之上芦荻丛丛之小景，还有渔人忙碌劳作之场景。明代李士达的《岁朝村庆图》，描绘了南方城郊一处水乡村民欢庆节日的场景。人们走亲访友、宴请闲聊、敲锣打鼓，一派祥和。村落临近城郭、靠山依水，选址极佳；村舍临水而建、水岸宅院花木林立、两株古松高耸入云，环境优美（图2.88）；村民神态祥和、体态丰盈，可见生活之富足，俨然一幅反映明代乡村社会富足祥和的生活图卷，也是一幅反映人与自然生态协调相生的图卷。清代焦秉贞的《山水册·水村图》中的江南水乡更加富足精致（图2.89）。起伏的远山、辽阔的水域、规整的房舍、整洁的院落和恰到好处的花木配置，使得水村俨然一副园林模样。院中高大乔木几株，墙上藤萝垂蔓，屋后林木葱葱，水边芦竹横生。

图 2.88 《岁朝村庆图》局部（明代李士达）

图 2.89 《山水册·水村图》局部（清代焦秉贞）

通过前两篇对古代有关花木的文献、诗歌、画卷的梳理与分析，本篇将其中具有普遍性和代表性的花木配置理法、花木民俗、生态智慧梳理总结出来。其中，前两节主要从庭院、城市及郊野田园等三个尺度，从小及大、由点及面、从单体的花木小景到整体的植被风貌，梳理和列举不同尺度、空间的花木选种与搭配、景观风貌的营造意境等。第三节选取若干具有代表性的花木民俗与读者分享，让读者了解这些民俗的产生背景、活动内容以及花木的角色或作用，理解当下一些地方还依旧保留或残留这些民俗活动的意义。第四节简要梳理和分析了传统花木种植文化中蕴藏的生态智慧，抛砖引玉，以期引发更多的学者深入或拓展研究传统花木文化，让更多优秀传统花木文化在城市生态文明建设中得到传承和创新发展。

下 篇

花木种植理法、花木民俗及生态智慧的梳理

"梧阴匝地，槐荫当庭"　　　　　　　　"蔷薇宜架、木香宜棚"

"门前桃李"　　　　"门前植柳"　　　　"梨花院落"　　　　"阶前牡丹"

"中省紫薇"　　　　"中庭桂树"　　　　"庭隅孤梅"　　　　"北堂植萱"

"白杨悲秋"　　　　"满城桑柘"　　　　"榆柳护堤"　　　　"插槿编篱"

"折柳樊圃"　　　　"豆架瓜棚"　　　　"金井梧桐"　　　　"岁朝清供"

"立木为社"　　　　"花朝赏红"　　　　"十二花神"　　　　"折柳送别"

"斗百草"　　　　　"藤萝障"　　　　　"荼蘼洞"　　　　　"蕉窗"

"枫岸"　　　　　　"松门"　　　　　　"竹篱"　　　　　　"椿庭"

第一节　古代庭院绿化的花木配置

　　庭院对于古人的日常生活非常重要，是古人房屋内部空间功能向室外空间的拓展，就寝、休息、读书与进食等活动往往在室内完成，游赏、纳荫、聊天、戏耍等活动需要在庭院进行。庭院除了满足主人在生活上的实用需求外，还通过造景、装饰等满足主人在身份象征、志向趣味、理想追求等精神层面的需求。皇族贵胄、高官富贾更是热衷于园林，将庭院的空间拓展、功能延伸成为庭园，植树栽花、置石掇山、引水蓄池、豢养鱼禽等，更加重视一草一木、一山一石、一庭一廊的布局与搭配。尤其是文人士族，已经不满足于庭院的物质生活，在追求居住环境的品质与艺术造诣上更是将居所选址在乡村田园、山林池湖之间，营造一处能够远离世俗的清幽、雅致的"世外桃源"。

一、庭院入口空间之花木配置

（一）门前植柳

　　古代邸、府、宅、舍的入口空间无外乎大门、院墙、影壁这些元素。对宅门前、入门后的影壁以及临近门口的院墙，古人很早就有用花木以装饰、点缀或表达某种愿望的做法。最为有名的宅门前的花木配置便是"门前植柳"。柳文化在中国源远流长，古人对柳树的喜爱和逐渐形成的种植习俗，不仅是因为其宜栽宜活、生长迅速、生态与实用性强，更是因其柔软下垂的枝条、嫩绿的春芽和飞扬的柳絮可给人们带来无限的遐想和浪漫的情思，催

生了无数吟诵"烟柳""垂杨""杨柳"的诗句，引发了"折柳送别""清明插
柳""门前植柳"的习俗，与其说是习俗，不如说是中国人特有的柳情结和对
柳树意象的审美。

　　"门前植柳"原本应该是古人因柳树的普遍性和实用价值而广泛种植的一
种表现，诸如堤岸旁、道路边、田埂上、房屋旁，恰好门前也有种植，并不是
什么特殊的配置手法。诸如宋代《胡笳十八拍图》中描绘了"文姬归汉"回到
自己家的情景，蔡家大门两侧围墙外就种植有一排垂柳（图3.1），这可能是画
家对汉代中原地区庭院种植习俗的想象，也可能是画家根据宋代庭院种植习俗
将其移植到表现汉代庭院的画面中。但是将"门前植柳"上升为一种文化符号
或精神追求的，可以说是东晋文学家陶潜。他在《五柳先生传》中自述："宅边
有五柳树，因以为号焉"，以此来交代"五柳先生"这个号的缘由。在十分看
重出身门第的晋代，这种开篇自序不谈籍贯与出身，不谈姓字，实属超凡脱俗
的一股"清流"，加之陶潜本人"闲静少言、不慕荣利"的品质，后世遂以"五
柳先生"代称超凡脱俗、志趣高雅的隐士。再后来，文人、诗人等将门前所植

图3.1 《胡笳十八拍图》第十八拍（宋代佚名）

之"柳"称作"陶柳""五柳""陶家柳""陶令柳""先生柳",如"庭中三径,门前五柳"[南朝梁费昶《赠徐郎诗》]、"门前五杨柳,井上二梧桐"[唐代李白《赠崔秋浦三首·其一》]、"路傍时卖故侯瓜,门前学种先生柳"[唐代王维《老将行》]、"讼堂寂寂对烟霞,五柳门前聚晓鸦"[唐代崔峒《题桐庐李明府官舍》]等,意在借陶潜的"柳"表达自己高雅的志趣、脱俗的隐士思想。此外,还有许多诗歌虽未提到"陶柳",但都说明了当时在宅院门口种植柳树的风尚,如"门前垂柳正依依,更被东风来往吹"[北宋邵雍《垂柳》]、"门前杨柳乱如丝"[南朝梁萧绎《春别应令诗四首》]、"最忆门前柳,闲居手自栽"[唐代刘长卿《酬秦系》]、"我是南郭翁,门前两株柳"[北宋徐积《赠程秀才》]、"花底轻风香扑散,门前细柳绿皆同"[唐代黄滔《和从兄御史延福里居》]、"为报门前杨柳栽,我应来岁当归来"[唐代崔珏《门前柳》]、"唯爱门前双柳树,枝枝叶叶不相离"[唐代张籍《忆远舍》]、"门前种柳春光好,堂上鸣弦古意深"[宋代胡寅《示阮冠》]、"蹇驴系著门前柳,闲觅题名拂败墙"[南宋陆游《秋兴十二首·其十二》]、"有客叩我门,系马门前柳"[北宋苏轼《和陶拟古九首·其一》],等等。受晋代陶公"门前植柳"文化影响,直至明代,许多画卷中还会出现关于"门前柳"的描绘,诸如仇英的《捉柳花图》中就描绘了一位白衣高士站在门前的柳树

图 3.2　《捉柳花图》局部（明代仇英）

下,扬手抓住一根柳条,悠闲地欣赏几个孩童"捉柳花"的情景。画面中的这户宅院,门前两株对植垂柳、几丛花灌,一片绿茵草地,一条小河淌过,大门是草顶柴门、院墙是席编而成（图3.2）,这些环境刻画极有可能是在暗示白衣高士隐居于此院落,在其中读书、赏花,享受简朴、闲适的田园生活。

（二）门前松与墙边竹

松 与 竹 四 季 常 青、凌 寒 不 畏,常

比德君子，在古代诗歌、绘画中松与竹常常相伴。《诗经·小雅·斯干》曰：
"如竹苞矣，如松茂矣"，朴素地描绘了山水之间生有松、竹，这可能是松
竹并题的最早诗句；西晋夏侯湛《寒苦谣》中也同时提到了松、竹："松
陨叶于翠条，竹摧柯于绿竿"；唐代钱起《题精舍寺》一诗中，寺中景物
用"胜景不易遇，入门神顿清"一笔带过，唯独提及松与竹："诗思竹间
得，道心松下生"。后世更多的诗句中出现松竹并题。古代画卷中的"松
竹"题材或有松竹同绘的画卷也很普遍，诸如北宋李公麟《会昌九老图》
（图3.3），南宋刘松年的《撵茶图》，宋代《松阴庭院图》（佚名），明代仇英的
《独乐园图》和《花园消遣图》、唐寅的《陶谷赠词图》、文徵明的《东园图》，
清代钱维城的《画豫省白云寺图》等。

　　松，常被认为是陵寝、坟冢、寺庙之树，其实不然。早在夏朝，松就被立
为王社的社神之树[《论语·八佾》载："夏后氏以松，殷人以柏，周人以栗。"]，西周时被
立为大社的社树[《尚书·逸篇》曰："大社唯松，东社唯柏，南社唯梓，西社唯栗，北社唯槐。"]，
被尊为土地之神而受祭。后来松树地位从祭坛之神树逐渐世俗化，被广泛用于
陵寝、寺庙、坟冢之地等，殊不知古代的文人雅士、隐者高士等常以松比德，

图3.3 《会昌九老图》局部（北宋李公麟）

诸如涧底松比喻怀才不遇的寒士,孤松象征孤傲、特立独行的君子,小松或新松比喻坚贞不屈的性格、勇敢战斗的精神等[10]。因此,古人会在居所门外或宅旁栽种一株或几株松树,抑或是选择有几株老松的环境作为宅居的入口,以此来代表自己的志向。古诗有云"常省为官处,门前数树松"[唐代姚合《送王瀇》],"门前手植数本松,看尔凌云比予寿"[北宋郭祥正《赠潜山伊居哲先生》],"门前系马松阴下,鸦背斜阳影屡移"[南宋张自明《和方信孺题云崖轩》],"门前两松树,千尺何青青"[元末明初王祎《杂赋七首·其七》],"门前松菊自成趣,傍人笑指陶徵君"[明代谢复《西庄清隐》],"门前松色老,百尺见龙鳞"[清代张英《送李鬟岭先辈山居四首·其四》],"开门见白鹤,独立门前松"[明末清初释函是《丹霞山居十二首·其十二》]……

若门前有松,则常与竹呼应。竹子在古代用处十分广泛,可食、可用、可材、可赏、可入画、可成诗……苏轼言"可使食无肉,不可居无竹"[北宋苏轼《于潜僧绿筠轩》],故在宅旁、庭院、园林之中种竹、栽竹可谓成风。门前种竹常置于入口围墙内外,竹丛状或带状,与门前的几株松一高一低、一少一多相呼应,空间上起到标识和强调入口的作用,精神领域能够作为主人品质、性格、志向的象征。明代唐寅的《西山草堂图》和文徵明的《携琴访友图》画卷中都有门前几株松、墙边一丛竹的景致(图3.4),无不在借松、柏之形韵体现

图 3.4 画卷中庭院门前的松与柏(左:《西山草堂图》局部 右:《携琴访友图》局部)

隐者之高洁。诗词中亦能找到门前、墙边种竹的风尚，如"门前自有千竿竹，免向人家看竹林"[唐代陈羽《戏题山居二首·其一》]，"门前修竹笼烟碧，溪上闲云度水宽"[元代陈镒《夏日周子符过访用杜工部严公仲夏枉驾草堂诗韵二首·其二》]，"同来聚首坐茅屋，好看门前松与竹"[清代罗天阆《夏日喜静山诸君过我留饮赋此》]，"院里桃花侵客座，门前竹叶荫邻居"[明代冼光《酒家》]，"影移墙外竹，光照手中杯"[明代梁兰《八月十五日夜对月》]，"门前溪水深三尺，墙外竹梢高十寻"[明代钱安《喜晴》]，"竹围黄土墙，墙外大乌冈"[清代黎简《秋园咏物寓怀·其四》]，"门前散鸡豚，墙外垂绿竹"[清代徐坊《题劳玉初学副釜麓归耕图·其三》]，等等。

（三）墙外桃李

桃与李在我国有着悠久的文化史和栽培史。两者花期相近、花形相似，又属同科植物的近缘关系，因此常以桃李并称。《诗经·召南·何彼秾矣》曰："何彼秾矣，华如桃李"，用桃李盛开的花比喻周王室出嫁王姬娇艳的容貌。桃文化起源于黄河流域中原地区，桃林、桃枝、桃杖、桃符、桃酒、桃汤等都被赋予了一定的神权性质，诸如"桃林"是夸父弃杖所化，"桃杖"象征着夸父领导全族与灾害斗争取得胜利的纪念，"桃枝""桃符"有驱鬼辟邪的作用[11]。《诗经·周南》"桃夭"篇云"桃之夭夭，灼灼其华"，以桃花起兴，将其与出嫁的美人作类比；陶渊明笔下的"桃花源"是与世无争、美好生活的象征；唐诗更是将"赏桃""咏桃"推向高峰，桃文化的内涵和栽桃、种桃的热情也达到一个新的高度，宋代重视花木之德，认为桃李庸俗，桃的"妩媚""娇艳""轻浮"的拟人化特征凸显出来，盖过了桃的神权性质和辟邪象征。虽然桃李起源很久，文化内涵大致相同，后世诗人及评论家对桃李的象征和审美却差异明显，多因桃花红、李花白，认为前者热情、娇艳，后者素雅、高洁。比如明代文震亨著《长物志》说李花如女道士，清代李渔著《闲情偶寄》认为李花品质素雅，不以色媚人。

由此，在造园活动或营造庭院居室之景致时，概因主人想表达的意境和精神追求不同，会在桃李的选种上有所侧重，但并不影响文人使用"桃李"的合称来表描绘春天的景致。古代很多画卷中都有表现桃李春光的景致，或桃李成林或桃李单株或数株，桃林者大多植于宅旁或宅周，单株或数株者多植于入门前后围墙之边，亦有在庭院之中的布局。明代仇英版的《清明上河图》中多处苏州城外的小院门外或墙外都有两三株桃花与柳相搭烘托庭院入口空间的景致（图3.5）。历代诗词中也不乏对庭院门前或墙边"桃李"的描绘，如"门前桃李树，一径已阴成"[唐代刘得仁《送高湘及第后东归觐叔》]，"阶下往来三径迹，门前桃李四时春"[唐代马云奇《题周奉御》]，"砌下芝兰新满径，门前桃李旧垂阴"[唐代郑谷《投所知》]，"东风若问春来处，尽在门前桃李中"[北宋吴遵《题早春亭》]，"堂中衮绣方烂烂，门前桃李长纷纷"[南宋释居简《酬洪朝奉》]，"争信门前桃李，年年花落花开"[元代刘因《清平乐》]，"门前桃李阴初合，庭际芝兰晓竞抽"[明代王世贞《奉寄致政太宰杨公六首·其二》]等；亦有"桃"单独歌咏的，如"竹里几椽茅屋，门前一树桃花"[宋代李曾伯《全州道间·其一》]，"直下小桥流水，门前一树桃花"[宋代李从周《清平乐》]，"门前五株桃，春暮始作花"[元代李孝光《送翁景旸作台州掾》]，"桃花掩映野人家，住久依山老屋斜"[明代储罐《旧县驿前人家》]，"先生开轩日正东，绕宅万树桃花红"[清代洪亮吉《叶舍人雯移居观莱园上街东作图索诗为赋长句》]，等等。

图3.5 《清明上河图》中的入口空间配置有桃花的小院截选（明代仇英）

（四）其他

以上三种花木或花木组合在古代庭院入口空间应用得最为广泛，尤其是诗歌中对于"门外"这样的表达，以柳、松、竹、桃数量最多。但并不限于以上三种，尤其是在乡村田园山居的入口空间，花木的配置极其灵活，有些是本来就有的山林花木，主人择居于此，对入口的花木并无限制，如枫、柏、杉、桂等；有些则是以实用生存为目的在门前空地栽桑植果、种菜插苗，形成更大面域的桑林、果林、菜畦、稻田等农业景观。在城市中的庭院门外，除了"陶公柳"，亦有其他能够表达身份或愿望类的乔木进行点景标识类种植，诸如槐、樟、榉、梧桐等，也有将一些姿态优美、秋季赏叶的树木植于门口的，如乌桕、枫树等；还有一些观赏性好的常绿小乔木或花灌木也会应用于城市庭院的入口空间，如石楠、紫荆、梅、杏等。这些入口空间的花木配置及其文化内涵不再展开论述，表3.1中收录的诗句可供读者领会花木意境。

古代庭院入口空间的其他植物配置列举   表 3.1

名称	代表诗句	出处
桑、枣、柘	"米有麦有，门前桑枣槐榆柳" "临江尽茅舍，绕屋惟桑枣" "家家桑枣尽成林，场圃充盈院落深" "门前一株枣，岁岁不知老" "门外枣花落，池中荷叶生" "门前荫桑柘，屋后罗鸡豚" "门前桑柘枝，中有千锦机"	清代王家相《水车谣·其一》 明代杨士奇《桃源县》 北宋吕陶《雄州村落》 隋代无名氏《折杨柳枝歌》 元末明初胡奎《过田家·其一》 清代夏敬颜《万杉寺途中即目》 南宋罗与之《商歌三首·其三》
乌桕	"门前乌桕经霜紫，树杪青霞着日红" "门前种树名乌臼，水上飞花尽碧桃" "门前红叶扫还落，白子著枝如白花" "十家五家矮茅屋，门前乌桕树浓绿" "乌桕门前树，鸳鸯水上家" "门前乌桕一株树，照衣肯作云色妍"	元末明初孙蕡《访单孟雄不遇》 清代朱彝尊《闲情八首·其八》 清代查慎行《富春道中》 清代汤右曾《题水村图》 清代顾光旭《南歌子·戏赠王燮公》 清代姚燮《同黄体正钮福保周学源三同年饮》
梧桐、青桐、泡桐、桐	"门前梧子见梧桐，塘上莲花隐莲藕" "一溪风雨晚来急，门外梧桐三两花" "门前手种青桐百尺长" "桐树生门前，出入见梧子" "啼鸟数声山雨歇，门前落尽白桐花" "绿树如云拥，门前百尺桐"	明末清初陈子升《听歌篇》 南宋曾渊子《郊行劝农》 元代袁桷《庐陵刘老人百一歌》 魏晋无名氏《子夜歌四十二首·其三十七》 元末明初刘崧《题三冈寺》 清代黄遵宪《武清道中作·其三》

续表

名称	代表诗句	出处
槐	"唯有门前古槐树，枝低只为挂银台" "未奉君主诏，高槐昼掩扉" "门前槐已长，庭内草自生" "门前槐花日夜黄，闭门琢诗声绕梁" "门前古槐树，两两听慈鸦" "门前两翠槐，晨鸟成都会"	唐代段怀然《挽涌泉寺僧怀玉》 唐代耿湋《横吹曲辞·入塞曲》 宋代俞桂《种竹》 南宋吕祖谦《寄章冠之》 清代查慎行《四女祠》 清代陈三立《过饮瞻园次韵答樊山》
梅、杏、紫荆	"门前梅柳换新叶，忽得故人相问书" "我归不用君致言，门前自有梅花田" "门前老梅树，对客青结子" "门前一株杏，老干有新花" "柳阴曲，是儿家。门前红杏花" "黄土筑墙茅盖屋，门前一树紫荆花" "门前紫荆花满树，数月不见长相思"	宋代王庭圭《夜郎归日答葛令惠诗》 元代王冕《送章德远教官自湘湖归慈湖》 清代钱载《精进林》 清代弘历《隆福寺行宫杏花》 北宋代张先《更漏子·其一》 元代张雨《湖州竹枝词》 元末明初胡奎《寿友人》
冬青、石楠	"门前一个冬青树，不学桃花似酒红" "门前冬青树，想像如五柳" "门前冬青树一株，春夏秋冬栖老乌" "门前石楠秋叶香，满地绿云风不扫"	元末明初贝琼《山家》 元末明初凌云翰《赠潘德厚》 元末明初宋禧《竹枝词四首·其二》 明代史鉴《秋林会友图》
稻、麦、秫、菜花	"门前穭秅田，屋北琅玕竹" "门前耕野静，时得舒倦目" "倚杖门前秫稻香，东家鸡酒西家黍" "门前亲种一顷稻，婢供井臼妻鸣机" "门前稻麦连纷纷，千畦万畛翻青云" "不解西方说，门前多稻畴" "只应似彭泽，种秫遍门前" "不种疏梅与桃李，门前十里菜花黄" "石湖水上飞凫子，茆屋门前发稻花"	清代钱载《题秦学士柴门稻花图》 北宋张耒《苦雨》 明代魏学洢《寿叶绳毅先生》 元末明初高启《喜家人至京》 明代杨士奇《题虎溪萧氏卷子》 明代陈献信《佚题》 清代赵执信《即事》 清代洪亮吉《十八日戴村土人约食河豚因放舟诣其居并留宿·其二》 明末清初吴嘉纪《题王大像·其二》

二、庭院内部主要空间的花木配置

通过对古代文献、诗画的梳理和统计，发现古代庭院之中的花木种类十分丰富，虽然在不同时代或不同地域对个别花木的偏爱略有差异，但最受欢迎且已经形成了超越花木本身观赏价值之外特有的文化意象和审美意境的几种花木造景，诸如花有牡丹、芍药、木芙蓉，木有槐、桂、椿和梧桐，草有萱草、芭蕉和菊花，果有梨花、海棠等。古人对庭院花木配置的理念不仅仅是看重花木的观赏性，还有花木对于庭院的实用价值以及花木对主人志向、情趣和品德的衬托和象征，本书将其概括为庭院花木配置理念的三个层次（但不限于三个），即观赏性、实用性和象征性。本节选取最具代表性的几种庭院花木，从上述三个层次详细讲述它们在庭院中的位置、搭配、审美意境等。

（一）梧桐——凤栖梧桐、金井梧桐

　　梧桐是我国特有的、历史悠久的一种高大乔木，明代文震亨在《长物志》中言："青桐有佳荫，株绿如翠玉，宜种广庭中"，计成在《园冶》开篇一段中也提到了"梧荫匝地，槐荫当庭"的造景手段，清代陈淏子在《花镜》中也有类似的评价和描述，他们共同认为梧桐宜植于庭前院中广阔之地作为庭荫树。三者代表了明清时期古人对梧桐的审美和实用需求，反映出当时庭院种植梧桐已被广泛认可，甚至可以上升为庭院花木造景的配置理论。查阅更早期的史料和诗歌会发现，古人很早就开始关注梧桐，认为梧桐与凤凰有着特殊的联系，从而赋予梧桐高贵的象征。《诗经·卷阿篇》云："凤凰鸣矣，于彼高冈。梧桐生矣，于彼朝阳"，这可能是我国最早将凤凰和梧桐同时写入诗的篇章，似乎暗示了两者的联系，但并没有指明具体的关系。《庄子·秋水·惠子相梁》云："南方有鸟，其名为鹓鶵，子知之乎？夫鹓鶵发于南海，而飞于北海；非梧桐不止，非练实不食，非醴泉不饮"，便明确说明了鹓鶵（凤凰的一种）这种神鸟的特殊习性，即"非梧桐不止，非练实不食，非醴泉不饮"，这大概成为"凤栖梧桐"传说最早的来历。春秋时期，吴王夫差建梧桐园于吴宫，汉代梧桐被植于皇家宫苑，诸如上林苑、五柞宫等，魏晋时梧桐广植于私家庭园的门前、院中、厅斋之前和道路两侧，唐代梧桐种植也比较普遍，皇家、私家园林及山居村舍的庭园中都会有种植，宋、元、明、清的庭园中种植梧桐作主景树、遮阴树则更加普遍（图3.6）[12]，且宋至明清，题咏梧桐的诗篇较之宋以前在数量上成倍增加，诗句中多

图 3.6　古代庭院阶前对植两株梧桐（宋代《桐荫玩月图》）

会出现"庭院""堂""轩外""两株""雨""月""秋风""金井""银床"等表示时间、地点或环境特征的词语，尤其是梧桐与"金井""银床"之类代指水井的词语出现在一起的频率很高，甚者称梧桐为井梧，可见古人在水井之旁种梧桐已成惯例。相对于宋代以前在庭院里种植梧桐寓意"种梧桐引凤凰"的吉祥美好愿望，宋代及以后庭院中的梧桐又多了份感知季相和人间悲愁的象征作用。

（二）槐——槐荫当庭

庭院植槐除却人们看重其象征"三公""福禄"等美好寓意外，槐本身的观赏价值和实用价值也很高，这也是其成为重要的庭院树之一的主要原因。首先，"槐荫"是最可贵的。《园说》开篇云："梧荫匝地，槐荫当庭"，相地篇又云："荫槐挺玉成难"，提倡造园时建筑应该避让槐树，因其槐荫长成不易。古代文人造园选遮阴树的一个标准是"如幄"或称"槐幄"，可见槐树的冠形是选择遮阴树的参考标准，足见槐荫备受喜爱。唐代白居易诗云"黄昏独立佛堂前，满地槐花满树蝉"[唐代白居易《暮立》]，槐树高大而枝干舒展，羽状复叶小巧而茂密，因此形成了较大的树冠，能够给庭院夏季遮阴提供护佑，而冬季落叶，又不影响采光，因此成了北方庭院遮阴树的佳选。其次，槐花在古代是黄色染料的来源之一。古人就地取材，利用槐花作为黄色染料比较方便和经济。因槐树自身观赏价值和文化寓意影响深远，种植较为普遍，对庭院生活的各个方面发挥着重要作用。槐树在庭院中多种植于厅堂建筑旁，对植或三株种植，又因小枝与叶呈碧绿色、质感薄且透光，如碧玉，也有"玉树"的美称，如"庭前玉树森森立，池上超宗敢漫夸"[明代王鏊《饮陈以严颔孙堂》]，"敢望庭前皆玉树，清时莫遣负年芳"[明代韩日缵《咏槐示儿辈》]。

（三）牡丹与芍药——庭前池上名花

牡丹和芍药是对同科同属的姐妹花，花形相似、花期相近，只是有一木一草之别。牡丹和芍药自古既是富贵吉祥的象征，也是美丽女子的象征；芍药象征爱情，唐宋时期是男女之间的赠花，芍药又代表深厚的友谊，可赠予友人表达难舍之情。牡丹象征富贵，誉为"花中之王"，唐代皇家园林对牡丹尤为偏爱，也引发了达官贵人对它们的追捧，种花、赏花、品花成为唐宋时期的文化盛宴[13]。刘禹锡的名篇"庭前芍药妖无格，池上芙蕖净少情。

唯有牡丹真国色，花开时节动京城"，将牡丹与芍药、荷花的性格、姿色进行了对比，衬托了牡丹的国色、倾城之容。与此同时，"庭前""池上""京城"这些地点名词也可看出这三种均是唐代京城人家庭院中普遍种植的花木。

梳理古代文献资料以及许多诗画发现，牡丹、芍药在古人的庭院中处于主角地位，尤其是牡丹。唐宋时期，上至皇家宫苑下至普通百姓，竞相引种、培育牡丹于园林、庭院以及园圃之中，社会风俗方面也形成了赏牡丹、咏牡丹、比牡丹的风尚，一直影响到宋以及后。唐宋时期，人们口中谈及牡丹，只需单字"花"就专门表示牡丹，其他百花都没有如此殊荣，如宋代洛阳一带的天王院花园子就是园中独种牡丹十万本而名曰"花"园子；除此以外，《洛阳名园记》[北宋李格非所著] 中记述了归仁园中牡丹、芍药千株，李氏仁丰园也有牡丹、芍药等知名花木，可见唐宋时期追捧牡丹、芍药的程度。古人通常将牡丹或芍药种植于庭院花坛之中，花坛设在厅堂台阶之前两侧或庭院中部，常以石质为主、雕花造型多见，有时候各色牡丹丛植于花坛，有时候牡丹与置石搭配置于花坛，亦有牡丹与芍药同时配置于花坛中（图 3.7）。

有学者研究认为初唐至盛唐之际，牡丹主要植于宫廷和皇家寺院，如沉香亭、慈恩寺等处，士大夫私第种植牡丹者并不多，其较著者，唯裴士淹宅、杨国忠宅等。至中唐，京师诸寺院及许多士大夫宅第皆植牡丹，其较著者，如王建所居宅、裴度绿野堂、令狐楚宅、浑侍中宅、牛僧孺宅、元稹宅、白居易宅等，亦有西明寺、永寿寺、万寿寺、荐福寺、兴善寺等。到了北宋后期牡丹之栽培较前代有过之而无不及，不仅洛阳及开封园艺工们能夺天地之造化而培植出变态万千的牡丹新品种，而且在哲宗、徽宗时期，甚至还出现了像陈州这样可比肩洛阳的新的大型花卉栽培基地和交易市场，但上至宫廷，下至庶民，牡丹玩赏活动已远不如从前之盛。南宋文人士大夫的牡丹审美活动带有明显的随机性、分散性和个体性，绝少大规模、组织性和政治性。南宋士大夫文人在不断的审美观照和题咏中赋予牡丹以深刻的象征意蕴和深厚的历史文化内涵，从而使牡丹文化得以深化，并进一步凝塑成时时能予人以启迪的民族文化精神。与此同时，牡丹诗词成为体现南宋士大夫文人牡丹审美文化精神的主要载体[14]。

贵妃晓妆图局部（明代仇英）　　汉宫春晓图（明代仇英）

图 3.7　画卷中描绘的牡丹在庭园中的种植位置与搭配

（四）海棠——玉堂富贵

　　海棠出现在庭院中的时间较之桃、李、梅、杏等赏花为主的木本植物为晚，但其名气和受欢迎程度在唐以后远超其他花木，宋代尤甚。据学者研究，人工栽植海棠作为观赏花木始于汉代，唐代开始广泛栽培，宋代达到了鼎盛时期，视海棠为"花之最尊"，元及以后也保持长盛不衰的势头[15]。今天仍可以在苏杭一带传承下来的历史园林里找到海棠的景致。

　　海棠代表着美人佳丽，也是吉祥美好的象征，"海棠韵娇，宜雕墙峻宇，障以碧纱，烧以银烛，或凭栏或倚枕其中"［引自清代陈淏子《花镜》］。海棠常与玉兰、牡丹、桂花相配，同时栽种于庭院之中寓意"玉堂富贵"，或者与玉兰、连翘、牡丹、迎春相组合，取意"金玉满堂、富贵迎春"（图 3.8）。《学圃杂疏》［明代王世懋著］中记述了垂丝、西府、棠梨、木瓜、贴梗等著名品种，并指出"就中西府最佳。而西府之名紫绵者尤佳，以其色重而瓣多也"。西府海棠花开

图 3.8 西府海棠与玉兰（明代陈洪绶《兰花柱石图页》）

"香甚清烈"，也是春天主要的闻香花木。海棠植株并不高大，春天花叶同时萌芽生长，红绿相衬。海棠花梗细长，略向外斜伸或下垂，含蓄而内敛，像美人的姿态；花瓣红粉至粉白不等，类似涂抹胭脂的容颜；花瓣容易被风雨摧残而飘落，令人怜惜，正如李清照眼里的"绿肥红瘦"。无数古诗词中对海棠的题咏，将海棠审美意象和文化意蕴不断延续和发展，使得海棠带给人们的意境审美已经远远超出了其自身的观赏价值，这大概就是庭院种植几株海棠永不过时的缘由。

（五）梨花——梨花院落

梨树引入园林，最早的记载见于汉代皇家园林上林苑 [《西京杂记·卷一》载：
"亦有制为美名以标奇丽梨十、紫梨、青梨、实大芳梨、实小大谷梨、细叶梨、缥叶梨、金叶梨……"]，到了北魏，私家园林和寺观园林中也开始栽植梨树[《洛阳伽蓝记》载："报德之梨，承光之柰"]，唐代梨树成为宫廷苑囿中的主要观赏花木之一，长安三苑中均有梨园。宋代寺观园林中也有植梨的记录，明清时期梨作为观赏花木更多的出现于私家园林或庭院之中。清代沈复《浮生六记》中也有"栽花取势"的论点，意思是说种植花木应符合诗情、饱含文气。例如避暑山庄中有"梨花伴月"院，生长有梨花万树，就取境于"春阴妨柳絮，月黑见梨花"[唐代郑谷《旅寓洛南村舍》]，"梨花院落溶溶月，柳絮池塘淡淡风"[北宋晏殊《寄远》]，"杨柳拖烟漠漠，梨花浸月溶溶"[宋代程垓《乌夜啼·其一》]等诗意。相比于皇家及寺观园林中大面积种植梨树成林的景致，私家园林则更重视梨花的审美意境，偶有一株或几株植于庭院一侧或角隅，在梨花盛开的季节，白天梨花不及桃、梅、海棠色艳而引人注目，但是夜晚月色下的梨花反而白得更加醒目，成为院中焦点；偶尔风过小院，梨花纷纷落"雪"更显唯美。梨花的这种审美意象离不开诗词的渲染，尤其是唐宋诗词中对梨花月光、梨花飞雪的意境描述影响着后代文人对梨花意象的传承与延续，继而反映在具体的庭院花木造景中。

（六）紫薇——微省紫薇

紫薇与"紫微省"有着密切关联。紫微原指星座，即北极星，亦称"紫微星"。唐代最高政务机构中书省在开元元年改称"紫微省"，中书令称"紫微令"，亦有"紫微翁""紫微舍人"之别称；唐代大诗人白居易曾任中书令，俗传虚白台前两株紫薇树即是乐天所种。苏轼诗云："虚白堂前合抱花，秋风落日照横斜"[北宋苏轼《次韵钱穆父紫薇花二首·其一》]，即是说白居易在虚白台所植的两株紫薇花。南宋赵大亨《薇省黄昏图》画面就描绘了紫微省院中植紫薇花两株的情景。北宋刘敞的《答黄寺丞紫薇五言》曰："紫薇异众木，名与星垣同。应是天上花，偶然落尘中"，进一步神化指出紫薇应是天花落人间，高贵不凡。此外，紫薇不愿争春，耐得住夏热酷暑的品质也获得古人的赞誉。古代被引入庭院观赏的花木大多春季开花，诸如海棠、桃花、梨花、李花、杏花、迎春、连翘等，而紫薇却不与百花争春，选择炎炎夏季绽放，杜牧《紫薇花》曰："晓迎秋露一枝新，不占园中最上春，桃李无言又何在，向风偏笑艳阳人"。宋代《全芳备祖》评价"紫薇名胜，似得花之圣"；元代程棨《三柳轩杂识》中称紫薇为"高调客"，清代《广群芳谱》赞紫薇"夭娇颤动，舞燕惊鸿，未足为喻"。

（七）桂——中庭桂树

桂，即木樨，俗称桂花。中国是桂花的故乡，最初野生于山中，后逐渐被引种栽植于园林、苑囿、寺庙及百姓的庭院，成为中国传统著名观赏花木之一。有关桂的最早记载见于《山海经》，曰"招摇之山多桂，多金玉""皋涂之山多银、黄金，其上多桂木"，可见产桂之地也多金、多银、多玉，说明桂与金、银、玉都是富贵美好的象征。《吕氏春秋》中评价"物之美者，招摇之桂"，即是源自《山海经·南山经》对招摇之山多桂的描述。古人赋予桂花很多美好的寓意概因受这两部著作影响，多由此演化流变而出。如神话传说中广寒宫有株大桂树，因此用"蟾宫折桂"来形容或祝福科举得中、金榜题名，用"桂子兰孙"来称赞别人的子孙。受上述思想和美好寓意的影响，桂花的象征内涵越来越丰富——荣誉和及第、富贵和美好、招引和留人、高洁风雅等[16]。故此，人们喜欢将桂花移植于庭院之中，继而形成了中秋赏桂闻香、吃桂花糕、喝桂花酒的习俗。

早在西汉时期，桂花就引入宫苑、寺观、庭院种植作为观赏之用，如乐府诗曰："中庭生桂树，华镫何煌煌"；魏晋时期，在"蟾宫折桂"思想的影响下，私家园林或庭院种植桂花变得普遍；唐宋时期达官显贵的私家宅邸及别业里种植桂花更加常见，可在文人墨客的诗词中窥见一斑；明清时期的私家园林里更是达到了"无园不桂"的流行程度[17]，现存的苏州园林即是例证，以桂花为造景主题或与建筑、山石相配组景的景点很多，诸如留园的"闻木樨香轩"、网师园的"小山丛桂轩"、沧浪亭"清香馆"、耦园的"木樨浪"等。

（八）梅花——孤植一隅

我国是梅的原产地，梅的利用、引种与栽培，可能有三千年的历史[18]。梅花几乎遍布中华大地，深受国人喜爱，与牡丹媲美。中国古人很早就发现和认识了梅的特性，她不畏严寒、傲视霜雪、清雅暗香的品质被历代文人墨客题咏写画，咏梅、赞梅、画梅成为中华文化史上不可或缺的一部分。北宋之前，赏梅、咏梅文化还未形成，人们更多关注的是梅的果实，以采集梅子食用为目的，青年男女借采梅来传达爱意，《诗经·召南·摽有梅》描述了一位女子借用梅子成熟时多次来采梅以等待心仪男子求婚的情景。直至唐代，虽然出现了很多咏梅的诗篇，但此时梅花的地位还不及牡丹、芍药等名贵花木。宋元时期梅文化逐渐走向兴盛，以梅为主题的诗歌绘画等作品达到历代之最，确立了梅花百花独尊、群芳之首的地位，尤其是宋人看重梅花首次超越牡丹，梅花作为重要的主景花木进入私家园林。宋人植梅于宅旁四周，以群植形成造景，取意"梅岭""梅坞""梅林"居多；植梅于庭院，多以单株孤赏，种植于建筑角隅或较为围合的小空间，既有表现梅花孤傲、不喜与众芳为伴的特性，又可避免寒风直吹而花瓣零落。明清时期梅文化得到了深度拓展，在审美意境、文化内涵、保鲜技艺上都有创新[19]，诸如梅花作盆景观赏时以"蛇枝屈曲置盆盎中者极奇"，移栽老梅时"取苔藓护封枝梢，古者移栽石岩或庭际，最古另种数亩，花时坐卧其中，令人神骨俱清"[明代文震亨《长物志》]，梅花做瓶插观赏时"古铜壶龙泉均州瓶有极大高三、二尺者，别无可用……梅花初折，宜火烧折处，固渗以泥""日置南窗下，令近日色，夜卧置塌旁，伴近人气，可不冻，一法用淡肉汁去浮油入瓶，插花则花悉开而瓶略无损"[明代张谦德《瓶花谱》]。

（九）椿与萱——椿庭萱堂

现代民间所说的椿树，有臭椿和香椿两种，两者十分相似，但在植物分类学上却属于完全不同的两个家族。臭椿为苦木科，古人称之为"樗"；香椿属楝科，古代称为"椿"。古人很早就认识到了这两种植物的区别，《庄子·逍遥游》中就有"椿""樗"两种大树的记载和对它们特性的认知，描述大椿时，曰："以八千岁为春，八千岁为秋"，指出椿树寿命长；描述樗树则曰："其大本拥肿而不中绳墨，其小枝卷曲而不中规矩，立之涂，匠者不顾"，指出樗树是不材之木，不堪为人所用。其实樗树并非无用，民间用它的木材做房梁、家具、农具等也很常见，在山东文登、枣庄等地，民间认为臭椿做床是很吉利的（相传也与刘秀避难于一农户家为农户要结婚的儿子打做一张婚床的故事有关）。此外，北方很多地方都有除夕让小孩抱椿树或转椿树祈求长高的习俗，还有在椿树上贴上夜啼帖请椿树王治好孩子夜啼毛病的风俗[20]。在古代，椿树还是父亲的象征，"椿寿"用来比喻长寿、高龄[21]，父亲所在的居室庭前常种植椿树，因此称作"椿庭"，父亲也被称为椿庭。词语"椿萱并茂"，比喻父母健在。"萱"即萱草，也是一种历史悠久的植物，《诗经》中就有关于萱草的描述。《卫风·伯兮》中，思念夫君的女子有借谖草解忧的咏叹。其中，"谖草"在《毛诗正义》中解释为萱草，别名忘忧草、宜男；"焉得谖草，言树之背"是说女子将萱草种植在房屋的北边，见之以解相思。后代遂以萱草作为排忧解愁的象征之物。同时，这又是后代以"北堂萱草"来表达思念母亲的意象源头。萱被誉为母亲之花，与椿树并称可代指父母。古代画卷中，萱草常与太湖石、石榴、竹子、百合、椿树等植物搭配，分别寓意着长寿、宜男、祝寿、宣和、父母等。如明代画家陈淳曾作《萱草寿石》，清代画家李鱓作《萱石图》，清代画家潘恭寿作《萱榴图》，明代沈周作《田椿萱图》（图 3.9），等等[23]。

（十）芭蕉——蕉窗、隔窗听夜雨

通过对古代画卷的梳理可以看出芭蕉题材的画卷很多，而且大多是表现庭院生活场景中的人以芭蕉为背景或相互衬托，尤其是仕女、儿童、雅士等画家常以芭蕉作为背景，足见古代在庭院中种植芭蕉十分

图 3.9　明代沈周《田椿萱图》

普遍。芭蕉植于庭院，或种在窗外房檐之下，既可为室内遮阴，亦可与窗形成景；或种在墙角隙地以填充空间避免单调，或是种植成片，形成芭蕉林，为夏日增添一处纳荫乘凉的小天地；还有的与太湖石搭配种植作为主景，置于庭院较为明显的位置。古代长此以往的种蕉习俗，形成了对芭蕉特定的审美，无数文人对芭蕉也青睐有加，借芭蕉表现愁思、爱国、怀念、寂寞等情绪，久而久之形成了特有的芭蕉意象。庭院植蕉不仅仅是一种观赏或美化庭院的行为，而且是一种特有的情怀或不可或缺的象征物。庭院植蕉，最为经典的当属"蕉窗"景致，将芭蕉植于窗外，不仅可以装饰窗外角隅，而且可以形成"窗景"，使屋内的人欣赏到窗外的一片绿意。那么，为什么古人更喜欢窗外配置芭蕉，而不是芍药、竹子、梧桐等同样深受喜爱的花木之类呢？因为"蕉窗"更为安全、实用。首先，芭蕉因其叶宽大、表面光滑，雨落其上能够发出清脆的响声，营造一种"芭蕉夜雨"的审美意境，让屋内的人"隔窗知夜雨，芭蕉先有声"；其次，芭蕉高度适中，枝叶柔软且有韧性，植于窗外可遮阴、可赏绿，而且在光和风的作用下，可形成"窗虚蕉影玲珑"[24]的景致；其三，芭蕉生长迅速、耐半阴，植于窗外成景迅速，且终年翠绿；其四，芭蕉虽是草本植物，但具有木本植物树形高大、枝叶茂密的特征，能够满足建筑遮阴的需要，同时芭蕉不具有木本植物坚实、旁斜的枝干，可消除贼人依树攀爬进入室内盗窃或偷窥的隐患。鉴于以上四点，古人选择芭蕉配置于窗外，既满足四季、昼夜"可视可听"的审美需求，又符合为居住环境提供"遮阴"功能的需求，更能够满足主人"安全感"的心理需求。

（十一）其他

除却上述梧桐、槐、牡丹、海棠、梨花等十余种花木外，古代庭院出现频率较高的花木还有玉兰、合欢、楝、榴、枣、榆、樟、榉、菊、竹、秋海棠、玉簪等，其在庭院中的配置和审美特点不再逐一论述（表 3.2）。

古代庭院其他未详述的代表性花木   表 3.2

花木名称	配置或审美特点	例证（诗词、画卷、文献等）
石榴	庭院中或庭前，单株或若干株	"石榴植前庭，绿叶摇缥青"（魏曹植《弃妇诗》） "石榴庭院翠华深，千点胭脂一簇心"（北宋黄裳《石榴庭院有感》）
木芙蓉	庭前、窗前、水边，丛植	"庭前木芙蓉，姿色夐殊异"（南宋姚勉《醉芙蓉》） "天涯故友无来信，窗外拒霜空落花"（唐代李范《句》）
楝	庭院、清香	"夏开红花紫色，一蓓树朵，芳香满庭"（清代陈淏子《花镜》） "雨便梧叶大，风度楝花香"（南宋陆游《幽栖二首·其二》） "只怪南风吹紫雪，不知屋角楝花飞"（南宋杨万里《浅夏独行奉新县圃》）
枣	庭院、堂前，对植	"采友堂前双枣树"（明末清初龚鼎孳《送姜与可之聊城丞即和其留别韵》） "庭前八月梨枣熟，一日上树能千回"（唐代杜甫《百忧集行》）
榆	遮阴树或园篱	"中庭白榆树，时有一蝉声"（元代张翥《闻蝉》） "如其栽榆……然后编之"（北魏贾思勰《齐民要术·园篱篇》）
菊	园路边、篱架旁、庭院盆栽	"园菊抱黄华，园榴剖珠实"（南朝江总《衡州九日诗》） "篱菊仍新吐，庭槐尚旧阴"（唐代刘长卿《九日题蔡国公主楼》）
木兰/玉兰	厅堂前对植	"木兰枝密树仍高，堂下花光照节旄"（宋代杨备《题木兰堂》） "玉兰，宜种厅事前。对列数株，花时如玉圃琼林"（明代文震亨《长物志》）
辛夷	庭院观花	"高枝接温树，密叶覆辛夷"（北宋钱惟演《禁中庭树》） "日长静看辛夷树，落尽闲花忘宿缘"（南宋何梦桂《山窝适兴》）
合欢	庭院种植，寓意夫妻和睦	"临轩树萱草，中庭植合欢"（西晋嵇含《伉俪诗》） "君家庭广广，多植合欢树"（明末清初钱澄之《薄命曲》）
木槿	篱墙	"激涧代汲井，插槿当列墉"（南朝谢灵运《田南树园激流植楥诗》） "槿篱疏复密，荆扉新且故"（南朝梁沈约《宿东园诗》） "凉风木槿篱，暮雨槐花枝"（唐代白居易《苕刘戒之早秋别墅见寄》）
紫藤	廊架、园墙	"门径长青草，轩窗挂紫藤"（明代杨巍《闲居赠五台僧》） "紫蒂垂垂覆短檐，绿阴如幄蔓纵横"（明末清初彭孙贻《紫藤花》）
蔷薇	屏架	"蔷薇一架紫，石竹数重青"（唐代徐晶《蔡起居山亭》） "五色阶前架，一张笼上被"（唐代元稹《蔷薇架》） "深院下帘人昼寝，红蔷薇架碧芭蕉"（唐代韩偓《深院》）
杂花	墙角、树下、屋旁	"红葵生井上，青榆荫堂中"（唐代徐晶《蔡起居山亭》） "蜀葵萱草陈根在，金凤鸡冠著地栽"（宋代孔平仲《种花口号·其二》） "环池又栽数品花，蜀葵玫瑰与石竹"（宋代朱弁《栽花》） "海棠花下生青杞，石竹丛边出紫苏"（宋末元初汪元量《贾魏公府·其三》）

三、庭院篱架

（一）蔷薇架、木香棚

蔷薇与木香均是蔷薇科藤本花木，因其攀缘的特性，常依附墙垣、篱架等，两者很早就被用于庭院的棚架、屏障的造景中。蔷薇架与木香棚在明清的著作、画卷及诗歌中较前代在数量上为胜。明代文震亨在《长物志》中阐述了若干花木配置的观点，认为蔷薇适合攀爬在竹编的篱笆之上，木香则适合沿架攀缘覆盖如亭台。清代李渔在《闲情偶寄》中也有类似观点。李渔分析了木香的特征："木香花密而香浓，此其稍胜蔷薇者也。然结屏单靠此种，未免冷落，势必依傍蔷薇"，因此总结道："蔷薇宜架，木香宜棚"；另，"以蔷薇条干之所及，不及木香之远"，两者造景的效果也不同，即"木香作屋，蔷薇作垣"。

南朝梁刘缓《看美人摘蔷薇诗》曰："新花临曲池，佳丽复相随。鲜红同映水，轻香共逐吹。绕架寻多处，窥丛见好枝。矜新犹恨少，将故复嫌萎。钗边烂熳插，无处不相宜"，描述了诗人惬意地在园林中观察佳丽们于池边欣赏蔷薇架的情景，从"曲池""绕架""钗边"这些词语中可以看出当时蔷薇已经被引种在水旁设架栽植，既可近处窥探、折取簪花，亦可远处欣赏蔷薇在水中的倒影，又能避免蔷薇因多刺而容易"钩衣"的麻烦。唐宋时期的诗人如有题咏蔷薇的诗篇，几乎都有对"架"的描述，如"似火浅深红压架"[唐代白居易《蔷薇正开春酒初熟因招刘十九张大夫崔二十四同饮》]、"满架蔷薇一院香"[唐代高骈《山亭夏日》]、"红蔷薇架碧芭蕉"[唐代韩偓《深院》]、"蔷薇压架浅兼深"[后周李昉《谢侍郎三弟朝盖相过》]、"蔷薇作架高一丈"[宋代饶节《蔷薇》]、"一架蔷薇四面垂"[宋代郑刚中《蔷薇》]，其中，白居易、元稹、韩偓、张耒等人的诗篇中已经明确使用"蔷薇架"一词，足见唐宋时期蔷薇在园林或庭院中就已经流行以"蔷薇架"的形式出现。唐宋以降的诗篇中更不乏蔷薇架的描述。木香不及蔷薇花色鲜艳丰富，以白色为多，亦有黄色。但是木香藤的攀爬能力极强，藤蔓茂密且四季常绿，适合攀附在棚上生长，形成很好的遮阴或造景效果，如"东风摇落木香棚"[南宋罗志仁《题汪水云诗卷·其三》]、"棚上雪香棚下客"[元代曹伯启《与孙大方真人对酌木香棚下》]、"风光翻盛木香棚"[元代刘鹗《夜阑再用前韵》]、"上有木香棚，无数蜂蝶喧"[清代田雯《方氏园亭杂

诗·其二》]，因此有"木香作屋"的说法。除了木香作屋的高架攀附栽植形式外，木香还有
"木香篱"[明代袁宏道《大堤女》]、"木香架"[南宋陈著《二月十五日酴醾洞醉中》]等。五代周文矩
《仙姬文会图》中就有一架茂密的绿藤，零星开着白色的小花，形似木香，应该就是对庭院
中木香作为屏架的描绘。清代宫廷界画中也不乏木香架的描绘，如丁观鹏《仿仇英汉宫春
晓图卷》、郎世宁《雍正十二月行乐图——三月赏桃》中均有木香屏架的描绘。

从历代诗歌及画卷中可以看出，蔷薇架与木香棚多出现于皇宫、贵族或文人的园林、
庭院之中，在乡村、山野之道旁、水滨、岩壁等地方亦有丛生状的野态蔷薇和木香景观。
如北宋梅尧臣在《依韵吴正仲广德路中见寄》中写："道傍蔷薇花，自引蝴蝶轻"，此乃路边
之野蔷薇。蔡襄《忆弟》曰："清溪曲曲抱山斜，绕溪十里蔷薇花"，释道潜《游径山怀司马
才仲》曰："略约时横溪上下，蔷薇间发水东西"，这些是指溪水边的野蔷薇；蒋之奇《澹岩》
曰："木香一株在岩壁，人迹峭绝不可扪"，这是生在岩壁之上的木香。

（二）茶蘼洞

茶蘼亦为蔷薇科藤本花木，花以白色为主，芳香馥郁，其花色、形态及造景形式与木
香有相似之处。茶蘼在古代庭院中的造景形式很简单，即搭设高架，让茶蘼枝条攀附其上，
经年便可覆盖成荫，被诗人称作"绿幄""翠幄""茶蘼洞""结屋"。茶蘼花开繁茂，在绿
蔓的映衬下如白雪覆架，诗人称之为"雪覆新花"[北宋刘敞《茶蘼二首·其一》]、"满架雪生
香"[宋代湛道山《茶蘼》]、"压架秾香千尺雪"[宋代朱松《赋王伯温家酴醾》]；南宋薛季宣说它是
"嘉木自香香到骨，困人非酒欲谁酬"[南宋薛季宣《酴醾花》]，因此茶蘼架下，主人常与客人
"还当具春酒，与客花下醉"[南宋朱熹《丘子野表兄郊园五咏·其二 茶蘼》]。茶蘼在园林中为什么
被高架起来，而不是像它原生地那样多伏岸或顺坡下垂或附墙垣而下，南宋陈宓的诗句说
它"堆架防攀折，逢人费护呵"[南宋陈宓《西窗酴醾》]，这也许是原因之一；另外茶蘼与其同
科姐妹花蔷薇一样，茎多钩刺，古人前有蔷薇作障"乱钩衣"的麻烦，故此类钩刺多、枝
条长且蔓生类的花木更适合高架；此外，北宋早期诗歌中"茶蘼洞"的形象书写，如"柔条
缀繁英，拥架若深洞"[北宋文同《守居园池杂题·茶蘼洞》]，也是影响宋代及以后茶蘼造景形式
的因素之一。

四、庭院盆栽、盆景与瓶插

　　北方气候寒冷，花木种类不及南方众多，且大多名贵花木难以室外越冬，因此在北方的园林及庭院中少不了盆栽花木用以装扮冬季的庭院生活，盆栽在皇家宫苑更是不可或缺。清代乾隆皇帝诗作众多，涉及"盆花"的诗篇十余首，其中专有一篇题咏"盆花"，可见皇家园林中盆栽的受欢迎程度；再如清代钱载《赐清音阁观剧恭纪十首·其二》中对皇家行宫避暑山庄观音阁庭院楼前的盆花描述道："盆花左右列中庭，蕙箭榴房间素馨"。此外，私家园林，尤其是紧凑型庭院喜欢用盆栽来营造庭院景致。明代李舜臣《东轩对雨》中描写"栏药盆花看益好，已多停水蕙兰根"，钱月龄《秋怀三首》中感叹"风牵庭叶蛛丝乱，露洗盆花鹤顶妍"；清代盛枫作《盆花》写道"售之以兼金，闲庭巧位置"；清代郑珍作《盆花诗四首》中分别描写了紫薇、海榴、山茶、徽栀四种盆栽花木的特征与性情。除了盆栽花木本身观赏特性外，古人还十分重视花盆或盆盎的选材。南宋陆游诗曰："方石斛栽香百合，小盆山养水黄杨"[南宋陆游《龟堂杂兴十首·其五》]，赵潘诗曰："乞得邻花有根拨，带泥栽著定州盆"；元代岑安卿诗曰："移栽碧盆中，似为香所误"[元代岑安卿《盆兰》]；元末明初杨维桢诗曰："网得珊瑚树，移栽玛瑙盆"[元末明初杨维桢《小临海曲·其五》]，胡奎诗曰："榑桑若木是谁栽，金柱红盆出海来"[元末明初胡奎《日出扶桑》]，蓝仁诗曰："瓦盆乞得小松栽，谁拨霜根向断崖"[元末明初蓝仁《盆松乃慈谷手植》]；清代张英诗曰："自叠盆山插菊枝，分红间白满花瓷"[清代张英《秋窗料理瓶花四首·其一》]，"白石盆中千万朵，小楼镫市忆江南"[清代张英《种水仙二首·其二》]。较之北方，南方气候宜人、花木种类繁多，岭南园林、扬州园林及成都园林中也惯用各类花木盆栽、盆景进行庭院造景。盆栽以竹木和花草为主，诸如各类竹、文竹、枸骨、梅、榆、山茶、杜鹃、海棠、水仙、玉簪、兰蕙等。盆景尤以扬州为最，扬州盆景是扬州园林的一大特色，盆景借鉴画理、取法自然、以小见大，"方丈蓬莱见一斑"，主要陈设于厅堂、馆榭、楼阁、书房及庭院之中；盆景有树桩、山水、水旱等几种类型，树桩盆景以松、柏、榆、黄杨为主材[24]。

　　文震亨在《长物志》中除了对露地花木的配置与审美有独特的见解外，还论述了瓶插和盆玩（盆景、盆栽）两类适宜厅堂、案几的花木小景的选种、选盆、小品点缀等。诸如，水仙冬季不耐寒，取极佳者移入盆中，放置在室内的几案上观赏；荷花虽然在池塘中种植最好，但于庭院中种植在"五色官缸"里观赏也不错，但是荷花需要选择奇异品种，如"并头、重台、品字、四面、观音、碧莲、金边"；兰花可盆栽置于山斋，但每处放置一盆即可，"多则类虎邱花市"；菊花，"必觅异种，用古盆盎植一株两株"，等待花开放时放置在几榻间以供坐卧把玩；夏季的"敞室"，前面有梧桐遮阴，后面有竹子为屏，室内无需挂画装饰，可"置建兰一二盆于几案之侧"。此外，梅花在古代可谓是最为重要的瓶插和盆景之木之一，《长物志》谈到梅花时说"更有蛇枝屈曲置盆盎中者极奇"。《瓶花谱》[明代张谦德所著]记载："古铜壶龙泉均州瓶有极大高三、二尺者，别无可用，冬日投以硫黄，研大枝梅花插供……梅花初折，宜火烧折处，固渗以泥"，还说瓶梅须"日置南窗下，令近日色，夜卧置榻旁，伴近人气，可不冻，一法用淡肉汁去浮油入瓶，插花则花悉开而瓶略无损"。《瓶史》[明代袁宏道所著]中也谈到梅花在瓶插中的应用，诸如冬季瓶插梅花"以迎春、瑞香、山茶为婢"，意为瓶插以梅花为主，还可辅以迎春、瑞香、山茶等冬季开花的植物[18]。

除却上述著作，很多画卷中也能见到一些适合盆栽、瓶插的花木，诸如宋、元、明、清时期比较流行的"岁朝图"（尤以明清为盛），画面主要表现岁朝时人们在室内案头摆设以冬春赏花、观果或观叶为主的花木瓶插以及水仙等盆栽，清新雅致（表3.3），总结起来，这些"岁朝"主题的瓶插及盆栽花木有十余种最为多见，如梅、蜡梅、山茶、南天竹、松、玉兰、垂丝海棠、柿子、柏、竹、牡丹、水仙等。此外，如本书分析所述，还有一些表现庭院、宫殿主题的界画及山水画中，例如《平定台湾战图册之清音阁凯宴将士》《月曼清游图》《别苑观览图卷》《桐荫玩月图》《杏园雅集图》《东山草堂图》《盆菊幽赏图》《西山草堂图》《燕寝怡情》《姑苏繁华图》等，出现的盆栽或盆景花木亦有十余种常见花木，如菊、水仙、兰、松、榆、梅、荷、佛手等。

明清时期"岁朝"主题画卷中的瓶插及盆栽花木种类　　　　表 3.3

朝代	画卷名及作者	主要花木种类	朝代	画卷名	主要花木种类
明	唐寅《岁朝图》	南天竹、松	清	杨晋《岁朝图》	白梅、南天竹、松
	陈洪绶《岁朝图》	玉兰、山茶、蜡梅、水仙		管念慈《岁朝图》	玉兰、垂丝海棠
	陆治《岁朝图》	白梅、水仙、山茶		毛周《岁朝图轴》	牡丹、蜡梅、松、竹
	张宏《岁朝轴》	蜡梅、松、南天竹、水仙、山茶		居廉《岁朝图》	绿萼梅、牡丹
	边文进《岁朝图轴》	白梅、南天竹、水仙、山茶、柿子、兰、松、柏、灵芝		徐杨《岁朝图》	白梅、南天竹、松、兰
	陶成《岁朝图》	白梅、松、山茶、水仙		佚名《缂丝岁朝图轴》	白梅、山茶、罗汉松、柏、水仙、南天竹
清	吴昌硕《岁朝清供图》	红梅、水仙、兰		陈书《岁朝吉祥如意图》	白梅、山茶
	顾韶《岁朝图》	蜡梅、南天竹、山茶、水仙		席璞《岁朝观赏图轴》	牡丹、蜡梅、南天竹、水仙

第二节 古代城乡绿化的花木配置

古代城乡绿化一方面是营造宜居的环境，为居民提供必要的遮阴，另一方面，最重要的是为城市提供燃料、建材、食物以及城池防御等实用功能。春秋时期就很重视对建筑周边环境的绿化，且大多选择具有一定实用价值的树种。如《诗经·鄘风》载："定之方中，作于楚宫……树之榛栗，椅桐梓漆，爰伐琴瑟"，因为"榛、栗"可食，"椅、桐、梓"可做建材、制造琴瑟，"漆"用于提取漆液之用。《酉阳杂俎》载："棘竹……南夷种以为城，卒不可攻"，可见唐代南夷地区常在城池四周种植棘竹，因其耐火的特性，所以用来防御火攻、保护城池，这一点在《岭表异录》中也得到了印证。汉唐时期洛阳城里人们借助地形、地势规划城市布局，营造城市建筑，种植槐、榆、桑、柳等植物，以供庇荫以及作为城市燃料的补充[25]，还有牡丹、竹子、芍药这样的观赏植物。当时的长安城里多以槐、柳作为行道树，宫苑、宅园之中多以桃、李、梅、杏、牡丹为主。

一、古代城市绿化整体风貌

从古代诗词歌赋中可以发现许多描写城市绿化风景的诗句，多以描述都城为主，诸如长安、洛阳、金陵等，也有许多知名的城市，如苏州、扬州等。从这些诗句中可以看出，古代城市中人工栽种的花木以柳、杏、"桃李"、榆为多，此外还有白杨、棠梨、榕、枫、海棠、牡丹、菊花、菠萝蜜、藕花、烟树、菖蒲、柑橘、拒霜花等。

（一）杨柳依依

柳树，古诗中多称呼为垂杨或烟柳、垂柳。植柳最早起源于夏商时期，周代有明确提出种植柳树的文献，春秋战国时期得到了较大发展，秦汉时期柳树被引植到皇家宫廷苑囿中，魏晋南北朝时期史籍中对植柳的记载较多，柳树被作为行道树和护堤绿化树种，筑堤防汛的实践体验深化了民间对柳的植物神崇拜，甚或出现了柳神（植物神）与水神（动物神）斗以护民的传说。植柳，不只是为了美化环境，亦有实用目的。隋唐以来植柳更加普遍，出现了种植柳树营造防护林及大规模植柳的记述[26]。柳作为咏长安诗歌中出现频率最高的植物品种，体现了当时文人的审美追求，也从一个侧面反映了长安城柳树栽植的广泛。

（二）城外杏花

歌咏杏花的诗词自先秦时期就有，但将杏花及逐渐形成和发展形成的杏花意象发扬光大的是在宋代，宋人的诗词中往往借用杏花的粉白娇嫩的外形比喻女子的容颜；又因杏花花期恰逢进士赶考之时，所以歌咏杏花的姿态和繁茂用以寄托及第之愿望；另外，因杏花花期短暂且容易被风吹落，用以感叹时光流逝、人生起伏和寄寓诗人归隐之情。元明时期诗歌中所咏的杏花或描述的杏花景色多与"村""山""城外""城东""城南"这些地点名词，以及"柳""桃花"等相对比的植物联系在一起，诸如"阆闾城外草芊芊，桃花杏花红烂然"［元代成廷圭《二月二十日同李希颜游范文正公义庄登天平灵岩两山希颜有诗因次其韵》]、"桃花杏花正无数，明朝更约来东关"［元代成廷圭《三月十八日同饶介之冯仁伯张道源王伯纯雅集城东李氏园亭赋此》]、"细雨春城杏花落，轻风南陌柳条新"［明代何吾驺《春城寒雨感赋》]、"宝钗换得葡萄去，今日城东看杏花"［元代乃贤《京城春日二首·其二》]等，无论城中、城外、城郊还是山林、野陌，诗人总能发现杏花的身影，可见古代杏花生长、种植的普遍性和受欢迎程度。

（三）"李白桃红满城郭"

李与桃花期相似，花形类同，桃红李白，自古文人以桃李并称。《诗经》曰"投我以桃，报之以李"，这是最早把桃、李放一起吟咏的诗篇。后又有"桃李不言，下自成蹊""桃李三千""桃李满天下"等广为流传。桃李虽然并称，但两花在许多文人看来却性格不同，桃花花色夭艳，如美人，诗歌中常称之为"夭桃"；而李花洁白、淡雅，如女道士，诗歌中常称之"嘉树"。清代李渔在《闲情偶寄》中认为李花"甘淡守素，未尝以色媚人也"。从汉至清都不乏歌咏桃李的诗篇，有些是用桃李比喻美人容颜或繁华易逝的意境，并无描述景致之意；有些是单独歌咏桃李之特征与品性，并未指出是哪里的桃李之景；还有些诗句中的桃李是描述山林、郊外的景观风貌；亦有涉及城市中局部小空间环境中的桃李之景，诸如庭院、小园或建筑前等；当然，还有部分诗篇直指城市风貌，甚至具体到一座城市或城市的哪个区域，诸如"桃李成蹊径，桑榆荫道周"［南朝齐谢朓《和徐都曹出新亭渚诗》］、"洛阳城东路，桃李生路旁。花花自相对，叶叶自相当"［汉代宋子侯《董娇饶》］、"李白桃红满城郭，马融闲卧望京师"［唐代羊士谔《山阁闻笛》］等。

（四）城之"花草"

古诗词中直接描述或间接涉及的城中之"花"除却前述的"桃李""杏"等这些春季常见的开花果木，还有梅、海棠、棠梨及牡丹、菊花、荷、蔷薇、蒹葭、菖蒲等传统著名花木草卉。城与花的关联，较著名的有长安、洛阳之牡丹（"牡丹相次发，城里又须忙"［唐代王建《长安春游》］，"唯有牡丹真国色，花开时节动京城"［唐代刘禹锡《赏牡丹》］，"闻道洛阳花更好，满城如锦照青冥"［元末明初邓雅《牡丹用子坚韵》］）、江城之菊、梅（"江城菊花发，满道香氛氲"［唐代岑参《送蜀郡李掾》］，"青山经雨菊花尽，白鸟下滩芦叶疏"［唐代刘沧《江城晚望》］，"黄鹤楼中吹玉笛，江城五月落梅花"［唐代李白《与史郎中钦听黄鹤楼上吹笛》］）、成都（锦城）之芙蓉（"舟上瞿塘看滟滪，春生锦里种芙蓉"［明代王绅《送王金事复任之成都》］，"二十四城芙蓉花，锦官自昔称繁华"［明代刘道开《锦城篇》］，"桑落酒香江店日，芙蓉花谢锦城时"［明代陈贽《送长沙李少府入蜀》］）、扬州之琼花（"五百年间城郭改，空留鸭脚伴琼花"［北宋晁补之《扬州杂咏七首·其六》］，"扬州全盛吾能说，鸭脚琼花五百年"［北宋晁补之《寄怀八弟三首·其三》］，"二十四桥春色里，相逢只是说琼花"［宋代李龙高《扬州》］）、阖闾城下之梅花（"正直冰霜岁华暮，阖闾城下看梅花"［明代杨士奇《题彭甥士淳梅花·其一》］）……以上多是诗人描述的城中之景，称为"花草"，多是人们精心栽培养花的花草，而城池之四周及原野多以野态自然分布的"闲花野草"为主，如曹魏时期阮籍的《咏怀》中曰："修竹隐山阴，射干临层城。葛藟延幽谷，绵绵瓜瓞生"［曹魏阮籍《咏怀·其二十二》］，亦有西晋潘岳诗云："静居怀所欢，登城望四泽。春草郁青青，桑柘何奕奕"［西晋潘岳《内顾诗二首·其一》］，东汉末陈琳作《诗》云：
"东望看畴野，回顾览园庭。嘉木凋绿叶，芳草纤红荣"［东汉陈琳《诗》］，唐代李群玉诗云：
"江汉路长身不定，菊花三笑旅萍开"［唐代李群玉《九日巴丘杨公台上宴集》］，等等。

（五）城之"树木"

　　除了上述柳、杏、桃、李、榆在京城或名城中种植较为普遍外，古代城市中还有许多
其他花木种类，诸如"桑柘"在古文献及诗歌中出现的频率比较高，尤其是在城郊及村落
遍地"桑柘"，如诗云"满城桑柘春风煖，百里弦歌化雨浓"［明代倪谦《送胡进士拱辰宰黟邑》］、
"满城桑柘长春风，不数河阳一县红"［明代江源《赠文大尹次夏官濮用昭韵》］、"花木乱平原，桑
柘盈平畴"［南朝鲍照《代阳春登荆山行》］、"不知县籍添新户，但见川原桑柘稠"［唐代方干《登
新城县楼赠蔡明府》］、"设险丘陵荒蔓草，带城桑柘接新耕"［北宋张耒《金陵怀古》］、"新城迁次
少人烟，桑柘中间井径寒"［南宋范成大《定兴》］、"江北洲，西阳国，芜城桑柘弥阡陌"［南宋
薛季宣《谷里章》］、"桑柘重蔼绿，郁郁浮苍烟"［元代贡奎《邳州》］、"江南春色浑依旧，桑柘
青青门巷空"［元末明初克新《登姑苏城》］、"何须种桃李，桑柘满城东"［元末明初邓雅《题永丰令
蔡行素朴实斋》］、"绕城桑柘苍烟外，依旧青山问白云"［明代林光《东鲁门·其二》］、"春城桑柘
满，昼馆鹤琴幽"［明代高拱《送裴逊山守睢阳》］、"桐乡无限绿，桑柘抱城湾"［明末清初彭孙贻《桐
乡夜泊和韵》］，等等。"桑柘"是桑木和柘木两类植物的合称，均是桑科植物，是古代重要的
经济类树种，主要用于养蚕、造纸、药用、食用以及生活生产工具、家具及建筑用材。历
代政府都鼓励百姓种植桑和柘类植物，因此"桑柘"一词也就成为农桑之事的代名词。

　　其次，诗歌中"白杨"出现的频率也较高，多与"悲秋""感怀"的意境有关。白杨是
杨属植物白杨派的统称，以树干白色、灰白色而得名。杨树自古便是生长在北方地区的乡
土植物，树干笔直、高大且生长迅速。魏晋诗歌中就有了"白杨和墓地"的关联，如诗"驱
车上东门，遥望郭北墓。白杨何萧萧，松柏夹广路"［魏晋佚名《古诗十九首·十三》］，可以看
出，当时白杨和松柏都是墓地栽种的主要树木；魏晋以后，白杨就成了墓地树的代称，东晋
陶渊明《拟挽歌词·其三》云："荒草何茫茫，白杨亦萧萧"，描述除了墓地荒草白杨一派空
野凄冷的情景。唐代白居易有诗云："闻道咸阳坟上林，已抽三丈白杨枝"［唐代白居易《览卢

子蒙侍御旧诗多与微之唱和感今伤昔因赠子蒙题于卷后》]，清代袁枚也有诗云："白杨树，城东路，野草萋萋葬人处"[清代袁枚《上冢歌》]，可见历朝历代诗歌中的白杨树都用来烘托坟冢的场景。除却坟冢之树，古代白杨也常生长或植于道路旁、城郭外及水边，有诗为证："满城风雨冷凄凄，白杨叶飞鸟乱啼"[元末明初刘崧《秋雨口号》]、"郑国渠边，宝马乱嘶秦月，满城灯挂白杨枝"[明末清初屈大均《酒泉子·三原元夕》]，"车马还城郭，悲风满白杨"[北宋司马光《故相国颍公挽歌辞三首·其二》]，"楚州城门外，白杨吹悲风"[宋末元初文天祥《淮安军》]，"青松夹前道，白杨荫崇垣"[元代刘鹗《南城门外书所见二首·其一》]，"萧萧城南路，白杨蔽江麓"[元代乃贤《徐伯敬哀诗》]，"三城多白杨，白杨风萧萧"[清代姚燮《双鸠篇》]，等等。

此外，诗歌中描述古代城市景观风貌的树种还有梧桐（如"哀商怨徵动高堂，想见梧桐满城落"[明代王弼《赠庞生吹箫》]、"青桐玉井一叶秋，满城寒砧星物换"[明代徐祯卿《榆塞叹》]）、榕树（如"五月初来花满城，榕阴驻马听啼莺"[明代张筹《琴剑歌送龙子高提学之闽》]、"满城榕叶坐寒庭，却恨高贤叹独醒"[明代黄衷《秋兴和郑希大·其八》]、"风雨满城榕叶暗，岭南二月似三秋"[元末明初汪广洋《曲江城》]）、枫树（如"白雁夕连渚，丹枫秋满城"[明代谢榛《寄蔡衡州子木》]、"枫林带水驿，夜火明山县"[唐代李颀《送郝判官》]、"江城下枫叶，淮上闻秋砧"[唐代王维《送从弟蕃游淮南》]）、柑橘类植物（如"人烟寒橘柚，秋色老梧桐"[唐代李白《秋登宣城谢朓北楼》]、"叶暗花稀香满城，余芬又复上新枨"[明末清初彭孙贻《橙花》]、"满城柑子熟，酒渴不论钱"[明末清初屈大均《后嘉鱼诗·其六》]、"手种黄柑二百株，春来新叶遍城隅"[唐代柳宗元《柳州城西北隅种柑树》]、"黄柑尚青菊初发，赵尉城边好良月"[明末清初陈恭尹《答鲍让侯即送之之楚》]）等。

二、城乡道路绿化

据记载，早在周、秦时代即有沿道路种植行道树的情况，至汉代，都城御道多有水沟或土墙分隔，沟旁植柳，路旁植槐榆。隋代洛阳宫城正门大街道旁种植樱桃和石榴作为行道树，唐代长安城城中街道遍植杨槐，间杂桃、李、梅、棠。唐骆宾王有诗云："侠客珠弹垂杨道，倡妇银钩采桑路"[唐代骆宾王《帝京篇》]。杨师道云"辇路夹垂杨，离宫通建章"[唐代杨师道《奉和夏日晚景应诏》]，韩愈云"绿槐十二街，涣散驰轮蹄"[唐代韩愈《南内朝贺归呈同官》]，韦应物云"垂杨十二衢，隐映金张室"[唐代韦应物《拟古诗十二首·其三》]，白居易云"迢迢青槐街，相去八九坊"[唐代白居易《寄张十八》]，孟郊云"长安车马道，高槐结浮阴"[唐代孟郊《感别送从叔校书简再登科东归》]，李贺云"官街柳带不堪折，早晚菖蒲胜绾结"[唐代李贺《杂曲歌辞·十二月乐辞·正月》]，刘得仁云"云开双阙丽，柳映九衢新"[唐代刘得仁《乐游原春望》]，李频云"槐街劳白日，桂路在青天"[唐代李频《长安书情投知己》]，曹松云"夹道夭桃满，连沟御柳新"[唐代曹松《武德殿朝退望九衢春色》]，顾况云"绿槐夹道阴初成，珊瑚几节敌流星"[唐代顾况《公子行》]，于武陵云"长安重桃李，徒染六街尘"[唐代于武陵《赠卖松人》]……这些唐代不同时期诗人对长安城街道景色的描述，均指向长安城街衢巷陌之间种植槐柳的习俗。此外，韩愈的《镇州初归》云："别来杨柳街头树，摆弄春风只欲飞"，白居易《靖安北街赠李二十》云："榆荚抛钱柳展眉，两人并马语行迟"，王毂《刺桐花》云："南国清和烟雨辰，刺桐夹道花开新"，无可《送李使君赴琼州兼五州招讨使》云："猿鹤同枝宿，兰蕉夹道生"，卢渥《题嘉祥驿》云："到后定知人易化，满街棠树有遗风"，等等，这些则描述了唐代其他城池、州、县、驿之街道绿化景象。唐以后，也不乏描述古代城市街道绿化景观的诗词，诸如"绿杨巷陌"[宋代韩嘉彦《玉漏迟·杏香消散尽》："绿杨巷陌，莺声争巧"]、"青榆巷陌"[宋代翁元龙《瑞龙吟·清明近》："青榆巷陌，蹋马红成寸"]、"柳丝巷陌"[宋代无名氏《踏莎行·㸃酒情怀》："柳丝巷陌黄昏月。把君团扇卜君来，近墙扑得双蝴蝶"]、"槐枌巷陌"[明代刘景宇《春日鹤楼宴集》："桃李闾阎圃，槐枌巷陌沟"]等。不难发现，古代城市中，柳、槐、榆、杨是最为普遍和受欢迎的城市行道树。

古代对官道、驿道进行绿化也很普遍，一方面可以美化环境，另一方面可为行人提供遮阴休息之所。栽种行道树始于西周[27]，秦汉时期得到发展，后代均有继承。《国语》载："列树以表道，立鄙食以守路。"[28]《汉书·贾山传》载："为驰道于天下……道广五十步，三丈而树，厚筑其外，隐以金椎，树以青松。"《吕氏春秋》载："桃李之垂于行者，莫之援也。"[29]《后汉书》载："将作大匠一人……并树桐梓之类列于道侧。"[30]以上记载说明西周至秦汉时期在官道、驿道旁种植行道树已成为一种惯例或形制。唐太宗《入潼关》对峤函古道有这样的描述："崤函称地险，襟带壮两京。霜峰直临道，冰河曲绕城。古木参差影，寒猿断续声"，可见当时崤函官道的选址概况和远离城镇区域的官道两侧"古木参差"的景致；岑参的"庭树巢鹦鹉，园花隐麝香"[唐代岑参《题金城临河驿楼》]和卢渥的"到后定知人易化，满街棠树有遗风"[唐代卢渥《题嘉祥驿》]，描述的是官道驿站旁的景致；张祜的"日落寒郊烟物清，古槐阴黑少人行"[唐代张祜《晚秋潼关西门作》]，罗邺的"古道槐花满树开，入关时节一蝉催"[唐代罗邺《入关》]，韦庄的"槐陌蝉声柳市风，驿楼高倚夕阳东"[唐末至五代韦庄《关河道中》]等，描述靠近城池区域的潼关道官道两侧槐树的景致。元代商克恭《过信州》云："二千里地佳山水，无数海棠官道旁"，描绘了江西上饶官道旁的海棠美景。清代屈大均《广东新语》载："高州道中，榕夹路垂阴，凡百株"[31]，反映了岭南地区沿道种植榕树的情景。清代王芑孙《官道柳》云："临清官道柳，采掇有饥妇"，说明官道旁普遍种植柳树。此外，清代隆无誉《西笑日觚》载："左恪靖命自泾州以西至玉门，夹道种柳，连绵数千里，绿如帷幄"，记录了左宗棠在西征时沿途种植柳树数百万株，通过植树造林的方法以防风固沙减少灾害，因此获得"新栽杨柳三千里，引得春风度玉关"的赞誉。

三、城乡水滨之植物风貌

自古，人择水而居，城依水而建，水在城市的选址、形成及城市生活中发挥着重要作用。城市之水，有自然的河道、溪流、池湖与洼地、滩涂，也有人工的运河、池湖等，人们在如何利用水、避免水患、治理水患的实践中，总结了许多城市营建与水系治理方面的生态经验。当然，城市水系之旁的植物景观，其惯有选种、搭配以及其所折射出来的景观意象与文化意境，也是在长期的实践中形成的一些既有共同点又各具特色的城市水景观。"柳意象"与"枫意象"最能代表古代城市之水景观。

首先，岸边植柳普遍，柳文化历史悠久，意象多重。古诗词歌赋中描写水边之柳的篇章十分丰富。唐代刘长卿《渚水潺波》中咏道："春入垂杨排岸绿，雨余白鸟浴波轻"，可以看出渚水岸边的垂柳是列植配置，形成岸边绿色的带状景观序列。宋代裴湘在《浪淘沙·万国仰神京》中写道："别有隋堤烟柳暮，千古含情"，通过对昔日隋堤垂柳在暮色中的情景之追忆，表达作者的怀古之情，是"柳意象"的表达。元末明初的郭钰在《寄友》中云："东岸桃花西岸柳，来往扁舟共杯酒"，同样反映的是一幅春天景象，可见河岸两边桃红映柳绿的植物组合搭配。明代姚广孝的《春日西溪即事》："杨柳三株五株，桃花一簇两簇"，以及李昱的《早春言怀》："红点溪桃萼，黄垂岸柳枝"，同样反映了水岸柳与桃的搭配，所不同的是，此处非列植，而是点状与丛植的搭配。岸边植柳，除了多与桃花搭配外，还有与棠（"堤柳折来怜色嫩，野棠开处爱香清"[明代李昌祺《晚春郊外七首》]）、芙蓉（"芙蓉濯濯偏临镜，杨柳依依密护堤"[明代金涓《绣湖重游》]）、荻（"夹岸楼台杨柳月，对船灯火荻花风"[元末明初陶安《姑孰溪》]）、蒲（"西风白露下清寥，岸柳江蒲取次凋"[元末明初刘基《夜坐有怀呈石末公》]）、"萧瑟汀蒲，岸柳送凄凉"[元末明初倪瓒《江城子》]）等搭配的河岸植物景观。

其次，岸边枫树景观，尤其在南方城市水边更为常见。唐代张继的一首《枫桥夜泊》"月落乌啼霜满天，江枫渔火对愁眠"让世人都记住了这座与枫联系在一起的姑苏城，一个"愁"字让"枫"增加了"悲秋之感"。元末王冕的"江枫缘岸赤，河蓼杂烟红"[元代王冕《舟中杂纪十首·其二》]，刘崧的"江亭秋望渺衡湘，埼岸枫林带夕阳"[元末明初刘崧《题江亭秋望图》]以及叶颙的"枫叶孤洲冷，芦花两岸秋"[元末明初叶颙《江楼晚眺》]，同样也是借描写江边之"枫"表达秋之孤寂与离愁。明代郑真的"枫岸晴看霜锦烂，菊篱香挹露珠寒"[明代郑真《秋兴用宋推府韵·其二》]和王汝玉的"秋岸丹枫落，凉洲白芷香"[明代王汝玉《送唐太守》]则是将岸边秋枫落叶与菊之香、白芷香做对比，流露出一种辩证地看待自然变化的思维。从上述这些诗句中还可看出古代水边除了"枫"以外，还间杂生长有喜水湿的蓼、芦、白芷等植物。

除了上述"柳""枫"的岸边主要造景植物，还有以桃（"桃岸春深红作阵，蓉峰烟暖翠成围"[元末明初叶颙《春日双溪晚归》]）、梅、梧桐、木芙蓉（"芙蓉花开满高岸，还如杜老蜀江边"[元末明初袁凯《醉书壁》]）、桂（"桂树藏烟依古岸，芙蓉含雨媚新波"[元末明初刘崧《柬刘方东》]）、橘（"蓼岸风多橘柚香"[唐代孙光宪《浣溪沙》]、"露岸苇花明白羽，风林橘子动金丸"[元末明初张以宁《立冬舟中即事·其一》]）、芦（"扁舟荡漾空阔际，芦花两岸纷缤缤"[元末明初舒頔《题海宁吴筠轩山水窠木卷》]、"不辞今夜船头月，醉卧芦花两岸秋"[元末明初刘崧《题捕鱼图四首为松观曾一愚赋·其三》]、"两岸芦花如雪白，一声吹动楚天秋" [元末明初李昱《江叟吹笛图》]）、苇（"山围平野绿烟中，江苇萧萧两岸风" [元末明初王蒙《过姑苏》]）、蓼（"绿水青山长送目，汀兰岸蓼各生花" [元末明初刘基《再次韵二首·其二》]）、荻（"停舟荻岸西风里，闲爱野花无数开" [元末明初张以宁《书所见》]、"孤舟夜泊吴塘渡，两岸秋风响荻花" [明代龚诩《吴塘夜泊怀屈季恒》]）为主要造景植物或组成河岸景观风貌的植物等。

四、城郊及田园之花木小景

（一）槿篱、插槿编篱

"槿"即木槿，《诗经·郑风·有女同车》云："有女同车，颜如舜华"，舜华便指木槿的花，足见周代木槿就进入了人们的视野，以漂亮的槿花来比喻女子容颜。秦汉时期人们就熟悉木槿的特征和习性，诸如因木槿花朝开暮落的特性而称之为"朝华"等。魏晋时期，木槿的观赏和种植已经流行于宫廷及士大夫阶层，此时木槿亦有了"嘉木""丽木"的称呼；东晋或更早时期，人们已经掌握了木槿的扦插繁殖方法，且发现了木槿花可以食用的价值，这说明木槿花至少在晋代，就有了可供观赏种植、可食用的价值，且有了无性繁殖的种植技术。南北朝及唐代开始，木槿花的人工培育新品种、园林应用形式等方面有了更进一步的发展 [32]，不仅涌现出中唐以前很少在诗歌和文献中提到的白色木槿的品种，而且南北朝时期的诗歌中出现了关于木槿作为花篱种植的描写。南朝梁沈约在《宿东园诗》中题写其建在东郊的庄园时提到了"槿篱疏复密，荆扉新且故"，即用木槿种植成篱墙，荆条编制成门扇，与后一句"茅栋啸愁鸱"中的茅屋，加之东园所处的环境"野径既盘纡，荒阡亦交互""树顶鸣风飙""草根积霜露"，共同勾勒出沈约东园自然、朴素，甚至有些简陋、萧条的环境基调——这与园主人过往在朝肆的喧闹生活景致截然不同。通过对东园景致和生活的描述，诗人表达了追求隐退和精神解脱的意愿。同是南朝梁的另一位诗人朱异也有一首描写乡居生活的诗《还东田宅赠朋离诗》，其中同样提到了"槿篱"，但是两人的心境不同，自然对乡居景色和生活的描述基调也不同。朱异诗中"槿篱集田鹭，茅檐带野芬"，乡村的自然朴素被水鸟和野花衬托出了几分野趣和生机。此外"池入东陂水，窗引北岩云"一句可看出主人对园居景观及外环境有一定的布局和思考，有引有借是山居园林的精髓所在。此外南北朝时期苏子卿的"张机蓬艾侧，结网槿篱边"[南北朝苏子卿《艾如张》]，隋末唐初岑文本的"书帷通竹径，琴台枕槿篱"[隋末唐初岑文本《安德山池宴集》]，均是描写乡居、田园生活景致，都出现了对"槿篱"的描写，说明至少在唐以前木槿应该是郊外、乡村常见的一种花灌木，用木槿编篱应该是常见的一种园墙做法，沈约等人只是入乡随俗罢了。

此后"槿篱"成为南北朝至隋唐以后历代诗人笔下常用的描述木槿景致的词汇，涉及"槿篱"的诗篇就达 178 篇，槿篱主要出现在田园山居或乡郊茅舍之旁。此外，槿篱常与茅舍、竹屋出现在一起，共同组成一幅山居、乡野茅舍之自然、田园、野趣之景致。

关于"槿篱"的具体做法，究竟是将木槿密植成列形成篱墙，还是像制作荆扉一样用砍下的枝条编成网状再固定在地面上形成篱笆，抑或是将木槿种植在地面，然后将其枝条编成篱笆形状，诗歌或其他文献中并没有详细记载。但是有一点应该可以确定，诗歌中提到的"槿篱"，有些会涉及木槿开花的描写，如"槿篱生白花"[唐代于鹄《寻李逸人旧居》]、"槿篱花发锦步障"[北宋华镇《田家二首·其一》]、"新插茅檐红槿篱"[北宋张耒《田家二首·其二》]等，这说明"槿篱"是由具有生命力的木槿组成的篱墙，是能开花的花篱。元明清时期的诗歌中，除了提到"槿篱"一词，还出现了"插槿编篱"，这说明至少是宋代以后，出现了扦插木槿枝条然后再交叉编成篱笆的做法。

（二）棘篱、枳棘之篱、折柳樊圃、榆柳编篱

"棘"即酸枣树，多刺，果可食，常做灌木状种植。"三槐九棘""荆棘"等词语中的"棘"即指酸枣树。《齐民要术》卷四园篱篇详细讲述了如何用酸枣树种植编篱的方法，而且还幽默风趣地阐述了园篱的作用和美观性，即"非直奸人惭笑而返，狐狼亦自息望而归。行人见者，莫不嗟叹，不觉白日西移，遂忘前途尚远，盘桓瞻瞩，久而不能去"。除了用棘做篱，园篱篇中还提到"枳棘之籬""折柳樊圃"以及柳榆混编为篱，其中对用柳和榆混编篱笆的做法做了简单描述，即榆苗直栽，柳条斜插，等它们长到一人高时再编在一起。

"枳棘之篱"中的"枳"是指芸香科的枸橘，亦多刺，常绿，与酸枣一样适合作为篱笆种植在园圃四周，可防野兽或盗贼。"枳"和"棘"在古代文献或诗歌中常一同出现，是

路边、荒野常见的灌丛，先秦的《丘陵歌》中就描写"枳棘充路，陟之无缘"，西汉扬雄的《反离骚》曰："枳棘之榛榛兮，猿狖拟而不敢下"，这说明枳棘经常伴生于野外环境中，因两者均多刺而使得行路艰难、攀登不易，故而枳棘也象征险恶、不利的环境，亦喻奸佞小人。人们正是认识到枳棘多刺、可防御的这个特点，所以将其种植在园圃四周围篱形成屏障。与槿篱一样，枳棘之篱往往也是乡居、田园中多用的篱墙，常与茅屋搭配，如唐代韩愈的"旧籍在东郡，茅屋枳棘篱"[唐代韩愈《寄崔二十六立之》]，韩偓的"个侬居处近诛茅，枳棘篱兼用荻梢"[唐代韩偓《赠渔者》]，北宋陈舜俞的"坛毯龟鼋石，园栽枳棘篱"[北宋陈舜俞《山中咏橘长咏》]，南宋陆游亦有"枳棘编篱昼掩门"的乡村园居景致的描述。此外，西晋文学家潘岳在《闲居赋》中还提到"芳枳树篱"，曰"爰定我居，筑室穿池。长杨映沼，芳枳树篱"，可见潘岳宅园围墙是用枸橘编织成篱。

　　"折柳樊圃"出自《诗经·齐风·东方未明》，"樊"通"藩"，即是篱笆的意思，在此意为用柳枝扦插种植再编做园圃的篱笆。柳是分布广泛、历史悠久的树种，枝条可扦插、成活率高且生长迅速，很早就被先民认识并栽培利用，古人用它做篱笆也算就地取材、成本低且成景迅速，不过与枳棘之篱相比，防御性较差，这也是《东方未明》一篇引用它来比拟一件没有价值和意义的事情的原因。白居易也评价说"折条用樊圃，柔脆非其宜"[唐代白居易《有木诗八首·其一》]，但刘克庄却认为"柳能樊圃犹须种"[南宋刘克庄《即事四首·其一》]、"篱落多疏阙，犹须折柳樊"[南宋刘克庄《志仁监簿示五言十五韵夸徐潭之胜次韵一首》]。柳条虽然防御性差，但易成活、生长快的优点使其非常适合用来作为园圃篱墙，既可"故柳樊官圃"[北宋宋庠《冬行西圃溪上》]，亦可"折柳樊兰蕙"[北宋苏过《正月二十四日侍亲游罗浮道院栖禅山寺》]、"折柳樊小圃"[北宋周紫芝《题吕节夫园亭十一首·其七 学圃亭》]。

　　以上用"棘""枳""榆""柳"等植物编织成篱的做法，不仅仅体现了古人对周边乡土植物特点与习性观察的细致入微，而且还体现了古人善于利用植物特性的生活智慧。枳棘多刺，可用来制作防盗防兽的篱墙，榆柳生长快且成活率高，可用于普通的园篱而迅速成景。此外枳常绿，花开有香，棘之果酸甜可食，亦可观赏，榆之荚繁茂，可以充饥，柳之芽亦可食用，它们既可樊圃为篱，亦可赏可食，是田园乡居景观和生活的必要组成，体现了古代劳动人民的生活情趣和生态智慧。

（三）竹篱、竹墙

竹篱，常指用竹竿或竹条编成的交叉状或席箔状的篱笆墙。竹篱在乡居田园生活中比较常见，有多种编篱方法，如本书在对古代画卷的分析中所提到的南宋马奎《水村清夏图》中就有交叉成渔网形态的竹篱，仇英版《清明上河图》中有用竹篾编成人字形和"三纵三横交错"型的席状围合的围墙。竹篱虽然取材于植物，但已成"死"篱，为了让篱笆富有生命趣味，通常会在竹篱旁种植菊花、牵牛花等草花。

竹篱旁适合种植各种各样的菊花。竹与菊都有君子的意象，两者配置在一起，其意境不言而喻。南朝范泰看到竹篱之菊评价曰"篱菊熙寒丛，竹枝不改茂"[南朝宋范泰《九月九日诗》]，南朝陈江总也作诗回忆"故乡篱下菊，今日几花开"[南朝陈江总《于长安归还扬州九月九日行薇山亭赋韵诗》]，南宋杨万里也欣赏"竹篱东复东，添种数丛菊"[南宋杨万里《寄题开州史君陈师宋柴扉》]的小景，明代杨景贤诗曰："柴门半倚闻鹤唳，菊蕊丛丛绽竹篱"[明初杨景贤《拨不断》]。清代余省的《种秋花图》中的前景处竹席篱笆内外就种满了各种颜色的菊花，给朴素简洁的篱墙平添一份多色多姿的秋意。

牵牛花虽不及菊花被古人认识和应用的时间早，亦无傲霜的气节，但是它生性柔软而具有攀爬的能力，能够随竹篱的长度和高度顺势生长，当年种、当年长、当年开花，花开繁多且花色高雅，与竹篱也是极好的搭配。宋代陈宗远题咏牵牛花曰："绿蔓如藤不用栽，淡青花绕竹篱开"[宋代陈宗远《牵牛花》]，宋末元初舒岳祥亦有诗曰："竹篱疏复密，牵牛花低昂"[宋末元初舒岳祥《续十虫吟·其十》]，清代邹一桂的《花卉八开》图册中就描绘了一处牵牛花攀缘在竹篱架上形成一篱花开的景致。

除却竹篱，古代还有用生长状态的竹子丛植或密植成带状做成墙垣或修补墙垣的做法。宋代及以后诗词中较多出现的"竹墙"，即是用竹子密植围合而成的墙，如"种竹为垣护草堂，面山临水纳幽芳"[南宋金朋说《幽居吟》]、"落日平田何处村，竹墙缭绕是高门"[南宋林亦之《林校尉绍老挽词三首·其一》]、"密树标茆店，荒池界竹墙"[宋末元初吴龙翰《南陵道中迫暮投茅店四围率败篱令仆夫环卧》]、"屋角晴云也自飞，绿蕉倒影竹墙围"[清代陈三立《丁丑岁长沙闲园伐别隆观易游肃州·其二》]；亦有种竹补垣的做法，如北宋李复《李氏园》中就有此做法："种竹成阴补坏垣"[北宋李复《李氏园》]。

（四）藤架、藤萝障

藤架中的藤，一般指紫藤，古时亦称"藤萝"，是一种大型落叶藤木，花开紫色，总状花序悬垂，形似谷穗或"罽珥"[出自唐代皮日休《初夏游楞伽精舍》之"紫藤垂罽珥"，"罽珥"意为毛织物做成的耳坠]。早在晋代嵇含所撰的《南方草木志》中就提到了紫藤，但并未提及其观赏价值，直至后魏元欣所撰《魏王花木志》中才提到吴国宫苑中生有紫藤花，可能是最早记录紫藤作为观赏花木植于园林中的案例。唐代诗歌中频繁出现歌颂紫藤的诗篇，但多是自然野生的紫藤，且多生于山林、岩壁等，喜攀缘于大树之上，李白的"紫藤挂云木，花蔓宜阳春"[唐代李白《紫藤树》]，写出了紫藤攀登高大乔木的气势，形如"紫藤树"，是对紫藤攀缘向上的赞美。白居易的"下如蛇屈盘，上若绳萦纡。可怜中间树，束缚成枯株"，写出了紫藤用身体萦绕裹挟树木，致使树木枯死的情景，是对紫藤善于借势、性如"谀佞徒"的批判。喜好"莳花弄草"园居生活的李德裕对平泉山居的"潭上紫藤"之景格外关注，特作诗两首赞道"清香凝岛屿，繁艳映莓苔"[唐代李德裕《忆平泉杂咏·忆新藤》]、"遥忆紫藤垂，繁英照潭黛"[唐代李德裕《春暮思平泉杂咏二十首·潭上紫藤》]。宋代及以后的诗歌中紫藤架出现频率较唐之前数量增多，古人认识到紫藤依附乔木向上攀缘的特性以及容易破坏乔木生长的缺点，所以在人工引种紫藤于庭院中时为其设架牵引，既可攀缘向上，又不损坏树木，紫藤花开"轻红澹紫自然妆，拂槛拖檐锦幕张"[清代叶方蔼《题苕文紫藤架三首·其三》]。明清时期的园林或庭院中更是少不了紫藤架，现存的苏州园林中不乏紫藤花架的景致，清代阮元的"古藤几架紫垂廥，小刺荼蘼盖曲廊"[清代阮元《小园杂诗·其四》]，即是描述了清代园林中紫藤架与荼蘼盖廊的园林景致。紫藤花架不仅观赏价值高，且可以充分利用架下空间纳凉、休息或读书，南宋陆游"紫藤架底倚胡床"[南宋陆游《自上灶过陶山》]，清代叶方蔼"紫藤花底读书声"[清代叶方蔼《题苕文紫藤架三首·其一》]，姚鼐自称"紫藤架底著书人"[清代姚鼐《紫藤花下醉歌用竹垞原韵》]，叶申芗认为"消夏南轩何最适，新移藤架阴浓"[清代叶申芗《临江仙·藤架》]。

（五）瓜棚、豆架

相对于城中庭院或文人士族园林中以观赏为主要目的的蔷薇架、木香棚、荼蘼洞等，乡居田园庭院中则多以瓜棚、豆架等蔬菜瓜果植物为主。"瓜"泛指葫芦科瓠果类植物，在古文献及诗歌中常以单名"瓜"出现，也有少量资料提及"甘瓜""匏瓜""寒瓜""丝瓜"等，且不同朝代所说的"瓜"并不相同。早期先秦时期就有了甘瓠，秦汉魏晋时期的文献及诗歌中出现了甘瓜、匏瓜、寒瓜，宋代文献和诗歌中出现了丝瓜，明代出现了金瓜等。不同的瓜因其蔓生攀附能力和果实大小决定了其种植方式，有的以"瓜田"形式种植，如寒瓜、金瓜等，有的瓜适合搭棚设架使其攀缘生长，如丝瓜、瓠瓜、匏瓜等。"豆"与瓜一样，亦是若干草本可食用的豆科植物的总称，诸如大豆、扁豆、蚕豆、豌豆、豇豆等，有些豆子为直立草本或攀缘能力弱，种植成"豆田""豆畦"，有的则是攀缘类藤本，须设架种植。

唐宋以前多以瓜田、豆田形式出现，亦有瓜棚或豆架，但多是以生产、生活为目的，不以观赏造景为主要用途。唐宋开始，游历乡野或退隐田园的文人笔下就出现了以豆、瓜入景的田园诗篇，如"瓠叶萦篱长，藤花绕架悬"[唐代薛光谦《任阆中下乡检田登艾萧山北望》]、"白粉墙头红杏花，竹枪篱下种丝瓜"[北宋君瑞《春日田园杂兴》]、"阴阴径底忽抽叶，莫莫篱边豆结花"[北宋吕炎《田园词》]、"羡杀乌栖深树稳，豆花篱落雨声中"[宋末元初区仕衡《小园》]等。明清以后，诗人笔下逐渐形成了描写乡居生活的"豆架瓜棚"或"瓜架豆棚"的固定搭配，如"豆棚瓜架野人家"[明代钱继登《浣溪沙》]、"瓜棚豆架空寻遍"[明代许谷《风入松·癸亥端午》]、"江郊骋步野人居，豆架瓜棚暗草庐"[明末清初钱澄之《同陈昌箕杜苍略闲步因访星卿草堂待月归途有作》]、"豆架瓜棚三径在，黄鸡白酒千场足"[清代陈维崧《满江红·万脩承五十用吕居仁韵》]、"豆架瓜棚短竹篱，菊花更有两三枝"[清代田雯《秋日十首·其一》]、"豆棚与瓜蔓，点缀作村庄"[清代吴宝三《秋色》]，等等。这些诗人笔下把乡村普通的瓜棚豆架描绘得悠然自得、生动可爱，给"瓜棚豆架"平添几分闲适、隐逸的乡居田园生活情趣，尤其在夏日，田家一派"豆棚簇紫花，离离瓜满架"[清代杨季鸾《初夏过田家》]的美景，江村也有"豆架瓜棚取次成，江村入夏半阴晴"[明末清初钱陆灿《夏日闲居》]的凉阴。

除却乡居田园生活中少不了"瓜棚豆架"，宋代的寺院里就有了种瓜架豆的传统，既可满足寺院自足自给，亦可观赏、纳荫。宋代僧人释慧远就写诗描绘了寺中"葫芦棚上种冬瓜，两手扶犁水过膝"[宋代释慧远《偈颂一百零二首·其三十》]的耕作情景，明代林应亮亦有诗描绘寺庙种瓜架豆的情景："瓜圃盈朝蔓长，豆棚过雨花稀"[明代林应亮《寺中即景·其三》]，清代宋荦写诗描述北兰寺景致："豆棚连曲牖，竹径转虚堂"[清代宋荦《过北兰寺四首·其二》]等。

第三节　古代花木相关的民俗梳理

　　从古至今，植物与人的关系密不可分，上至宗教与礼制，下至生产和生活，植物都在人类社会中发挥着极为重要的作用，诸如物质层面上的栖身之所、建筑用材、生活薪炭、劳动工具、食物与药材、造纸与染料等，精神层面上的拜木为神、借木喻人、愿望寄托、环境美化等。与花木相关的民俗在植物文化这一大家族中占据一席之地，无论是神话传说、宗教活动还是市井生活、节庆习俗，花木从不缺席。在提倡传承中华优秀传统文化的今天，了解和理解这些花木民俗，对当前城市生态文明建设、环境保护、文化的传承发挥着不可或缺的作用。

一、社木文化

　　自古祭祀对象有三类，即天神、地祇、人神。天神称祀，地祇称祭，人神（即宗庙）称享；社祭即是对土地神的祭礼，然神灵无形不可见，不便寻找或直观感受，社祭之礼总要有崇拜的对象，先民便凭借实物作为神的代表或标志，于是有了实体的社神——社主，以此作为社神化身。先秦时期多用土、石、木作为社主，但并不是非得同时出现。以"木"作为社主，其形态由社丛、社树逐渐演变简化为树枝、木桩，可以将其统称为社木，即代表社神的树木。黄维华认为上古祭社以石或木来代表社主，且以木为社主多见[33]。杨琳认为"古时祭社的方式有树、木、石、土、尸，以社树居其首"。[34] 杨与黄有相同观点，即上古之时便有了立社树木的祭礼，视木为社神。《魏书》引《五经通义》云："社必树之以木""唯诚社、诚稷无树"[35]，可见古时除了前朝的诚社，有社必有社木。上古时期，先民基于"土生万物"的原始信念，产生了原始的土地崇拜和祀土仪式。社木是在祭祀土地神的礼制中逐渐发端并确立下来的，其滥觞在学界有三种观点：其一，认为社木是由"建木"演变而来的。《山海经》《吕氏春秋》《淮南子》中都有"建木"的记载，但后两个关于建木的描述均出于《山海经》。《山海经》有两处建木形象的描述，其中一处载："有木，其状如牛，引之有皮，若缨、黄蛇。其叶如罗，其实如栾，其木若蓲，其名曰建木"[36]；另载："有木，青叶紫茎，玄华黄实，百仞无枝，有九欘，下有九枸，其实如麻，其叶如芒。大皞爰过，黄帝所为。"[42] 两段对建木细节特征的描述可以看出"建木"非特指一种树木，亦不是一类树木的统称，可以推断《山海经》中所指的"建木"应该是某一地方被认为具有通天能力的一种高大乔木，因地方不同而树种不同。《吕氏春秋》和《淮南子》中都提到了建木可"连通天地"这一作用。有学者认为树木有通天功能的思想很可能来源于萨满时代的大树升天的宗教传统，大树借其沛然强盛的生命力而上下贯通天地之象征，促使其如同神山的宗教神迹，是巫者沟通天地的一项重要工具，亦是神祇上下天地的重要通路[37]。三星堆祭祀坑出土的青铜神树，学术界普遍认为就是沟通天地的神树，即汉文古籍中的"建木"[38]。此外，张光直认为殷商的"亚"形宗教礼制建筑之四角落的凹形方位，可能就是用来种植巨大树木，以作为登天之阶梯，若是，则可能就是后来"社树"的滥觞[37]。其二，认为社木源于土地崇拜，进而衍生出对树木的崇拜。土地与先民的生活息息相关，人们期盼丰收，但又缺乏对作物生长条件及气候规律的认知，因此把作物的收成归因于一种能够控制生长发育的神秘力量，认为土地有灵，随之产生了土地崇拜，认为土地如同母亲，出现了大量民族志材料中所说的"地母"神。土地神是最重要的原始崇拜物，有了土地神就要祭祀；土地广袤，总得有个代表的且固定的地方去举行祭祀仪式，于是"社"便产生了，这时还需要有个标志物让人去辨识。在以农为本的古代中国，以树木为地母神标识较为普遍，概因树木体型高大、形态最为庄严且寿命长，因此被认为是土地之中最具有生命力的象征而被崇拜和神化，树木即成为土地之上最为突出和久远的代表[39]。土地崇拜普遍存在于我国各民族历史当中，概观各民族土地崇拜，无一不与树木有联系。辽代契丹皇室祭祀天神地祇时，会在不同位置栽种不同数量的树木以象征君王、群臣和卫士[40]。仡佬族土地崇拜中的司冥平安之神的祭祀中就有拜竹王敬树神的仪式[41]。基诺族在祭地时种上三棵酸枣树，并在树身上刻上龙的图案，以此象征地神[42]。其三，认为以树木作为社主加以祭拜源于封疆之木。据人类学家考察，原始的土地边界多以天然林带分隔[43]，后来演化为以"树"为界。我国西周时期领地外围仍有栽种防护林带的习俗，大概是承袭原始社会氏族部落的沿境林或防卫林而来[44]。西周时帝王将土地和爵位赐予诸侯或臣子称为"封"，诸侯国在封地边界会开挖沟壑并种植树木作为国土疆界的标志。周代青铜《康矦丰鼎》铭文中的"封"字由似一棵树的符号和两只合围拢土的手的符号组成，象征用手给栽种的树拢土[45]，由封字的象形示意可以看出封疆与种植树木关系密切。封疆必有三事，即有封、有沟、有树。《周礼·夏官·掌固》曰："凡国都之境，有沟树之固，郊亦如之，所谓沟树。"西周共王时期《格伯殷》铭文中记载了格伯的领地就是以"封树"为界，西周厉王时代的《散氏盘》铭文中，也提到了以械树为边界的划分疆域的方法，其俗至战国犹存。无论是天然的防护林还是人工种植的封疆林木，这种以"树"为界作为划分国土或区域的思想和方法为"选树立社"或"置社立树"的社祭制度提供了重要参考。

如何选择代表社神的树木呢？《墨子·明鬼》曰："必择木之修茂者，立以为菆位"[46]，指明社木必选择"修茂者"，这属于社木形态特征上的选择条件，即"修"和"茂"。"修"，即长、高大的意思，这是指树的高度；"茂"即是繁茂、茂盛之意，这是指树的形态。"修茂者"可理解为"高而茂盛"的树木。此外，《周礼·地官司徒》曰："设其社稷之壝而树之田主，各以其野之所宜木"[47]，该段文字明确了社木选择应遵循"各以其野之所宜木"的原则，这属于社木生活习性方面的选择条件，即"野"和"宜"。"野"即郊野、郊外，这里指树木生长的自然环境，可以理解为城郊野外自然生长的树木；"宜"即适宜、合适，与"野"合在一起可以释义为本土适生的树木。此外，在《庄子·人间世》中也有对"社木"选种的间接描述[48]，即高大茂盛且果不可食、材不可用的树木才可能成为社中之树。需要指出的是，古时社的类型有很多，不同的社有不同的社木。关于社的类型，《礼记·祭法》中有详细记载[49]（图3.10）。《论语·八佾》载：
"夏后氏以松，殷人以柏，周人以栗"[50]，
说的即是夏、商、周时的王社所立社木。《墨
子·明鬼》云："燕之有祖，当齐之社稷，
宋之有桑林，楚之有云梦也"[51]，祖泽、社
稷、桑林分别是燕国、齐国、宋国的国社之
所。宋国以桑为社木是承袭商，商朝建立时

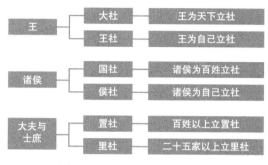

图 3.10　社的类型
（表格来源：参考《礼记·祭法》与《白虎通义》）

"汤乃以身祷于桑林"[52]，武王灭商殷"成汤之后于宋，以奉桑林"[52]。《尚书·逸篇》曰："大
社唯松，东社唯柏，南社唯梓，西社唯栗，北社唯槐"[53]，这是对西周时期大社和不同分
封诸侯的国社及其社木的记载。《史记·封禅书》载："高祖初起，祷丰枌榆社"[54]，这里的
"枌榆社"即是里社，榆树为社木。综上，由社木选择的条件及古代不同时期的社木种类可
见，适合本土生长的高大、茂盛的乔木是古时各国各地社木之首选。此外，社木在上古时
期是社丛的形态，即一片树林，如桑林。秦汉之后逐渐简化成社坛上或社坛旁的一株树，
到了后世，在一些民族地区，则简化成祭祀时临时栽立在祭坛周围的树枝或木桩。诸如德
昂族在祭祀地神时在地边树一根木桩作为土地神的象征。阿尔泰乌梁海人祭祀时会在敖包
上插一根桦树枝；云南巍山县彝族在祭地母神时也会在地上插上树枝作为土地神的象征[42]。
社木形象的简化反映了社木功能和地位的变化：从邦国神器到民俗标记[40]。

　　随着人类文明程度和科学水平的提高，树木在人们精神生活中的地位已不像古代那么
重要，但树木崇拜的遗风仍随处可见。中国民间至今还留存着诸如禁止砍伐古树、老树、
神庙之树、墓地之树等禁忌以及在许愿树上挂红布条等祈福的民俗，这些禁忌和民俗无不
流露着原始的社木文化的遗风，虽然今人已经鲜少了解社木文化，但几千年来的社祭礼制
及其衍生的民俗禁忌已经转化为一种文化基因融入了中国人的日常生活之中。至今寺观、
庙堂等场所广泛种植的松、柏之类的树木，从其祭祀、驱邪、象征永恒的意义中，仍依稀
可辨上古社木崇拜的踪迹[55]。此外，我国民间存在不少禁止砍伐社树、风水树等林木的宗
规乡约，一方面规范了村民的日常行为，另一方面以文化渗透的方式实现了对自然生态的

保护与管理^[56]。今人称故乡为桑梓之地，每一座城市都有自己的市树、市花，这些也是社木遗风的另一种表现。社木文化折射出中国古代不同地域、不同民族、不同时期人们对树木有着趋于一致态度，即：树木具有神性，人与树可以交流和沟通，从而达成某种诉求和愿望，是实现人与天地沟通、与心灵沟通的重要载体。在城镇化快速发展的几十年里，去旧建新思潮影响下的无数具有特色的乡村、民舍、山田、农地及地表风貌之物急遽消失，景观趋同化问题严重，但仍有一些地方的古树、社树、风水树等得以保留，很大程度上归因于传统的社木文化或树木文化已经深深植入我们民族的基因之中，由远古的崇拜和敬畏逐渐演变成对古树、老树的尊重并将其作为精神寄托之物。

二、柳文化

柳是中华传统乡土植物，分布广泛，常见于水堤岸，在诗歌、画卷中出现频率较其他花木而言更高。《诗经·采薇》："昔我往矣，杨柳依依；今我来思，雨雪霏霏"，可见春秋时期就出现了以柳表达离别之意，但此时还未有折柳送别的形式。折柳送别习俗应兴起于汉代长安一带。《三辅黄图·卷六·桥》云："霸桥在长安东，跨水作桥，汉人送客至此桥，折柳赠别。"唐代刘禹锡《杨柳枝词九首》中曰："长安陌上无穷树，唯有垂杨管别离。"两汉乐府诗中出现了"折杨柳"曲以及"折杨柳行"的歌词。魏晋南北朝时期的诗歌中亦不乏对送别场景的描述，且多与描写柳的景致有关，如"东风柳线长，送郎上河梁"[南朝梁范云《送别诗》]。亦有直接以"折杨柳行"为题的诗篇，如曹魏曹丕和南朝宋谢灵运各作《折杨柳行》，陈朝徐陵、张正见、岑之敬、江总以及南朝梁萧绎、刘邈等均作有《折杨柳》。从这些诗歌中可以看出魏晋南北朝时期柳树已经成为表达送别场景的主要意象物，但真正流行折柳送别应该是唐宋时期。唐宋诗词中对折柳送别的描述达到高潮，以"折杨柳"为主题的诗篇就有70余首，含有"折柳"一词的送别、赠别主题的诗篇近170首，因此该习俗可能繁盛于唐宋，直至明清依然有折柳送行的习俗。历史上，较为著名的还属长安一带的折柳送别习俗，历代许多诗人题写过长安一带尤其是灞桥折柳送别的场景，如南宋黄庚所作《折柳》："阳关一曲灞桥春，垂绿阴中别恨新"，明代陈荐夫《柳枝词》："长安多少堪栽

树，却种柔条引别离"，明末清初屈大均《西安别沈太史》："出关歌不已，折柳意凄然"，
清代王士禛亦有《灞桥寄内两首·其一》："长乐坡前雨似尘，少陵原上泪沾巾。灞桥两岸
千条柳，送尽东西渡水人"。从以上诗句可以看出长安灞桥一带形成的折柳送别习俗对古代
南北送别文化的影响。

　　历史上，与柳树最有渊源的唯东晋陶潜一人也，陶公宅旁有五柳，号五柳先生，后世
文人隐士竞相效仿，门前植柳习俗就与陶潜关系密切，后世描写田园隐居生活场景时也多
用"门前五柳"来烘托环境氛围。"渊明植五柳，万古清风传"[北宋韦骧《和礼部苏尚书稚桔》]，
五柳也被称作陶公柳、陶家柳等，如南朝梁费昶《赠徐郎诗》曰："纺绩江南，躬耕谷口。
庭中三径，门前五柳"；唐代王维在《慕容承携素馔见过》也以"五柳"表现闲居生活："纱
帽乌皮几，闲居懒赋诗。门看五柳识，年算六身知"；南宋辛弃疾也学陶公"便此地、结吾
庐，待学渊明，更手种、门前五柳"[南宋辛弃疾《洞仙歌·其二 访泉于奇师村得周氏泉为赋》]；元代
王冕的田园生活亦是一派"断桥分野色，曲径入柴门。五柳低藏屋，三家自作村"[元代王冕
《村居四首·其一》]的景致；明代多位诗人评价说"五柳绝风尘"[明代王立道《寿萧尹》]、"清风在
五柳"[明代李时行《感咏二十首·其三》]，这大概便是文人心中陶公柳象征隐士或田园生活的原因。

　　此外，古代还有捉柳花的"游戏"。柳树开花凋谢后结实，种子上自带棉絮状的白绒
毛，能随风舞动，状如飘雪。今人对柳絮并不喜爱，因其容易引起过敏、弄脏地面等，可
古人却认为柳絮飘落的情景十分浪漫，儿童们也追着柳絮扑来扑去地玩耍。唐代白居易诗
曰："谁能更学孩童戏，寻逐春风捉柳花"[唐代白居易《前有别杨柳枝绝句梦得继和云春尽絮飞留不得
随风好去落谁家又复戏答》]，南宋杨万里、赵葵均在各自诗中提到"闲看儿童捉柳花"[杨万里《闲
居初夏午睡起二绝句·其一》，赵葵《初夏·其二》]，后明代周晨以该句为主题创作《闲看儿童捉柳
花诗意图》，明代仇英也作《捉柳花图》，这些画面就生动描绘了儿童捉柳花的情形，从这
两幅幅图中可以看出，捉柳花其实是捉柳絮，古人将白色飘逸的柳絮称作柳花，并非真正
意义上的柳树的花。

三、花朝节与花神

　　花朝节是中国古代传统节日之一，是纪念百花生日的节日，也叫花神节。关于花朝节的来历，学界暂无定论，一说与花神女夷有关［载于《淮南子·天文训》］，如此花朝节风俗至少始于汉代，在魏晋南北朝的诗歌中也见有"花朝"一词，但不足以准确理解为"花朝节"的含义。一说是成书于春秋末期的《陶朱公书》（原书已亡佚）云："二月十二日为百花生日。无雨，百花熟"[57]，此文只记录了百花生日一说，但并无更多信息说明当时已有花朝节的习俗。还有一说，与唐朝一个叫崔玄微的处士有关，《酉阳杂俎》《博异记》以及《太平广记》都记载或转引了这一关于花朝节来历的传说，大概意思是唐代天宝中，一个隐居在洛东的处士叫崔玄微，因外出采草药一年未归，归来宅中花园已经野草满院。一个风清月朗的仲春之夜，崔玄微睡不着就起身来到花园独处，遇见若干身着不同颜色衣裳的绝色佳人前去迎接一个叫"封十八姨"的人，她们路过此地，请求在花园休息歇脚，不久封十八姨也来到崔园小聚，设宴饮酒畅谈，席间"封十八姨"不小心打翻酒杯，弄脏了一名叫石阿措的女子的衣服。阿措性格耿直，面露不悦且抱怨几句后拂衣离去。次日晚，阿措等女子一行又来崔园求处士帮助她们做一件事情，即"但求处士每岁岁日与作一朱幡，上图日月五星之文，于苑东立之，则免难矣。今岁已过，但请至此月二十一日平旦，微有东风，即立之，庶可免也"。玄微照做，不久后洛南一带狂风大作、花木折毁，只有崔园中花木完好无恙。玄微这才恍然大悟，原来那些女子均是花神，所得罪之人"封十八姨"即是风神……随后花神又来花园致谢处士，送他桃李花瓣数斗，并说服他服用这些花瓣，称可延年却老。后来，崔玄微果然很长寿，至元和初年仍旧活着［根据《酉阳杂俎·续集卷三·支诺皋下》转述］。这则传说中，花神所托处士帮忙做朱幡立于花园东以防被恶风所扰的做法，后来演变成花朝节中的"赏红"风俗，即将红丝带或红纸条等挂于花木枝条之上。这虽是神怪传说，但可从中看出古人"万物有灵"的世界观以及善良为本、终有好报的价值观。概因该传说在唐代的传播，花朝节已流行于长安、洛阳两京，后世广而传之。唐代花朝节定在农历二月十五，后世也会根据特定原因或南北气候不同，将花朝节会推迟或提前几日，例如宋代洛阳一带花朝节在二月初二［汪灏《广群芳谱天时谱》引《翰墨记》："洛阳风俗，以二月二日为花朝节"］，而汴梁地区的花朝节在二月十二 [南宋杨万里《诚斋诗话》："东京二月十二日花朝，为扑蝶会"]，江南地区则沿袭二月十五 [宋代吴自牧《梦粱录·卷一 二月望》："仲春十五日为花朝节，浙间风俗"] 的习俗。花朝节会有一系列民俗活动，如百姓踏青游春、赏红、扑蝶、挑菜等。直至清代，还有祭花神、赏红、游春等花朝节习俗，如清代袁枚诗曰："花朝时节祭花神，片片红罗缚树身" [清代袁枚《花朝日戏诸姬》]，永珹诗曰："扑蝶试看新扇影，饔蚕应傍旧桑条" [清代永珹《花朝》]，张景祁诗曰："嬉春女伴隔邻招，百花生日是今朝" [清代张景祁《浣溪沙》]。时至今日，广州、洛阳、杭州、武汉、郑州等地传承了花朝节这一传统节日，举办游春、祭花神、赏花、花卉展等活动，甚至很多人会身着汉服参加花朝节活动。花朝节虽带有神话色彩和宗教性质，但其内涵还是积极向上的，反映了人们尊敬自然、爱护花木、传承文化、热爱生活的积极态度。

中国古代的花神究竟是谁？这有很多种说法。其中一说是晋代女道士魏夫人的弟子"女夷"，因她擅长种花而被尊为花神 [明代冯应京《月令广义·岁令一》云："女夷为花神，乃魏夫人之弟子。花姑亦为花神"]。还有一种比较流行的是十二花神的说法，认为一年中的每个月都有一位花神，以每个月令的花为名，再选出一位历史上闻名且与此花有密切关系的人物附会在该月令花上即成为花神，既有女性花神，也有男性花神。比如，正月梅花当令，其花神为宋武帝之女寿阳公主；二月杏花当令，唐玄宗贵妃杨玉环为二月花神；三月桃花当令，春秋时期楚国息夫人为花神；四月花令一说是蔷薇，花神是汉武帝妃子丽娟，一说是牡丹（或芍药）当令，花神是李白；五月石榴花当令，花神是钟馗；六月荷花当令，花神是西施；七月黄蜀葵当令，花神是汉武帝李夫人；八月桂花当令，其花神一说是唐太宗贤妃徐惠，另一说是西晋巨富石崇的爱妾绿珠；九月菊花当令，男花神是陶渊明，女花神是晋武帝左贵妃；十月芙蓉花当令，男花神为北宋石曼卿，女花神为后蜀孟昶宠妃花蕊夫人（还有其他女花神的说法，暂不引）；十一月山茶花当令，其花神一说是唐代白居易，另一说是明代汤显祖；十二月蜡梅或水仙当令，蜡梅花神为北宋杨家将老令婆（佘太君），水仙花神为洛神[58]。关于花神的传说还有很多，不再列举。花神文化虽然只是美好的神话传说，是古人对花木的美好寓意和浪漫想象，但在赋予花木人物性格的同时，也将历史人物的故事代代相传，从某种程度上有利于保持人们对花木或自然的尊重和热爱。

四、传统节日里的花木民俗

（一）端午节之斗百草

也称斗草、斗花，端午节风俗之一。斗百草的起源，据文字资料可查应至少在南北朝时期就已经流行于南方地区了。五月春夏之交，草木旺盛，中医认为此时采集草药其药性充足，加之蚊虫滋生，需用草药预防和医治，于是民间就"竞采百药，谓百草以蠲除毒气，故世有斗草之戏"［宋代高承株《事物纪原》］。南朝梁宗懔作《荆楚岁时记》载："五月五日，谓之浴兰节，荆楚人并踏百草，又有斗百草之戏。"同时代的王筠在《五日望采拾诗》中曰："结芦同楚客，采艾异诗人。折花竞鲜彩，拭露染芳津。"这些都是对楚地五月五日踏百草、斗草习俗的描述。唐代刘𫗧《隋唐嘉话》云："唐中宗朝，安乐公主五日斗百草。"[59] 另唐代韩鄂《岁华纪丽》中亦有斗百草习俗的记载，这说明到了唐代南北方均有斗百草之戏。刘禹锡诗曰："若共吴王斗百草，不如应是欠西施"，这可能是诗人的想象，亦可能是早在春秋末期吴国就有斗百草习俗了。

斗百草有"武斗"和"文斗"两种形式，武斗流行于儿童，文斗流行于妇女。武斗即是用韧性较好的花草之茎或梗（古代多用车前草）交叉后用劲拉扯，游戏胜利的规则是谁的草茎或叶梗韧性好坚持到对方的断开即为胜。唐代白居易《观儿戏》所云："弄尘复斗草，尽日乐嬉嬉"，即是儿童的"武斗"。清代金廷标《群婴斗草图》中就描述了一群儿童在杨柳依依、百草丰茂的水边玩斗草游戏的场景，其中两名儿童的双手各执一根草茎与对方交叉，正在全神贯注用力地向后拽，似拔河较量力量，将"武斗"的具体玩法描绘得惟妙惟肖，这种儿童游戏至今在我国许多农村地区依旧留存。文斗是根据各自所采集的花草以对仗的形式报花名，谁采集的花草多且对仗水平高能坚持到最后方为胜者。李白的《清平乐·其一》所云："百草巧求花下斗，祇赌珠玑满斗"，即是妇女们的文斗。清代曹雪芹《红楼梦》第六十二回中对"文斗"有一段描写："大家采了些花草来兜着，坐在花草堆中斗草。这个说：'我有观音柳。'那个说：'我有罗汉松。'那个又说：'我有君子竹。'这个又说：'我有美人蕉。'这个又说：'我有星星翠。'那个说：'我有月月红。'这个又说：'我有《牡丹亭》上的牡丹花。'那个又说：'我有《琵琶记》里枇杷果。'……"

（二）春节之"年宵花""岁朝清供"

北方地区冬季寒冷不宜花木生长，但是皇家及贵族阶层却有赏花、用花的需求，汉唐时期就将温室技术用在了花卉生产上，人们利用温室技术培养出冬天亦能开花的花卉以供新年装饰厅堂，烘托节日氛围，时称此类花卉为"唐花"（"唐"古作"煻"），也称作"堂花"[60]。可见至少在汉代，就有了过年摆放花卉烘托节庆气氛的习俗。既然有需求，就有应运而生的花木市场。唐宋时期，广州广府地区出现买卖花卉的市场，明清时期逐渐形成了专门经营新年花卉的花街，直至清代中晚期，"年宵花"的概念应运而生，人们也将春节前夕为满足年宵花的市场称作年宵花市或除夕花市，人们在花市上赏花、买花的热闹情景就是"行花街"，在年关将至时逛花市、买鲜花、用花装饰厅堂成为过年的一项活动流传下来，至今广州广府地区依旧保留着"行花街"的年俗[61]。"行花街"的民俗现象和经久不衰的生机活力，昭示了花城人民热爱自然、拥抱自然的人文情怀，年宵花市承载着广州市民对新年的期盼。老广州也曾有一个说法："年廿九行花街，行过花街才过年"，"行花街"是为了沾点花香、捞点儿新年花香的喜气，希望来年能风调雨顺、幸福平安。逛花市是岭南一带的地方传统民俗文化现象，这是中华文人雅士赏花、爱花的一个缩影。

春节除了有年宵花与行花街习俗，还有一个与其关系密切的春节花木习俗，可以看成是前者的延续或不同呈现形式——岁朝清供。"岁朝"即是一年的开始，即春节；"清供"指陈列、摆放清雅器物。岁朝清供就是春节期间在室内案头摆放寓意美好、符合时宜的器物，不同时期摆放的器物有所不同。从宋代以来的"岁朝图"中可以看出，至少在宋代以后，岁朝清供就以花木、果实及盛放这些花木果实的器物为主，明清时期逐渐形成了特有的几种花木水果，诸如以瓶插时令花卉山茶、梅花、蜡梅为主，配以竹叶、松枝等。水仙以盆栽或钵体中水培为主，其周多摆放柿子、灵芝、枇杷、桃子，亦有盆景小松、盆栽兰花、盆栽牡丹、瓶插南天竹、瓶插月季或牡丹、瓶插白玉兰等（图 3.11）。

明陆治《岁朝图》　　清顾韶《岁朝图》　　清杨晋《岁朝图轴》　　清吴昌硕《岁朝清供图》

图 3.11　岁朝图中的花木、果实与器具

（三）其他节日中的花木民俗（表 3.4）

中华传统节日中的花木民俗　　　　　　　　　　　　　表 3.4

传统节日	时间	与花木有关的习俗	注释
端午节	农历五月初五	簪榴花、艾叶	端午节可谓是古人将应季的植物利用到极致的节日，五月盛开的石榴花、蜀葵花，盛叶期香气袭人的艾草、菖蒲，肥美可人的蒲蓬，还有箬竹叶、大蒜等，在端午节均有用处。南宋王镃《重午》曰："丝丝梅雨湿榴花，处处钗符袅鬓鸦。醉听画楼思远曲，艾枝簪满碧巾纱"，可以看出，南宋端午节女子头上簪榴花、艾枝已成惯例。明代黄佐《端午张黄门燕集分韵得细字》曰："芳醑清酤溢筵几，艾叶榴花满庭砌"，描述了端午宴席之后宾客所佩戴的艾叶、榴花遗落庭砌的场景，说明明代依旧延续端午簪榴花、艾叶的遗风。清代顾禄《清嘉录·五月·端五》："瓶供蜀葵、石榴、蒲蓬等物，妇女又簪艾叶、榴花，号为'端午景'"
观莲节	农历六月二十四	观莲花	观莲节之"莲"是指荷花，亦称荷花节，是庆祝荷花生日的节日，是源于江南地区的民俗，尤以吴地为盛，且这一民俗至少在宋代已经流行。宋人范成大撰《吴郡志》载："荷花荡在葑门之外。每年六月二十四日，游人最盛，画舫云集……"苏州城外的荷花荡成为六月赏花、避暑纳凉的好去处；除了苏州，宋代的杭州、南京、广州等地亦有荷花生日赏荷的习俗，不过在日期上略有差异：南京人以六月初四为荷花生日，人们将纸灯点燃置于荷塘之中庆祝荷花生日；广州泮塘一带认为六月二十日是"荷花诞"，乡人会在荷田头燃香祈福［参考刑湘臣论文《"荷花生日"三说》（发表于《农业考古》2003年第9期，第234-235页）］
中秋节	农历八月十五	赏桂花、闻桂香、饮桂酒	桂花自古寓意甚好，这株月宫之中的仙树，成就了"蟾宫折桂""桂子兰孙"等无数人间美好祝愿。八月中秋恰逢桂之花期，花开若满条金粟，花落如金沙满地，花香沁人心脾，桂花亦可食用。正是桂花自身的显着优势和美好寓意，使得它成为传统节日中最能代表美好幸福的中秋节的主角花木
重阳节	农历九月九	佩茱萸、饮菊花酒、赏菊花	有文献记载见于《西京杂记》"戚夫人侍儿言官中事"一篇载："九月九日，佩茱萸，食蓬饵，饮菊华酒"（引自东晋葛洪《西京杂记》）；佩茱萸指的是佩戴茱萸的红色果实，九月正值茱萸果实成熟的季节，果实气味芳烈，可入药。菊花亦是九月盛开期，赏菊花、饮菊花之俗晋代有之，南宋以菊花、茱萸果入酒，做成饮品，"以清阳九之厄"（出自宋代吴自牧着《梦粱录·九月》："今世人以菊花、茱萸浮于酒饮之，盖茱萸名'辟邪翁'，菊花为'延寿客'，故假此两物服之，以清阳九之厄。"）

第四节　传统花木种植文化之生态智慧梳理

　　"生态智慧"既是"一种关于生态和谐与平衡的哲学"[62]，也是与环境营建有关的"生态规划或设计"的理念[63]，生态智慧包括在哲学层面上形成的认识论和实践经验，知识层面上形成的方法论和认知总结，既具有理论性也具有实践性[64]。古代花木种植文化之生态智慧可以理解为：我国先民在认识和处理人与自然关系中通过不断的实践和探索中在对自然资源的保护和利用、人居环境建设活动以及造园种植理法与审美等方面所形成的朴素生态观、生态思想、生态审美以及与现代生态学相契合的相关方法和理论知识。

一、朴素的生态观（自然资源的保护与利用方面）

（一）万物一体、协调共生

　　先秦时代人们就意识到人与自然是统一的整体，即天、地、人是一个系统的、动态的有机整体，认为人是包含于自然之中，与其他生物具有同等的生存权利。出于对自然的敬畏，先民不断地调整自己的行为使之适应自然规律。例如在农事活动时都遵循月令，并从国家立法、制度层面分时限制农业生产、保护山林并对违法行为进行惩罚。《吕氏春秋》就逐月对农事活动、气候及环境保护等事宜做了详细规定，诸如"孟春之月：禁止伐木……仲春之月：无焚山林……孟夏之月：无伐大树……仲冬之月：山林薮泽……则伐林木，取竹箭"。先秦人们就已认识到林木与旱灾、水利的关系，用严厉的法令禁止滥砍滥伐现象。例如《左传·昭公十六年》载:"郑大旱,使屠击、祝款、竖柎有事于桑山。斩其木,不雨。子产曰:'有事于山,蓺山林也,而斩其木,其罪大矣。'夺之官邑"。周代设有林官"山虞"和"林衡","山虞"掌管森林保护法令的实施和行使处罚权,"林衡"负责巡视山林,保护森林。到了汉代,国家除了禁止滥伐森林外还十分重视植树。汉文帝多次下诏"劝农种树",汉景帝也下令各地劝告农民务农桑,"益种树"[65]。《淮南子·主术训》载:"以时种树……丘陵阪险不生五谷者,以树竹木。春伐枯槁,夏取果蓏,秋畜疏食,冬伐薪蒸,以为民资……不涸泽而渔,不焚林而猎",反映了汉代因时因地制宜、协调发展农林牧渔业的整体生态观。

（二）阴阳有道、因地制宜

道家的自然观强调万物分阴阳,阴阳既对立又互补统一,合于道的行动就是自发地采取与周围的环境相协调的行动[66]。我国先民早在春秋战国时期就认识到了植物生长与土壤、地势、光照、水位等环境因子的关系,并依其关系将植物分为阴、阳。《诗经》载:"山有枢,隰有榆……山有栲,隰有杻……山有漆,隰有栗……山有苞栎,隰有六駮……山有苞棣,隰有树檖……阪有漆,隰有栗……阪有桑,隰有杨",指出桑树、漆树、刺榆、梓榆、臭椿、棠棣等树喜阳耐旱,而白榆、榛栗、杨树、菩提等树则生长在阴湿低洼之地。《管子·地员篇》载:"凡草土之道,各有穀造。或高或下,各有草土……五粟之土,若在陵在山,在隙在衍,其阴其阳,尽宜桐柞,莫不秀长",指出不同地势、土壤、光照环境适合不同生态习性的树木生长。以上记述体现了先秦时期人们对植物生态习性的观察和认知,蕴含着丰富的生态智慧,可见先秦人们对植物生态习性的认知已达较高水平,许多知识与现代生态学、植物学理论相契合。

二、生态思想（人居环境的营造方面）

（一）风水林与社木文化

古人遇到无法解释的自然现象便产生了"万物有灵"的自然崇拜,其中植物崇拜也占一席之位。古人会选择树木茂盛之地修建宗庙、祭坛、寺观等,形成了"风水林"思想,认为"林木茂密"就是好的风水，以此作为寻找理想环境的条件。例如《墨子·明鬼》载："其始建国营都日，必择国之正坛，置以为宗庙；必择木之修茂者，立以为菆位"，如若天然条件不足，也会"积土成山，列树成林"[67]。"封禅"和"祭社"等场所的风水林所植树木称为"社树"或"社木"，被赋予神秘宗教色彩，成为祖先、宗族、故国、乡里等宗教意识的载体和区域乡土观念的象征[68]。不同邦国或历史时期所植社树也不尽相同，但大多选择适宜本土生长且寓意较好的树木，例如"夏后氏以松，殷人以柏，周人以栗"[69]、"大社唯松，东社唯柏，南社唯梓，西社唯栗，北社唯槐"[70]、"汤乃以身祷于桑林"[71]、"匠石之齐，至于曲辕，见栎社树"[72]、"高祖初起，祷丰枌榆社"[73]，这些都是关于社树的记述。

"营造风水林"是先民基于对自然的敬畏和向往而进行的有规划的种植活动，与建筑营造活动相辅相成，"选择社木"是一项国家层面上的重事、大事，在树种选择上充分体现了因地制宜、选树适地的生态思想。

（二）花木种植注重实用性与功能多样化

古代城市绿化一方面是营造宜居的环境，为居民提供必要的遮阴，另一方面，最重要的是为城市提供燃料、建材、食物以及城池防御等实用功能。春秋时期就很重视对建筑周边环境的绿化，且大多选择具有一定实用价值的树种。如《诗经·鄘风》所载，宫殿建成还须"树之榛栗，椅桐梓漆，爰伐琴瑟"，即是对"榛、栗、椅、桐、梓、漆"等具有实用价值树木的应用。前述《酉阳杂俎》之南夷种植"棘竹"用作城防，也是对棘竹耐火特性的利用，《岭表异录》中也有同样的记载[74]。汉唐时期洛阳城里种植槐、榆、桑、柳等植物，以供庇荫、城市燃料之用。古代对官道、驿道的绿化选种亦要考虑能为行人提供遮阴、充饥的树种。清代由于自然灾害频繁，生态环境恶化，清政府采取了一系列以种植树木为手段的生态修复和改善措施。如《大清会典事例》载"责以栽柳蓄草，密种菱荷蒲苇，为永远护岸之策"，"修举水利种植树木等事，原为利济民生"，"令民间于村头屋角、地亩四至，随宜广种……"例如陕西西乡县知县张廷槐令其百姓不仅不能开挖种田，而且还广植桐、漆等树[75]。又如陕西靖边知县丁锡奎在《劝民种树俚语》中说："庄前庄后，山涧沟坡，多栽些杨、柳、榆、杏各样树科……能吸云雨，能补地缺，能培风水，能兴村落。"[76]这些说明当时植树保林是有明确思想指导的。

三、生态审美（造景方面）

我国造园历史悠久，有文献记载的园林可以追溯至商周时代，但是明代以前极少有留存下来的古典园林和关于造园的理论著作。明清时期涌现出了许多关于造园的理论专著，对了解古代造园理法有着重要参考价值。

（一）花木配置与庭园尺度相得益彰

花木配置多根据庭园可种植的空间大小进行选择和搭配，面积较大的庭院，多选择梧桐、槐、榆作为遮阴树，即"梧阴匝地，槐荫当庭"[77]。其中，梧桐因其树形挺拔、寓意吉祥，常"宜种广庭中"；而槐和榆因其树冠浓密，"与肯堂肯构无别"而植于宅旁或"宜植门厅"[78]；面积较小的庭园空间，可种植芭蕉，即"幽斋但有隙地，即宜种蕉"[79]；也可利用攀缘藤蔓类花木形成棚、架等空间用以遮阴，即"蔷薇宜架，木香宜棚者"[79]。除了遮阴树，庭园中还配置观赏花木，"如园中地广，多植果木松篁；地隘只宜花草药圃"[80]。宽敞的庭园中多群植果木，例如"梨之韵，李之洁，宜闲庭旷圃"；面积狭小的庭院，宜孤植果木或栽种花草，如"榴之红，葵之灿，宜粉壁绿窗"，"海棠韵娇，宜雕墙峻宇……或凭栏或倚枕其中"等；此外，陈淏子提倡在狭小的园中种植药草、野花，即"虽药苗野卉皆可点缀姿容，以补园林之不足，使四时有不谢之花，方不愧名园二字，大为主人生色。"

（二）花木配置应与其生境相协调

古代造园虽提倡尽可能选择花木茂盛之地，但在城市中多不可求，所以尽量保留原有植被，尤其是保护好大树，再以栽种速生花木为主进行花木配置。例如，《园冶·自序》中记述了计成受托为吴又予造园，考察现场发现"其基形最高，而穷其源最深，乔木参天，虬枝拂地"，遂提出"此制不第宜掇石而高，且宜搜土而下，合乔木参差山腰，蟠根嵌石，宛若画意"的思路，完工后园主大赞。计成在建造此园时巧妙利用原有地形、植被，减少了造园资金和人力的投入，保护了原有树木和自然生态环境，这恰恰与当代"生态文明建设"不谋而合[81]。另，《园冶·相地》中提出的"摘景全留杂树"再次体现了计成保护原有

植被的生态设计思想[82]。此外,《园冶》还阐述了移栽速生花木和巧妙利用原有大树进行组
景的造园主张,如"新筑易乎开基,只可栽杨移竹;旧园妙于翻造,自然古木繁花","多年
树木,碍筑檐垣;让一步可以立根,斫数桠不妨封顶。斯谓雕栋飞楹构易,荫槐挺玉成难。
相地合宜,构园得体"。古人移植大树时还认识到"移树无时,莫令树知",提倡最好在树
木休眠期移植,同时也要了解树木生态习性,喜阳者宜种在阳光充足的地方,喜阴者可种
在较为庇荫的地方[83],这些认知与现代的植物学、生态学的相关理论较一致。

四、生态技术（花木栽培与养护方面）

（一）花木栽培技术及其生态原理

古代典籍中记录了许多花木的栽培方法,其中不乏与现代生态学一致的原理。例如
"带土栽培"在当代城市园林绿化、苗木培育及树木移植中应用广泛。《群芳谱·卷六十七》
中载:"栽松,春社前带土栽培,百株百活。合此时决天生理也。"此外,古代造园善于借助
天然的地形、地势,尽量在保持原貌的前提下结合功能或审美进行微地形改造,然后因地
制宜地选择适宜生境的花木进行配置,对于条件不良的生境则利用客土栽培、增加肥力等
方法改良土壤,给花木创造条件以适应其生长。如宋代《扬州芍药谱》载:"维扬大抵土壤
肥腻,于草木为宜。"《百菊集谱》载:"菊宜种园蔬内肥沃之地。如欲其净,则浇瓮舍肥粪,
而用河渠之泥。"[84]

又如"控制花期"技术。我国古人很早就掌握了"控制花期"的技术,目的是适应市
场需求或朝廷进御之需让花木提前或推迟花期。控制花期的关键是提供花木生长的适合温
度,通常是增加冬季温度。不同历史时期有不同的增温方法。秦汉时期就有了栽培蔬菜的
"天然"温室,后世称"种瓜坑谷",即骊山一带地势低洼且多温泉,冬季采用温泉地热栽
培蔬菜（如《汉书·儒林传》引卫宏撰《诏定古文官书序》:"乃密令冬种瓜于骊山坑谷中
温处"）,以此形成简易的温室环境而抗寒御冷,这应是温室栽培技术的雏形。汉代,温室
栽培蔬菜的技术基本成型,除了延续温泉地热保温的做法,还创造了以火加温的方法。诸
如《汉书·循吏传·召信臣传》就有皇家"太官园"冬天利用"覆以屋庑,昼夜燃蕴火,

待温气乃生"[85]的温室技术生产葱、韭、菜、茹供宫廷食用的记载。《盐铁论·散不足·第二十九》记载了当时的富户在冬天也可享用"冬葵温韭"[86]，所谓"温韭"即是温室栽培的韭菜。汉唐时期随着花木产业和市场的繁荣，温室技术应用到了花木栽培上[60]。唐宋依旧继承了温泉地热的方法，还在此基础上发展出了"浴室蒸汽熏蒸"（南宋范成大《梅谱》："冬初折未开枝，置浴室中，熏蒸令拆"）增温的方法，主要流行于宫廷催花。南宋周密著《齐东野语》中就有对"纸饰凿坎"温室做法的描述："以纸饰密室，凿地作坎，緾竹，置花其上，粪土以牛溲硫磺，尽培溉之法"。明代《五杂俎》中记录了"地窖"温室的做法："皆藏土窖中，四周以火逼之，故隆冬时即有牡丹花"，即将牡丹花藏在土窖，烧火增加环境温度，让原本在春末绽放的牡丹在隆冬时节盛开。到了清代，温室称作暖室，内有火炉烘之，如王士祯《居易录》载："诸花皆贮暖室，以火烘之"，另李斗《扬州画舫录》记载："养花人谓之花匠，莳养盆景……冬于暖室烘出芍药、牡丹，以备正月园亭之用"。这些温室、暖室的做法就是利用改变环境温度促进花芽分化的原理来实现对花期的控制。

古人通过长期观察和实践积累了丰富的种竹经验，其间不乏生态智慧。例如栽种时节方面，提出"种竹之法，要得天时，五六月间，旧笋已成，新根未行，此时可移"；江南地区五月中旬正值梅雨季节，植竹尤为适合，但并不意味着各地都要效仿，因竹子种类繁多，产区气候条件各异，种竹不必局限于五六月。《种树书》载："秋分后春分前皆可移竹木"，《齐民要术》和《花镜》中也提出了"八月初八可移竹"等。这些种竹的时节用现代植物学知识解释也是十分科学的，因为秋分后和春分前天气转冷，植物进入休眠状态或生长停滞，比较适宜移植。另外，古人还意识到竹子的根系有向上行鞭的习性，所以在栽植竹子时可采用"浅种厚壅"的方法，浅种即种植不宜太深，厚壅是指用厚厚的河泥或肥料堆培在竹子根部。此外，竹林容易遭受雪害，《种树书》和《群芳谱》认为，竹林中应混杂其他树木，可防竹林雪害。

（二）花木养护技术及其生态原理

利用生物方法对花木进行杀虫、防虫。《洛阳牡丹记·风俗记》载："种花必择善地，尽去旧土，以细土用白敛末一斤和之。盖牡丹根甜，多引虫食，白敛能杀虫，此种花之法也。"这种杀虫方法既能有效杀死牡丹根系的害虫,又不会对其产生物理损伤。此外,《分门琐碎录》载:"柑桔树为虫所食,取蚁窝于其上,则虫自去",《花镜》中也提到一种用"养殖专吃桔子昆虫的蚂蚁"的方法防治桔树虫害,这种以虫治虫的方法在当时也是较为创新的生态方法。

利用植物化感作用控制杂草。《梦溪笔谈》载:"江南后主患清暑阁前草生,徐锴令以桂屑布砖缝中,宿草尽死。谓《吕氏春秋》云'桂枝之下无杂木'。盖桂枝味辛螫故也。然桂之杀草木,自是其性,不为辛螫也。《雷公炮炙论》云:'以桂为丁,以钉木中,其木即死。'一丁至微,未必能螫大木,自其性相制耳。"可见,古人已经认识到植物之间相生相克的现象,利用肉桂与其他植物相克的原理去除杂草。

利用植物生活习性进行科学的整形修剪。关于如何修剪花木,陈淏子在《花镜》中指出:"凡树有沥水条,是枝向下垂者,当剪去之",这与现代城市园林养护中剪去下垂枝干以杜绝安全隐患做法一致。再如"有刺身条,是枝向里生者,当断去之",由于向内生长的枝条不仅易对主干造成伤害,而且自身也难以获取足够阳光,因此应该截断。又如"有骈枝条,两相交互者,当去一留一",有两个并行生长的枝条,由于会产生营养竞争,可能两者均长势不佳,所以应去一留一;另指出"有枯朽条,最能引蛀,当速去之。有冗杂条,最能逆花,当择细弱者去之"等。这些均是在对花木生活习性全面了解的前提下,提出的科学修剪整形的方法,今天看来依然受用。

五、小结

先秦人们对待花木的态度是视其为有生命且与人平等的甚至是高于人的生命存在(如社木),十分注重对自然资源的保护和植树造林,并从国家立法、制度层面对其进行规定和限制,体现了一种适度开发、可持续利用自然资源的生态观以及因地制宜、科学合理选种和主动改善人居环境的生态思想。这一时期在道家阴阳理论以及道法自然思想影响下,准确认识到了不同树木的属性及其生境特征,提倡遵循树木阴阳之性、地形地势之阴阳、土壤水分等条件进行种植,其科学性与今之植物学理论无异。秦汉以来,花木种植活动涉及范围更加宽泛和丰富，河堤加固、城池防护、官道绿化、宫殿营建以及造园无不与花木结缘，不仅传承了先秦"种植树木可营造良好人居环境"的观点，而且发展出"城市绿化应注重树木的实用性和功能多样化"的思想，使花木在城市中发挥诸多用途。这一时期人们对待花木的态度虽然偏向于利己主义，但并非完全的拿来主义（向自然索取），人工培育花木的技术不断进步，使得花木繁殖和苗木来源不再单一，从而减少了从山林或野外移植花木的现象，间接保护了自然资源。由于自然灾害及战乱频繁，后世自然环境不断恶化，尤其明清时期，政府不得不实施一系列以种植树木为手段的生态修复，可见自古以来人们对树木的重视。明清造园使花木种植也达到了前所未有的生态审美高度，不仅重视花木之间的科学搭配，更讲究花木与其周边环境相得益彰，重视原有植被和大树的保护和利用。此外，古人在花木养护方面也十分智慧，善于利用生物方法对花木进行杀虫、防虫，利用植物化感作用控制杂草以及利用植物生活习性进行科学的整形修剪等。

当前城市建设面临诸多生态环境问题，为追求经济利益而放弃生态价值的景观规划设计在当下屡见不鲜，尤其是城市景观与园林绿化方面，存在诸如景观趋同化、西化、形式化问题，绿化树种单一、本土植物消失、外来植物入侵、生境退化、水土流失等问题，以及大树移植、南树北移、滥修滥剪、养护成本高等问题。针对这些问题，有必要对我国古代花木种植文化进行研究和挖掘，从传统花木种植文化中汲取营养，传承先民的生态智慧，为今后我国城市生态文明建设服务。

附表

附表1 古文献资料中有关花木内容的梳理

先秦	
文献名	山海经
文献概述	被称为上古三大奇书之一，关于植物的记载是其主要内容之一，有学者统计，《山海经》中共记载了158种植物（亦有211种之说），涉及植物的分布、生态、特征及功用等方面。《山海经》是我国现存最早对植物进行形态描述和类型划分的古籍，不仅能够使今人了解古代各地植物物产及人们对植物资源的应用程度，还为后世逐渐形成的花木文化提供了最早的温床
涉及花木内容摘要	"南山经之首曰鹊山。其首曰招摇之山，临于西海之上。多桂，多金玉。"——《南山经》 "西南三百八十里，曰皋涂之山，……其阳多丹粟，其阴多银、黄金，其上多桂木。"——《西山经》 "有木，青叶紫茎，玄华黄实，名曰建木，百仞无枝"——《海内经》 "大荒之中，有衡石山、九阴山、洞野之山，上有赤树，青叶赤华，名曰若木"——《大荒北经》 "汤谷上有扶桑，十日所浴，在黑齿北"——《海外东经》 "有谷曰温源谷，汤谷，上有扶木，一日方至，一日方出，皆载于乌"——《大荒东经》
文献名	禹贡
文献概述	《尚书》中比较著名的一篇，中国古代文献中最古老和最有系统性地理观念的文献。该篇记述了虞舜时期九州的地理概况，囊括了各地山川、地形、土壤、物产等情况，其中有大量的植物资源的内容。例如当时兖州就栽种桑树养殖蚕，青州产松木，扬州竹林茂盛，荆州产椿木、栎木、桧木、柏木、楛木，禹州进贡漆、丝、葛布、麻，可见广泛种植有漆林、桑树以及盛产葛、麻；徐州产桐木以制作琴瑟等。《禹贡》中的这些记载，说明当时人们注重的是植物的实用价值，培植利用价值较高的树木以满足生产、生活及作为特产进贡之用
涉及花木内容摘要	"桑土既蚕，是降丘宅土"　　　　　　　　"岱畎丝、枲、铅、松、怪石"　　　　　　　　"峄阳孤桐" "筱簜既敷，厥草惟夭，厥木惟乔"　　　"杶、干、栝、柏，砺、砥、砮、丹惟菌簬、楛，三邦底贡厥名" "厥贡漆、枲，絺、纻，厥篚纤、纩，锡贡磬错"
文献名	周礼
文献概述	关于官职及其职责的描述十分详细，其中在大宰、封人、草人、大司徒、掌固、司险、朝士等职责描述中涉及种树、保护树木等内容。诸如《地官》中记载的大司徒、《秋官》中的封人就是掌管与封疆树木、社木有关的职位
涉及花木内容摘要	"辨其邦国、都鄙之数，制其畿疆而沟封之，设其社稷之壝，而树之田主，各以其野之所宜木"——《地官·司徒》 "封人掌设王之社壝。为畿，封而树之"——《秋官》 "朝士掌建邦外朝之法。左九棘，孤、卿、大夫位焉，群士在其后。右九棘，公侯、伯、子、男位焉，群吏在其后。面三槐，三公位焉，州长众庶在其后"——《秋官》 "掌固掌修城郭、沟池、树渠之固……凡国都之竟有沟树之固，郊亦如之"——《夏官》 "掌九州之图……设国之五沟、五涂，而树之林以为阻固，皆有守禁，而达其道路"——《夏官》
文献名	孟子
文献概述	先秦诸子百家作品中不乏与植物或花木直接或间接有关的故事、典故，折射出许多做人、修身、处事、治国之道理，也有若干与树木保护及环境营造相关的生态思想。《孟子》主要记录了孟子的治国思想和政治策略
涉及花木内容摘要	告子曰："性犹杞柳也，义犹桮棬也。以人性为仁义，犹以杞柳为桮棬。"孟子曰："子能顺杞柳之性而以为桮棬乎？将戕贼杞柳而后以为桮棬也？如将戕贼杞柳而以为桮棬，则亦将戕贼人以为仁义与？率天下之人而祸仁义者，必子之言夫"——《告子上》 孟子曰："拱把之桐、梓，人苟欲生之，皆知所以养之者。至于身，而不知所以养之者，岂爱身不若桐梓哉？弗思甚也"——《告子上》 "五亩之宅，树之以桑，五十者可以衣帛矣"——《梁惠王上》
文献名	庄子
文献概述	《庄子》善用植物寓言，形态虽异但寓意相同。《人间世》中有两则与树木有关的故事，均是为了通过树木的不成材却终享天年和虽形体不全却避免了许多灾祸的辩证思维来阐明庄子的"人皆知有用之用，而莫知无用之用"的处世哲学观。第一则是通过匠石和徒弟的对话评价曲辕社神栎树是"不材之木也，无所可用，故能若是之寿"，后来栎树托梦匠石为自己辩护，言柤、梨、橘、柚这类对人们有用的果木均遭到损毁，不得终年，而栎树就因为匠石眼中的"不材"而免于损毁砍伐，终成大树，被视为神树而"为予大用"。第二则故事中，用南伯子綦在商丘见到的一株不材之木的大树与宋国荆氏之楸、柏、桑的价值做对比，同样辨析了有用的树木多短命而无用之材的树木得以长久的道理

涉及花木内容摘要	"匠石之齐，至于曲辕，见栎社树。其大蔽牛，絜之百围，其高临山十仞而后有枝，其可以舟者旁十数。观者如市，匠伯不顾，遂行不辍。弟子厌观之，走及匠石，曰：'自吾执斧斤以随夫子，未尝见材如此其美也。先生不肯视，行不辍，何邪？'曰：'已矣，勿言之矣！散木也。以为舟则沉，以为棺椁则速腐，以为器则速毁，以为门户则液樠，以为柱则蠹，是不材之木也。无所可用，故能若是之寿。'"——《人间世》 "南伯子綦游乎商之丘，见大木焉……仰而视其细枝，则拳曲而不可以为栋梁；俯而视其大根，则轴解而不可以为棺椁；舐其叶，则口烂而为伤；嗅之，则使人狂醒三日而不已。子綦曰'此果不材之木也，以至于此其大也。嗟乎神人，以此不材。'宋有荆氏者，宜楸柏桑。其拱把而上者，求狙猴之杙斩之；三围四围，求高名之丽者斩之；七围八围，贵人富商之家求禅傍者斩之。故未终其天年而中道之夭于斧斤，此材之患也"——《人间世》 "南方有鸟，其名为鹓鶵，子知之乎？夫鹓鶵发于南海，而飞于北海；非梧桐不止，非练实不食，非醴泉不饮"——《秋水·惠子相梁》
文献名	**管子**
文献概述	《管子》中有多篇提到五谷、草木，涉及生产、生活、礼制、城防、土壤等诸多领域，其中提到种植桑麻、植树对维持生计、改善生活、富国强民的好处。当时国家鼓励农桑，严格规定了农田中不得种植林木与五谷争夺养分，房屋四周不得种植桑树以外的杂木以妨碍妇人经营桑蚕之事。还提到国家在祭坛种植社树的制度，以及古代都城建设时为了城防坚固和防洪需要，会在城墙上种植荆棘以加固城墙、在堤身上种植荆棘以及间植杨树以加固堤土的智慧做法。《地员篇》中更是将土壤、地形地势与五谷、树木的关系进行了大篇幅、有条理的叙述，足以见得古人将植物与土地的关系观察得细致、总结得到位
涉及花木内容摘要	"辟田畴，利坛宅。修树艺，劝士民，勉稼穑，修墙屋，此谓厚其生"——《五辅篇》 "行其山泽，观其桑麻，计其六畜之产，而贫富之国可知也"——《八观篇》 "一年之计，莫如树谷；十年之计，莫如树木；终身之计，莫如树人"——《权修篇》 "行田畴，田中有木者，谓之谷贼。官中四荣，树其必害女功"——《山国轨篇》 "华若落之名，祭之号也。是故天子之为国，图具其树物也"——《侈靡篇》 "树以荆棘，上相穑著者，所以为固也"——《度地篇》 "岁埤增之，树以荆棘，以固其地，杂之以柏杨，以备决水"——《度地篇》 "渎田悉徒，五种无不宜……其木宜蚖、蓄与杜、松，其草宜楚棘"——《地员篇》 "赤垆，历强肥，五种无不宜.其木宜赤棠"——《地员篇》 "黄唐，无宜也，唯宜黍秫也……其木宜橘、桑"——《地员篇》 "斥埴，宜大菽与麦……其木宜杞"——《地员篇》 "黑埴，宜稻麦……其木宜白棠"——《地员篇》 "五粟之土，若在陵在山，在隤在衍，其阴其阳，尽宜桐柞，莫不秀长。其榆其柳，其檿其桑，其柘其栎，其槐其杨"——《地员篇》 "五沃之土，若在丘在山，在陵在冈，若在陬，陵之阳，其左其右，宜彼群木，桐、柞、枎、櫄，及彼白梓。其梅其杏，其桃其李，其秀生茎起，其棘其棠，其槐其杨，其榆其桑，其札其枌"——《地员篇》 "五位之土，若在冈在陵，在隤在衍，在丘在山，皆宜竹、箭、求、黾、楮、檀。其山之浅，有芫与斥。群木安逐，条长数大：其桑其松，其杞其茸，种木胥容，榆、桃、柳、楝"——《地员篇》

秦汉	
文献名	**三辅黄图**
文献概述	记录秦汉时期都城咸阳、长安一带的地理书籍。涉及秦汉三辅（京兆尹、左冯翊、右扶风）的城池、宫观、陵庙、明堂、辟雍、郊畤及周代遗迹等方面内容，其中不乏与城市绿化、宫苑园林等相关的记录。另外，还有对一些奇花异木的专门记述，如影木、芸苗、低光荷等
涉及花木内容摘要	"《汉书·贾山传》曰：'秦为驰道于天下，东穷燕齐，南极吴楚，江湖之上，滨海之观毕至。道广五十三丈而树，厚筑其外，隐以金椎，树以青松。'"——《卷一·秦宫》 "父老传云，尽凿龙首山土为城，水泉深二十余丈。树宜槐与榆，松怕茂盛焉。城下有池，周绕广三丈，深二丈，石桥各六丈，与街相直"——《卷一·汉长安故城》 "今谓玉树，根千盘峙，三二百年物也"——《卷二·汉宫》 "汉武帝元鼎六年，破南越起扶荔宫，宫以荔枝得名，以植所得奇草异木：菖蒲百本；山姜十本；甘蕉十二本；留求子十本；桂百本；蜜香、指甲花百本；龙眼、荔枝、槟榔、橄榄、千岁子、甘橘皆百余本。上木，南北异宜，岁时多枯瘁"——《卷三·扶荔宫》 "上林苑方三百里，苑中养百兽，天子秋冬射猎之……帝初修上林苑，群臣远方，各献名果异卉三千余种植其中，亦有制为美名，以标奇异"——《卷四·苑囿》 "瀛洲，一名魂洲。有树名影木，月中视之列星，万岁一实，食之轻骨。上有枝叶如华盖，仙人以避风雨。……有草名芸苗，状如菖蒲，食叶则醉，食根则醒。有鸟如凤，身钳翼丹，名曰藏珠"——《卷四·苑囿》 "琳池，……池中植分枝荷，一茎四叶，状如骈盖，日照则叶低荫根茎：若葵之卫足，名曰低光荷。实如玄珠，可以饰佩，花叶虽萎，芬馥之气彻十余里，食之令人口气常香，益脉治病，宫人贵之，每游燕出入，必皆含嚼，或剪以为衣"——《卷四·苑囿》
文献名	**淮南子**
文献概述	相传由西汉淮南王刘安及其门客所编写，是一部哲学著作，"纪刚道德，经纬人事"是《淮南子》的根本宗旨，用新道家的思想规划、治理人间事务，为治国安邦提供理论依据，其中不乏一些与植物生态习性、耕作规律有关的内容，反映了汉代因时因地制宜、尊重客观规律，协调发展农林牧渔业的整体生态观。一些对植物生长习性的描述准确指出了植物生长与生境条件的关系。《地形训》中记述了各地特产草木之名，如会稽产竹箭，泰山产五谷桑麻，还记述了三大神木阳光之扶木、都广之建木、西方之若木。《时则训》中记述了不同月令及其代表之树，这些都是对物候观察的总结

涉及花木内容摘要	"以时种树……丘陵阪险不生五谷者，以树竹木。春伐枯槁，夏取果蓏，秋畜疏食，冬伐薪蒸，以为民资……不涸泽而渔，不焚林而猎"——《主术训》 "今夫徙树者，失其阴阳之性，则莫不枯槁。故橘树之江北，则化而为枳"——《原道训》 "千年之松，下有茯苓，上有兔丝，上有丛蓍，下有伏龟"——《说山训》 "正月，官司空，其树杨。二月，官仓，其树杏。三月，官乡，其树李。四月，官田，其树桃。六月，官少内，其树梓。七月，官库，其树楝。八月，官尉，其树柘。九月，官候，其树槐。十月，官司马，其树檀。十一月，官都尉，其树枣。十二月，官狱，其树栎"——《时则训》 "夏后氏：其社用松……殷人之礼，其社用石，祀门，葬树松……周人之礼，其社用栗，祀灶，葬树柏"——《齐俗训》
文献名	西京杂记
文献概述	一部杂抄西汉故事和逸闻轶事的荟辑之书，包括天文地理、典制礼仪、宫室苑囿、草木虫鱼、珍奇异宝、民俗民情以及科技常识、诗赋辞曲等，堪称一部奇书
涉及花木内容摘要	"乐游苑自生玫瑰树，树下有苜蓿。苜蓿一名怀风，时人或谓之光风。风在其间常萧萧然，日照其花有光采，故名苜蓿为怀风。茂陵人谓之连枝草"——《卷一·乐游苑》 "太液池边皆是雕胡紫萚绿节之类。菰之有米者，长安人谓之雕胡。葭芦之未解叶者，谓之紫萚。菰之有首者，谓之绿节"——《卷一·太液池》 "终南山多离合草，叶似江蓠而红绿相杂，茎皆紫色，气如罗勒。有树直上，百丈无枝，上结藂条如车盖，叶一青一赤，望之斑驳如锦绣，长安谓之丹青树，亦云华盖树。亦生熊耳山"——《卷一·终南山草树》 "积草池中有珊瑚树，高一丈二尺，一本三柯，上有四百六十二条。是南越王赵佗所献，号为烽火树"——《卷一·珊瑚高丈二》 "五柞宫有五柞树，皆连三抱，上枝荫覆数十亩。其宫西有青梧观，观前有三梧桐树"——《卷三·五柞宫石骐驎》 "杜子夏葬长安北四里……墓前种松柏树五株，至今茂盛"——《卷三·生作葬文》
文献名	氾胜之书
文献概述	是西汉晚期一部重要的农业著作，记载了两千多年黄河中游地区耕作原则、作物栽培技术和种子选育等农业生产知识，反映了当时劳动人民的伟大创造。该书虽然在观赏花木方面未直接涉及，但其中一些经济作物的种植和栽培方法极具智慧。如瓠的种植栽培方法中提到了嫁接技术，以及让瓠果不继续长大了而使果皮变得厚实的方法。还提到瓠果的多种用途，如果壳用来制作瓢，果肉可以喂猪，种子可以制油照明。另外，在《种桑》一条说，将黍和桑混播种，不但可以充分利用土地，还可以防止桑苗地杂草的生长，这就可以看出古人很早就发现了作物间种互生的作用。还记述了一些与花木物候有关的农业种植方面的知识
涉及花木内容摘要	"杏始华荣，辄耕轻土弱土。望杏花落，复耕"——《耕田》 "种禾无期，因地为时。三月榆荚时雨，高地强土可种禾"——《禾》 "须麦生复锄之。到榆荚时，注雨止，候土白背复锄。如此则收必倍"——《麦》 "三月榆荚时有雨，高田可种大豆"——《大豆》 "椹黑时，注雨种，亩五升"——《小豆》

魏晋南北朝

文献名	齐民要术
文献概述	是一部成书于北魏的综合性农书，记述了黄河流域下游地区的农业生产情况，涉及农艺、园艺、造林、蚕桑、畜牧、兽医、配种、酿造、烹饪、储备以及治荒的方法等农林牧渔各个方面。《齐民要术》卷四、卷五记录了关于园篱、栽树等约34种植物，诸如果木、竹子、桑、杨、榆等应用于生产、生活的果木花草的栽培技术。诸如"栽树篇"总结了栽树移树的要点，更是体现古人善于观赏自然、尊重自然规律的智慧，例如移栽树木时要分清树木的阴阳面，大树要去树冠，小树可以保留树冠
涉及花木内容摘要	"凡作园篱法，于墙基之所，方整深耕。凡耕，作三垄，中间相去各二尺。秋上酸枣熟时，收，于垄中种之。……劚讫，即编为巴篱，随宜夹缚，务使舒缓。急则不得长故也。又至明年春，更劚其末，又复编之，高七尺便足。欲高作者，亦任人意。非直奸人惭笑而返，狐狼亦自息望而回。行人见者，莫不嗟叹，不觉白日西移，遂忘前途尚远，盘桓瞻瞩，久而不能去。枳棘之篱，'折柳樊圃'，斯其义也"——《园篱篇》 "其种柳作之者，一尺一树，初即斜插，插时即编。其种榆荚者，一同酸枣。如其栽榆，与柳斜植，高共人等，然后之。数年成长，共相蹙迫，交柯错弁，特似房笼"——《园篱篇》 "凡栽一切树木，欲记其阴阳，不令转易。阴阳易位则难生。小小栽者，不烦记也。大树髡之，不髡，风摇则死。小则不髡"——《栽树篇》 "移植于厅斋之前，华净妍雅，极为可爱"——《青桐》 "榆性扇地，其阴下五谷不植。种者，宜于园地北畔"——《种榆白杨》
文献名	南方草木状
文献概述	西晋嵇含撰写的一部关于岭南地区（部分海外植物，如扶南、大秦诸国）草、木、果类植物的专著，是我国现存最早的植物志。全书三卷，收载草类29种、木类28种、果类17种、竹类6种，共80种。其中有芳香植物，如耶悉茗（素馨花）、末利（茉莉）、指甲花等，三者花皆为白色，有香气。还描述了一些有观赏价值的植物，如朱槿、榕、桂等

涉及花木 内容摘要	"皆胡人自西国移植于南海。南人怜其芳香，竞植之"——《耶悉茗花、末利花》 "今华林园有柑二株，遇结实，上命群臣宴饮于旁，摘而分赐焉"——《柑及橘之属》 "叶光而厚，树高出四五尺，而枝叶婆娑……一丛之上，日开数百朵，朝开暮落，插枝即活"——《朱槿》 "其荫十亩，故人以为息焉。而又枝条既繁，叶又茂细，软条如藤垂下，渐渐及地"——《榕》 "冬夏常青，其类自为林，间无杂树。交趾置桂园"——《桂》
文献名	魏王花木志
文献概述	后魏元欣所撰，记载了思维树、紫菜、木莲、山茶、溪荪、朱瑾、莼根、孟娘菜、牡桂、黄辛夷、紫藤花、郁树、卢橘、楮子、石南、茶叶等 16 种植物的名称、形态或产地、用途
涉及花木 内容摘要	"卫公平泉庄，有黄辛夷，紫丁香"——《黄辛夷》 "吴苑生"——《紫藤花》

隋唐

文献名	平泉山居草木记
文献概述	唐代名相李德裕记录自己私园花草树木的杂录。"平泉山居"是李德裕在洛阳城外经营的一处私家园林
涉及花木 内容摘要	"木之奇者有：天台之金松、琪树，稽山之海棠、榧、桧，剡溪之红桂、厚朴，海峤之香柽、木兰，天目之青神、凤集，钟山之月桂、青飔、杨梅，曲阿之山桂、温树，金陵之珠柏、栾荆、杜鹃，茅山之山桃、侧柏、南独，宜春之柳柏、红豆、山樱，蓝田之栗、梨、龙柏。其水物之美者：白苹洲之重台莲，芙蓉湖之白莲，茅山东溪之芳荪。……又得南禺之山茶、宛陵之紫丁香，会稽之百叶木芙蓉、百叶蔷薇，永嘉之紫桂、簇蝶，天台之海石楠，桂林之俱那卫"
文献名	酉阳杂俎
文献概述	唐代段成式创作的笔记小说集，记有仙佛鬼怪、人事以至动物、植物、酒食、寺庙等，分类编录，一部分内容属志怪传奇类，另一些记载各地与异域的珍异之物。记录的植物的名字、用途及与植物有关的趣闻怪事对研究当时的植物种类及文化有一定的参考价值
涉及花木 内容摘要	"松，今言两粒、五粒，粒当言鬣。成式修竹里私第，大堂前有五鬣松两根，大财如碗"——《广动植物类》 "京西持国寺，寺前有槐树数株，金监买一株，令所使巧工解之"——《广动植物类》 "柿，俗谓柿树有七绝，一寿，二多阴，三无鸟巢，四无虫，五霜叶可玩，六嘉实，七落叶肥大"——《广动植物类》 "仙人枣，晋时大仓南有翟泉，泉西有华林园，园有仙人枣，长五寸，核细如针"——《广动植物类》 "杜陵田五十亩，中有蒲萄百树。今在京兆，非直止禁林也"——《广动植物类》 "兴唐寺有牡丹一窠，元和中着花一千二百朵。其色有正晕、倒晕、浅红、浅紫、深紫、黄白檀等，独无深红。又有花叶中无抹心者。重台花者，其花面径七八寸。兴善寺素师院牡丹，色绝佳"——《广动植物类》 "东都尊贤坊田令宅，中门内有紫牡丹成树，发花千朵"——《支诺皋》 "靖善坊大兴善寺，……不空三藏塔前多老松……东廊之南素和尚院，庭有青桐四株，素之手植"——《寺塔记》 "招国坊崇济寺，……曼殊堂有松数株，甚奇"——《寺塔记》 "慈恩寺，寺本净觉故伽监，……寺中柿树、白牡丹是法力上人手植。……又殿庭大莎罗树，大历中，安西所进"——《寺塔记》
文献名	唐国史补
文献概述	唐代李肇所著的一部历史笔记，记载了唐代开元至长庆之间一百年的遗闻琐事，涉及当时的社会风气、朝野轶事及典章制度等。虽然没有专门记录唐代花木相关事宜，但一些轶事记录中间接反映了唐代的一些花木文化。例如其一，关于渭南县尉张造砍伐两京官道驿槐造车的故事；其二，关于唐代长安一带推崇牡丹花的故事；其三，关于南方一带的奇花异草的记载，如蚊子树、罗浮山的甘子、苏州的"伤荷藕"
涉及花木 内容摘要	"贞元中，度支欲收取两京道中槐树造车，更栽小树。先符牒渭南县尉张造，造批其牒曰：'近奉文牒，令伐官槐，若欲造车，岂无良木恭惟此树，其来久远。东西列植，南北成行。辉映秦中，光临关外。不惟用资行者，抑亦曾荫学徒。拔本塞源，虽有一时之利；深根固蒂，须存百代之规。况神尧入关，先驻此树；玄宗幸岳，见立丰碑。山川宛然，原野未改。且召伯所憩，尚自保全；先皇旦游，宁宜翦伐思人爱树，《诗》有薄言；运斧操斤，情所未忍。付司具状。'牒上，度支使仍具奏闻，遂罢。造寻入台"——《卷上》 "京城贵游尚牡丹，三十余年矣。每春暮，车马若狂，以不耽玩为耻。执金吾铺官围外，寺观种以求利，一本有直数万者。元和末，韩令始至长安，居第有之，遽命斸去，曰：'吾岂效儿女子耶！'"——《卷中》 "南中又有蚊子树，实类楷把，熟则自裂，蚊尽出而空壳矣。……罗浮甘子，开元中方有，山僧种于南楼寺，其后常资进贡。幸蜀奉天之岁，皆不结实。……苏州进藕，其最上者名曰："伤荷藕"，……近多重台荷花，花上复生一花，藕乃实中，亦异也。有生花异，而其藕不变者"——《卷下》
文献名	北户录
文献概述	唐代段公路所著关于岭南的风土录，共三卷。第三卷记录了 19 种果木及花草的具体形态、特性及用途。其中有美味的岭南水果树，如无核荔枝、变柑、白杨梅；还有坚果类植物，如橄榄子、山胡桃、扁核桃等；还有可制作坐具的五色藤、可用于书写造纸的笺香树、可做木底鞋的枹木、可做手杖的方竹、可制作胭脂的山花、可做面靥的鹤子草、可做酒筹的越王竹等

涉及花木内容摘要	"罗州多笺香树，身如柜柳，皮堪捣纸，土人号为'香皮纸'"——《香皮纸》 "枹木产水中，叶细如桧，其身坚类柏，惟根软，不胜刀锯，今潮州多刳之为屦"——《枹木屦》 "澄州产方竹，体如削成，劲挺堪为杖，亦不让张骞筇竹杖也"——《方竹杖》 "山花丛生，端州山崦间多有之。其叶类蓝，其花似蓼，正月开花，土人采含苞者卖之，用为燕脂粉"——《山花燕脂》 "鹤子草，蔓花也。当夏开，南人云是媚草……采之曝干，以代面靥，形如飞鹤状，翘羽嘴距无不毕备，亦草之奇者"——《鹤子草》 "严州产越王竹，根于石上，状若荻枝，高尺余，土人用代酒筹"——《越王竹》
文献名	种树郭橐驼传
文献概述	唐代柳宗元所撰，记述了唐代长安一带一位种树能手郭橐驼的种树事迹。文中阐述了种树种得好的关键在于尊重树木本来的习性，即"顺木之天以致其性"，种树的具体要领是"其本欲舒，其培欲平，其土欲故，其筑欲密"。作者是借郭橐驼种树之道来喻为官治民之道。
涉及花木内容摘要	"凡植木之性，其本欲舒，其培欲平，其土欲故，其筑欲密。既然已，勿动勿虑，去不复顾。其莳也若子，其置也若弃，则其天者全而其性得矣。故吾不害其长而已，非有能硕茂之也；不抑耗其实而已，非有能早而蕃之也。他植者则不然，根拳而土易，其培之也，若不过焉则不及。苟有能反是者，则又爱之太恩，忧之太勤，旦视而暮抚，已去而复顾，甚者爪其肤以验其生枯，摇其本以观其疏密，而木之性日以离矣。虽曰爱之，其实害之；虽曰忧之，其实仇之"
文献名	四时纂要
文献概述	唐代韩鄂所撰的一部农书，以时令为纲，记录有关农业的生产、生活项目，其中涉及一些树木的种植方法。比如正月的农事活动记载了嫁树法、接树、栽树、种桑、移桑、种梓、种竹、种柳、松柏杂木、种榆、种白杨林法；二月记载了种栗法、种桐、移楸、种栋、种红花、种百合、园篱等；这些内容虽然很少谈及花木在观赏价值方面的应用，但可以反映出一些传统花木诸如桑、柳、竹、柏、桐、楸、榆、杨、桃、李、梅、杏等种植的普遍性和人们在生活中对这些花木的依赖。《四时纂要》中也引入了不少南方农业生产的内容，诸如"种茶""收茶子"等，可以看成是中国农学史中的一个转折点，具有一定的史学价值。中唐以后是中国经济重心由北向南的转移时期，《四时纂要》对于研究转折时期的社会经济史和农业技术史有着重要的参考价值
涉及花木内容摘要	"种竹。宜高平处，取西南引根者去梢叶，院中东北角栽种之。坑深二尺许，作稀泥于坑中，即下竹栽，以土覆之，杵筑定，勿将脚踏，踏则笋不生。土厚五寸，竹忌手把，及洗手面脂水浇著，即枯死。竹性好西南，故于东北种之"——《春令卷·正月》 "种榆。榆性好阴地，其下不植五谷，种者宜于园北背阴之处"——《春令卷·正月》 "种园篱。凡作篱于地畔，方整深耕三垄，中间相去各三尺，刺榆荚垄中。种之二年后，高三尺，间斫去恶者，一尺留一根，令稀稠匀"——《春令卷·二月》

两宋

文献名	离骚草木疏
文献概述	宋代吴仁杰所撰的一部专门考释屈原作品中草木的著作，共四卷，考释55种草木。前两卷选取屈原作品中出现的草木芳草类植物，共计34种。第四卷都是"恶草"，有薋、菉、葹、艾、茅、萧、葛、藊、茅、橵、蒫等11种。正文每考释一种草木，先引屈子之原文，次引王逸《楚辞章句》、洪兴祖《楚辞补注》等各家之言，次加"仁杰按"，援引《山海经》、《神农本草》陶隐居注、陈藏器注、《尔雅》郭璞注、《广雅》、《蜀本图经》、《嘉佑图经》、《淮南子》、《集韵》、《搜神记》及唐宋名人笔记等作为依据来阐发己见，考辨《离骚》等作品中草木的名实
文献名	梦溪笔谈
文献概述	北宋沈括撰写的一部涉及古代中国自然科学、工艺技术及社会历史现象的综合性笔记体著作。虽然书中并没有直接记录花木的篇节，但一些关于花木的文化、辨识、特征等记录却散布全书很多地方，从中亦可以看出沈括的辩证思想、科学精神和宋代城市的花木种植与配置情况。诸如卷十五中有对枣与棘形态区别上的详细描述。卷二十五中有关于地名与其所生植物的辨析，间接反映了地方植物与本土文化的关系。卷二十二中对人们将竹与箭两种竹类植物误认为是一种进行了纠正，可见古人对植物分类的科学认知。此外，还在《补笔谈·辨证》中对梓榆之名进行了讨论和辨证，南人称作"朴"，齐鲁间人谓之"驳马"。《补笔谈·药议》中记录了多种植物，多从药用价值讲述植物的特征、习性和用途，但个别植物介绍了它们的观赏用途，诸如红桂树、紫荆、黄镬、棠棣等
涉及花木内容摘要	"学士院第三厅学士阁子，当前有一巨槐，素号'槐厅'。旧传居此阁者多至入相。学士争槐厅，至有抵彻前人行李而强据之者。余为学士时，目观此事"——《卷一·故事一》 "唐贞观中，敕下度支求杜若，省郎乃谢朓诗云'芳洲采杜若'，乃责坊州贡之。当时以为嗤笑。至如唐故事，中书省中植紫薇花，何异坊州贡杜若，然历世循之，不以为非。至今含人院紫薇阁前植紫薇花，用唐故事也"——《卷三·辨证一》 "枣与棘相类，皆有刺。枣独生，高而少横枝；棘列生，卑而成林，以此为别。其文，皆从朿，音'刺'，木芒'刺'也。朿而相戴立者，枣也；朿而相比横生者，棘也。不识二物者，观文可辨"——《卷十五·艺文二》 "余使虏至古契丹界，大莉芟如车盖，中国无此大者。其地名莉，恐因此也。如扬州宜杨，荆州宜荆之类。'荆'或为'楚'，'楚'亦'荆'木之别名也"——《卷二十五·杂志二》

涉及花木内容摘要	"东南之美，有会稽之竹箭。竹为竹，箭为箭，盖二物也。今采箭以为矢，而通谓矢为"箭"者，因其材名之也。至于用木为笴，而谓之'箭'，则谬矣"——《卷二十二·谬误》 "龙门敬善寺有红桂树，独秀伊川，移植郊园，众芳色沮"——《补笔谈·药议》 "紫荆稍大，圆叶，实如樗荚，著树连冬不脱。人家园亭（庭）多种之"——《补笔谈·药议》 "'紫藤花'者是也。……古今皆种以为亭槛之饰"——《补笔谈·药议》 "今小木中却有棣棠，叶似棣，黄花绿茎而无实，人家亭槛中多种之"——《补笔谈·药议》
文献名	全芳备祖
文献概述	宋代陈景沂所辑撰的一部植物学类书。该书著录了307种植物，备述其起源、特征、形态、性味、分布、用途、演变以及历史典故、风俗传说，后又有增补、修正，有关诗词文赋，力求齐备，编为一帙，开古代以植物为对象的类书之先河。其中，前集为花部，著录花卉植物128种（附录10种），如梅花、牡丹、芍药、红梅、蜡梅、琼花、玉蕊、海棠、桃花、李花、林檎、梨花、杏花、荷花、菊花、岩桂、葵花、黄葵、葵菜、一丈红、蓼花、芦花等。后集为果部、卉部、草部、木部、农桑部、蔬部、药部，共著录183种（附录38种）植物，其中卉部有草、芝草、虞美人草、菖蒲、苔藓、萍、荇、菰、蒲、芦；草部有芭蕉、木棉、薜荔、藤萝、蓝、茅、蓬、莎；木部有松、柏、杉、槐、椿、竹、杨柳、枫、榕、楸、榆、桐、豫章、石楠等。从书中所列的花木中可以捕捉到一些有关苑圃、庭园与花木配置方面的信息
涉及花木内容摘要	"南唐苑中有红罗亭，四面专植红梅"——《前集卷六·玉蕊花》 "长安安业坊唐昌观旧有玉蕊花"——《前集卷六·玉蕊花》 "唐制中书舍人知制诰姚崇为紫薇令，开元改紫薇舍人，又曰紫薇省。虚白台前有紫薇两株，俗云乐天所种也"——《前集卷十六·紫薇花》 "张抟为苏州刺史，植木兰花于堂前……"——《前集卷十九·木兰花》 "晋武乾阳前樱桃二株，含章殿前一株，华林园二百七十株"——《前集卷二十四·樱桃花》 "孔氏曰谖训忘，非草名，背北堂也"——《前集卷二十六·萱草花》 "青龙寺乏纸取柿叶书之"——《后集卷七·柿》 "明帝永平间芝草生殿前，汉武帝甘泉宫生芝草"——《后集卷十一·芝》 "崔斯立为蓝田县丞，庭植松"——《后集卷十四·松》 "太公请武王植槐于王门"——《后集卷十五·槐》 "襄国邺路千里之中，夹道种榆。盛暑之下人行之"——《后集卷十八·榆》 "（石楠）多移植庭宇间，阴翳可爱不透日气"——《后集卷十九·石楠》
文献名	分门琐碎录
文献概述	是宋代温革所著的一部农书，当代学者舒迎澜评价它说"注重农业生产技术的论述，而以竹木、花卉和果蔬等种艺部分最为精彩"[87]。《分门琐碎录》拓展了农书的涵盖范围，使传统农业的概念在以往农业的基础上得到了进一步扩大，其种艺体系统地论述了花木的繁殖与栽培技术，其中对"竹"的种植养护等技术单独列出并详细讲述。种艺篇中很多栽培养护技巧对今天的花木种植依然有指导价值
涉及花木内容摘要	"近轩栏植竹，恐竹鞭侵阶砌，先埋麻股以限之。或以竹栽于瓦瓶中，底通小窍，则竹小而不侵阶砌也" "牡丹将开，不可多灌。土寒则开迟。剪花欲急，急则花体无伤" "种鸡冠花，如立撒子则高株放开花，如坐撒子则小珠低矮开花" "菜园中间种牡丹、芍药，最茂" "月桂花叶，常苦虫食，以鱼腥水浇之乃止"
文献名	太平广记
文献概述	宋代李昉、扈蒙、徐铉等人奉敕共同编纂的一部文言纪实小说总集，是古代的第一纪实小说总集，全书五百卷，目录十卷，取材于汉代至宋初的纪实故事及道经、释藏等为主的杂著，属于类书
涉及花木内容摘要	"汉五柞宫，有五柞树，皆连抱，上枝覆荫数十里。宫西有青梧观。观前有三梧桐树"——《卷第四百零六·草木一》 "长安持国寺，寺门前有槐树数株"——《卷第四百零六·草木一》 "长安兴善寺素师院牡丹，色绝嘉。元和末，一枝花合欢。（出《酉阳杂俎》）"——《卷第四百零九·草木四》 "长安兴唐寺，有牡丹一棵，唐元和中，著花二千一百朵。其色有正晕倒晕，浅红深紫，黄白檀色，独无深红。又无花叶中无抹心者。重台花。有花面径七八寸者。（出《酉阳杂俎》）"——《卷第四百零九·草木四》 "巴陵有寺，僧房床下，忽生一木，随伐随长。外国僧见曰：'此娑罗也'"——《卷第四百零六·草木一》 "庭中有皂荚树，每州人将登第，则生一荚。以为常矣。梁真明中，忽然生一荚有半，人莫谕其意。乃其年，州人陈逖，进士及第；黄仁颖，学究及第。仁颖耻之，复应进士举。至同光中，旧生半荚之所，复生全荚。其年，仁颖及第"——《卷第四百零七·草木二》 "鲁曲阜孔子墓上，时多楷木。（出《述异记》）又曰：曲阜城有颜回墓，上石楠二株，可三四十围。土人云，颜回手植之木。（出《述异记》）"——《卷第四百零六·草木一》 "徐曰：'某有一艺，恨叔不知。'因指阶前牡丹曰：'叔要此花青紫黄赤，唯命也。'韩大奇之，遂给所须试之。乃竖箔曲，尽遮牡丹丛，不令人窥。据棵四面，深及其根，宽容人坐。唯贵紫矿轻粉朱红，旦暮治其根。凡七日，遂揭箔。白其叔曰：'根校迟一月。'时冬初也，牡丹本紫，及花发，色黄红历绿。每朵有一联诗，字色紫分明，乃是韩公出关时诗头一韵，曰：'云横秦岭家何在？雪拥蓝关马不前'十四字。韩大惊异。遂乃辞归江淮，竟不愿仕。'"——《卷第四百零九·草木四》

文献名	太平御览
文献概述	宋代著名的类书，李昉、李穆、徐铉等人奉敕编纂。其中涉及本课题研究的内容有木部、竹部、果部、百卉部，其中木部共记录树木120种，竹部记录竹子38种，果部共记录果木72种，百卉部记录花草160种。太平御览所记录的这些植物的种类，大多涉及名字由来、产地、分布、形态以及与植物有关的神异、风俗、典故，并引经据典地阐述了它们的用途和作用。例如，在谈论柏树时，引《汉书》《东观汉记》《晋书》《风俗通》《三辅黄图》等记载来说明宋以前柏树已是陵墓坟冢、庙、祠常种之树。在谈论槐树时，引《周礼》《五经通义》《汉书》《晋书》《汝南先贤传》等说明槐树自古是文化寓意深厚的树种，象征三公，常植于庙堂、府衙、社中，亦是官道、驿道的行道树，深受古人喜爱。谈论棘竹时，引《岭表录异》讲述当时南人已经认识到棘竹耐火、多刺的特性而在城外种植成墙以防御外敌人。除却木部、竹部、果部、百卉部，在地部、居处部也有若干涉及花木外形或配置的描述和记录
涉及花木 内容摘要	《五经通义》曰：诸侯冢树柏"　　　　　《汉书》又曰：昭帝时，长安诸陵柏树枯倒者，悉起生叶" 《东观汉记》曰：李询遭父母丧，六年躬自负土成柏，常住冢下" 《晋书》曰：墓前一柏树，襄常所攀缘"　　　　《风俗通》曰：墓上树柏，路头石虎" 《三辅黄图》曰：汉文帝霸陵，不起山陵，稠种柏树" 《太山记》曰：山南有太山庙，种柏树千枝，大者十五六围" 《三齐记》曰：尧山祠旁有柏树，枯而复生，不知几世" 《周礼》曰：朝士掌三槐，三公位焉"　　　　《五经通义》曰：士冢树槐" 《汉书》曰：昭帝玄始四年，山阳社中大槐树，吏人伐之" 《晋书》曰：苻坚僭号，自长安至于诸州，夹路皆种槐柳。百姓歌曰：'长安大街，夹路杨槐。下走朱轮，上有栖鸾'" 《汝南先贤传》曰：高懿厅事前有槐树，有露，类甘露者" 《岭表录异》曰：南人有刺竹，即枝上有刺，南人呼为刺勒。自根横生，枝条展转如织。虽野火焚烧，只燎细枝嫩叶。春丛生，转复牢密。邕州旧以刺竹为墙，蛮蜒来侵，竟不能入" 《南康记》曰：梓潭有梓树，洪直巨围，叶广丈馀，垂柯数亩" 《博物志》曰：水源南侧有一庙，松柏成林" 《陈书》曰：初，梁侯景焚太极殿。及景平，至陈武帝议欲营之，独阙一柱。至是有樟木大十八围，长四丈五尺，流泊后渚。因得用之" 《齐书》曰：虑上官望见，乃傍列修竹，内施高障，造游墙数百间，施诸机巧宜须障蔽" 《西京杂记》曰：乐游园自生玫瑰树，树下多苜蓿。苜蓿亦名怀风，时人或谓光风，风在其间常肃肃然，有光彩，故名苜蓿曰怀风，茂陵谓之连枝草"
文献名	桂海虞衡志
文献概述	宋代范成大所撰的关于宋代广南西路地区的风土人情、物产资源以及当地少数民族的社会经济、生活习俗等情况的风俗著作。全书分为志岩洞、志金石、志香、志酒、志器、志禽、志兽、志虫鱼、志花、志果、志草木、杂志、志蛮共13篇，其中《志花》篇列有16种花，记录了它们的形态特征、花色和花期等。《志草木》篇列有27种草木，主要记录了它们的形态特征，对个别草木说明了它的产地或用途。这些对花木的详细记录可见范成大对植物的浓厚兴趣和细致的观察，成就了他在诗歌中对花木特征、习性描述的准确性
涉及花木 内容摘要	"上元红，深红色，绝似红木瓜花，不结实，以灯夕前后开，故名" "史君子花，蔓生，作架植之。夏开，一簇一二十葩，轻盈似海棠" "石榴花，南中一种，四季常开。夏中既实之后，秋深忽又大发花，且实" "添色芙蓉花，晨开，正白，午后微红，夜深红" "侧金盏花，如小黄葵，叶似堇，岁暮开，与梅同时" "榕，易生之木，又易高大，可覆数亩者甚多" "桄榔木，身直如杉，又如棕榈。有节似大竹，一干挺上，高数丈。开花数十穗，绿色" "人面竹，节密而凸，宛如人面，人采为拄杖"
文献名	园记类	洛阳名园记
文献概述	北宋文学家李格非所撰，记述了他所亲历的当时比较著名的19处园林，其中一部分属于宅园的附属园林，如富郑公园、环溪、湖园、苗帅园、赵韩王园、大字寺院；大多部分属于单独营建的游憩园林，如董氏西园、董氏东园、独乐园、刘氏园、丛春园、松岛、水北胡氏园、东园、紫金台张氏园、吕文穆园；还有两处属于以培植花卉为主的园圃，即归仁园、李氏仁丰园。《洛阳名园记》对所记诸园的总体布局以及山池、花木、建筑所构成的园林景观描写具体而翔实，是有关北宋私家园林的一篇重要文献
涉及花木 内容摘要	"直北走土筠洞，自此入大竹中。凡谓之洞者，皆斩竹丈许，引流穿之，而径其上"——《富郑公园》 "园中树，松桧花木，千株皆以，别种列除"——《环溪》 "岑寂而乔木森然。桐梓桧柏，皆就行列"——《丛春园》 "凡园皆植牡丹，而独名此曰花园子，盖无他池亭，独有牡丹数十万本"——《天王院花园子》 "北有牡丹芍药千株，中有竹百亩，南有桃李弥望"——《归仁园》 "园，故有七叶二树对峙，高百尺，春夏望之如山然，今初堂其北。竹万余竿，皆大满二三围。疏筠琅玕，如碧玉椽"——《苗帅园》 "李卫公有平泉花木，记百余种耳。今洛阳良工巧匠，批红判白，接以它木，与造化争妙，故岁岁益奇，且广桃李、梅杏、莲菊，各数十种。牡丹、芍药至百余种。而又远方奇卉，如紫兰、茉莉、琼花、山茶之侪，号为难植独植之洛阳，辄与其土产无异，故洛阳园圃花木有至千种者，甘露院东李氏园，人力独治，而洛中花木无不有。有四井、迎翠、濯缨、观德、超然五亭"——《李氏仁丰园》

	“松，栢，枞，杉，桧，栝，皆美木。洛阳独爱栝，而敬松。松岛，数百年松也。其东南隅，双松尤奇”——《松岛》 “自东园，并城而北，张氏园亦绕水而富竹木”——《紫金台张氏园》	
文献名	园记类	吴兴园林记
文献概述	南宋文学家周密所撰的有关吴兴（今湖州）的私家园林的园记，与李格非的《洛阳名园记》南北呼应。所记录的园林多达 34 处，足见当时吴兴园圃之盛景	
涉及花木内容摘要	“沈德和尚书园，依南城，近百余亩，果树甚多，林檎尤盛”——《南沈尚书园》 “城之外，别业可二顷，桑林果树甚盛”——《章参政嘉林园》 “前面大溪，为修堤画桥，蓉柳夹岸数百株，照影水中，如铺锦绣。其中亭宇甚多，中岛植菊百种，为菊坡”——《赵氏菊坡园》 “上荫巨竹寿萝，苍寒茂密，不见天日。旁植名药奇草，薜荔、女萝，丝红叶碧”——《俞氏园》 “有流杯亭，引涧泉为之，有古意，梅株殊胜”——《赵氏小隐园》	
文献名	园记类	独乐园记
文献概述	北宋司马光为自己在洛阳所造的园林“独乐园”所作的园记。通过司马光对园中景致的描写可以看出，独乐园景色清幽，以竹为主，点缀草药、芍药、牡丹及杂花等	
涉及花木内容摘要	“堂北为沼，中央有岛，岛上植竹……开户东出，南北轩牖，以延凉飔，前后多植美竹，为清暑之所，命之曰种竹斋。……沼东治地为百有二十畦，杂莳草药，辨其名物而揭之。畦北植竹，方若棋局，径一丈，屈其杪，交桐掩以为屋。植竹于其前，夹道如步廊，皆以蔓药覆之，四周植木药为藩援，命之曰采药圃。圃南为六栏，芍药、牡丹、杂花，各居其二，每种止植两本，识其名状而已，不求多也”	
文献名	园记类	西园雅集记
文献概述	是北宋著名书法家米芾根据画家李公麟所绘的《西园雅集图》所作的园记，将画中人物姓名、神态及西园的环境记录下来，文中记述了苏轼、王诜、米芾、黄庭坚、秦观、刘巨济等著名诗人、文学家、书法家、画家共 16 人在驸马都尉王诜府中西园聚会的情景。文中涉及的花木种类及其景致有“孤松盘郁”“凌霄缠络”“芭蕉”“盘根古桧”“锦石桥竹”。明代重臣兼学者杨士奇亦为李公麟之《西园雅集图》做了文字记录，形成《西园雅集图记》，所述人物形态与米芾所书类同，但文中将花木景致描写得更加具体，涉及数量与具体姿态，诸如有“古松五株，桧一株”“盖皆苍翠蓊郁”“桂根迸露斜出类猛兽状”“林木森然，扶疏萧爽”“蕉一本生意畅茂”，等等	
涉及花木内容摘要	“孤松盘郁，上有凌霄缠络，红绿相间，下有大石案，陈设古器、瑶琴，芭蕉围绕……后有童子执灵寿杖而立，二人坐于盘根古桧下，……后有锦石桥竹迳，缭绕于清溪深处，翠阴茂密……水石潺湲，风竹相吞，炉烟方袅，草木自馨”——《西园雅集记》	
文献名	园记类	乐圃记
文献概述	宋代朱长文所作，记录了自家的宅园乐圃中的花木景色，尤其是将西丘之上的树木描述得惟妙惟肖，反映出作者对园中不同形态树木观察的仔细。在描述花木时，园中既有雅致的兰、菊、竹，又有野趣的蒹葭和碧藓，且“慈筠列砌”还有生态智慧所在：慈筠及慈竹，丛生而根不外窜，所以列植在台阶之下，不破坏屋基。此外，还指出园中草木除观赏之外的实用功能	
涉及花木内容摘要	“草堂西南有土而高者，谓之‘西丘’。其木则松、桧、梧、柏、黄杨、冬青、椅桐、柽、柳之类，柯叶相幡，与风飘飏，高或参与，大或合抱，或直如绳，或曲如钩，或蔓如附，或偃如傲，或参如鼎，或并如钗股，或圆如盖，或深如幄，或如蜕虬卧，或如惊蛇走” “兰菊猗猗，蒹葭苍苍，碧藓覆岸，慈筠列砌” “药录所收，雅记所名，得之不为不多。桑柘可蚕，麻纻可缉，时果分蹊，嘉蔬满畦，标梅沉李，剥瓜断壶，以娱宾客，以酌亲属”	
文献名	园记类	艮岳记
文献概述	是宋代张淏所撰，记述了宋徽宗在开封营建的皇家园林“寿山艮岳”的景致。艮岳以奇峰异石著称，其中园林花木亦美不胜收。园中有不少从南方移来的著名果木花草，如枇杷、橙、柚、柑、椰、栝、荔枝、金蛾、玉羞、虎耳、凤尾、素馨、渠那、茉莉、含笑，还有梅、丹杏、鸭脚、黄杨、丁香、椒兰、竹、侧柏、海棠、绛桃、芙蓉、垂杨等，亦有参、术、杞菊、黄精等药草，以及禾、麻、菽、麦等谷类	
涉及花木内容摘要	“移枇杷橙柚橘柑椰栝荔枝之木、金峨玉羞虎耳凤尾素馨渠那茉莉含笑之草，不以土地之殊，风气之异，悉生成长养于雕阑曲槛” “其西则参术杞菊黄精芎藭，被山弥坞，中号药寮，又禾麻菽麦黍豆粳秫，筑室若农家，故名西庄” “植梅万本，曰梅岭；接其余岗，种丹杏鸭脚，曰杏岫；又增土叠石，间留隙穴，以栽黄杨，曰黄杨巘；筑修冈以植丁香，积石其间，从而设险曰丁嶂；又得赭石，任其自然，增而成山，以椒兰杂植于其下，曰椒崖；接水之末，增土为大陂，从东南侧柏枝干柔密，揉之不断，叶叶为幢盖鸾鹤蛟龙之状，动以万数，曰龙柏坡” “又于洲上植芳木，以海棠冠之，曰海棠川；寿山之西，别治园圃，曰药寮” “循寿山而西，移竹成林，复开小径至百数步。竹有同本而异干者，不可纪极，皆四方珍贡，又杂以对青竹，十居八九，曰斑竹麓” “濒水莳绛桃海棠、芙蓉垂杨，略无隙地”	
文献名	园记类	盘洲记
文献概述	宋代洪适为所筑别业“盘洲”所作，洪适笔下的盘洲之园是坐落于桑田溪水之间、翠竹梅林之旁的一处草木茂盛、姹紫嫣红、花香四溢，一派田园野趣的别墅园林	

涉及花木 内容摘要	"白有：海桐、玉茗、素馨、文官、大笑、末利、水栀、山樊、聚仙、安榴、衮绣之球；红有：佛桑、杜鹃、赪桐、丹桂、木槿、山茶、海棠、月季；葩重者：石榴、木菓；色浅者：海仙、郁李；黄有：木犀、棣棠、蔷薇、踯躅、儿莺、迎春、蜀葵、秋菊；紫有：含笑、玫瑰、木兰、凤薇、瑞香为之魁" "卉则：丽春、剪金、山丹、水仙、银灯、玉簪、红蕉、幽兰、落地之锦、麝香之蕙。既赤且白：石竹、鸡冠；涌地幕天：荼蘼、金沙" "木瓜以为径，桃李以为屏，厥亭'琼报'。西瓜有坡，木鳖有棚，葱薤姜芥，土无旷者，厥亭'灌园'。沃桑盈陌，封植以补之，厥亭'茧瓮'。启六枞关，度碧鲜里，傍柞林，尽桃李溪，然后达于西郊"
文献名	花木记与谱录类 洛阳花木记
文献概述	宋代周师厚所撰的花卉学专著，其可贵之处在于最早论述了花木的繁殖与种植技术，这对以后花卉业的发展产生了深远影响。《洛阳花木记》记述牡丹品种 109 个、芍药品种 41 个、杂花 82 品、果子花 147 品、刺花 37 种、草花 89 种、水花 17 种、蔓花 6 种。此书最早记载了金莲花作为观赏花卉栽培，为后人考证金莲花为中国特产，并非原产南美洲提供了依据。而俄国植物学家本格曾于 1831 年来中国，把"金莲花"当作新种发表，其实周师厚的发现比他早 750 多年。书中指出洛阳地区花木的各种嫁接繁殖方法，若按现代植物学的观点分析，其嫁接的各对应苗木，基本上属于同科植物，因亲缘关系较近，形态类似，故能嫁接成功
文献名	花木记与谱录类 荔枝谱
文献概述	宋代蔡襄撰写的一部荔枝园艺专谱。该书分为七篇，第一篇讲述福建荔枝的故事及作此谱之由；第二篇讲述兴化人重陈紫之况及陈紫果实的特点；第三篇讲述福州产荔之盛及远销之情；第四篇讲述荔枝用途；第五篇讲述栽培之法；第六篇讲述贮藏加工方法；第七篇讲录荔枝品种 32 个，载其产地及特点。书中涉及两处有关荔枝风貌及作为园林种植的描述
涉及花木 内容摘要	"兴化军风俗，园池胜处唯种荔枝。当其熟时，虽有他果，不复见省" "福州种植最多，延迆原野，洪塘水西，尤其盛处。一家之有，至于万株。城中越山，当州署之北，郁为林麓。暑雨初霁，晚日照曜。绛囊翠叶，鲜明蔽映。数里之间，焜如星火。非名画之可得，而精思之可述。观揽之胜，无与为比"
文献名	花木记与谱录类 洛阳牡丹记
文献概述	宋代欧阳修所撰，是我国现存最早的关于牡丹的专作，是一篇记事、考辨两者间杂并重的笔记文体，共分三部分，即花品序第一、花释名第二、风俗记第三。《花品序第一》中写"花品"，且列举了 24 种，告诉读者牡丹"洛阳者今为天下第一"。《花释名第二》首先详细记述了 25 个"特著者"得名的花色、形状并考述了部分"特著"培育者的家世，并对各色品种逐一加以评赏。《风俗记第三》描述了洛阳"好花"的风俗，花开时"士庶竞为游遨""至落花乃罢"，进御牡丹定使之"马上不动摇"，且"以蜡封蒂，乃落日不落"。此外还简练地介绍了牡丹的栽培技术，有"接花""种花""浇花""疏花""治虫害"等。另外，周师厚亦撰有《洛阳牡丹记》，其开篇就从牡丹的最上等品种号称花王的姚黄开始，共记述了洛阳的 54 个牡丹品种的形态、花色和产地等。 周师厚的《洛阳牡丹记》约在欧阳修《洛阳牡丹记》发表后问世，而又有新的发展，此书中记录牡丹品种 54 个，与欧阳修所记不同者高达 47 种，相同的仅为 7 种。他按花型、花色特点分类鉴别牡丹品种的科学方法，能细致而正确地反映出花型的外部特征，奠定了我国牡丹品种实用分类的基础
涉及花木 内容摘要	"洛阳亦有黄芍药、绯桃、瑞莲、千叶李、红郁李之类，皆不减它出者，而洛阳人不甚惜，谓之果子花，曰某花（云云），至牡丹则不名，直曰花。其意谓天下真花独牡丹，其名之著不假曰牡丹而可知也"——欧阳修《洛阳牡丹记·花品序第一》 "牡丹之名，或以氏，或以州，或以地，或以色，或旌其所异者而志之。姚黄、牛黄、左花、魏花，以姓著；青州、丹州、延州红，以州著；细叶、粗叶寿安、潜溪绯，以地著；一擫红、鹤翎红、朱砂红、玉板白、多叶紫、甘草黄，以色著；献来红、添色红、九蕊真珠、鹿胎花、倒晕檀心、莲花萼、一百五、叶底紫，皆志其异者"——欧阳修《洛阳牡丹记·花释名第二》 "洛阳之俗，大抵好花，春时城中无贵贱皆插花，虽负担者亦然。花开时，士庶竞为游遨。往往于古寺废宅有池台处，为市井，张幄帟高，笙歌之声相闻。最盛于月陂堤、张家园、棠棣坊、长寿寺东街、与郭令宅，至花落乃罢。洛阳至东京，六驿旧不进花。自今徐州李相（迪）为留守时，始进御。岁遣衙校一员，乘驿马，一日一夕至京师。所进不过姚黄、魏花三数朵。以菜叶实竹笼子藉覆之，使马上不动摇，以蜡封花蒂，乃数日不落"——欧阳修《洛阳牡丹记·风俗记第三》 "姚黄，千叶黄花也。色极鲜洁，精采射人。有深紫檀心，近瓶青，旋心一匝，与瓶并色，开头可八九寸许。其花本出北邙山下白司马坡姚氏家。今洛中名圃中传接虽多，准水北岁有开者，大岁间岁乃成千叶，余年皆单叶或多叶耳。……其色甚美，而高洁之性，敷荣之时，特异于众花，故洛人贵之，号为花王。城中每岁不过开三数朵，都人士女必倾城往观。乡人扶老携幼，不远千里。其为时所贵重如此"——周师厚《洛阳牡丹记》
文献名	花木记与谱录类 越中牡丹花品
文献概述	是已知的最早的牡丹专著（已佚，仅留其序），比欧阳修和周师厚的牡丹记要早半个世纪。自《越中牡丹花品》现世之后，此类著作大量涌现。古时大多农书抑或是园艺著作，大都从具有实用性的农桑、竹木、果、蔬、香料植物等著录，将观赏花卉作为附属置于末尾而一笔带过，如贾思勰将花卉栽培视为雕虫小技。从有宋一朝来看，以牡丹为叙述对象的作品就有十余种，其中不乏名人之作，可见宋代的经济发展水平和社会风尚的转变促使了观赏花卉的栽培和花卉著作的繁荣
涉及花木 内容摘要	"越之所好尚惟牡丹，其绝丽者三十二种，始乎郡斋，豪家名族，梵宇道官，池台水榭，植之无间。来赏花者，不问亲疏，谓之看花局。泽国此月多有轻云微雨，谓之养花天。里语曰，弹琴种花，陪酒陪歌"——《序》

文献名	花木记与谱录类	陈州牡丹记
文献概述	宋代张邦基所撰，描述了陈州人种植牡丹之多之盛的状况，重点描述了一户牛姓庄园中一支开出不同寻常颜色的姚黄牡丹，其“色如鹅雏而淡，其面一尺三四寸，高尺许，柔葩重叠，约千百叶”，牛氏就将此花命名为“缕金黄”。前来参观的游人需“人输千钱乃得入观”	
涉及花木内容摘要	“洛阳牡丹之品，见于花谱，然未若陈州之盛且多也。园户植花如种黍粟，动以顷计。政和壬辰春，予待亲在郡，时园户牛氏家忽开一枝，色如鹅雏而淡，其面一尺三四寸，高尺许，柔葩重叠，约千百叶。其本姚黄也，而于葩英之端，有金粉一晕缕之，其心紫蕊，亦金粉缕之。牛氏乃以缕金黄名之，以蘧篨作棚屋围幛，复张青帟护之于门首，遣人约止游人，人输千钱，乃得入观，十日间，其家数百千” “苏长公记东武俗，每岁四月大会于南禅资福两寺，芍药供佛，而今岁最盛。凡七千余朵，皆重跗累萼，翻丽丰硕，中有白花，正圆如覆盂，其下十余叶稍大，承之如盘，姿格瑰异，独出于七千朵之上。云得于城北苏氏园中，周宰相莒公之别业。此亦异种，与牛氏家牡丹并足传异云”	
文献名	花木记与谱录类	天彭牡丹记（谱）
文献概述	宋代陆游的《天彭牡丹记（谱）》与欧阳修《洛阳牡丹记》体例相同，也分花品序、花释名、风俗记三个部分，记录彭州的牡丹67种。与《洛阳牡丹记》不同的是,《天彭牡丹谱》寄寓着收复失地的强烈愿望,以天彭牡丹之盛，遥想洛阳故地当年牡丹流行的盛况，发出了“使异时复两京，王公将相筑园第以相夸尚，予幸得与观焉，其动荡心目，又宜何如也”的感慨。花品序中说，天彭牡丹以红花最多，紫花黄花白花不过数品，碧花一二。花释名中列出34种花色牡丹的形态、花色、培育者等，并与洛花冠首姚黄魏紫对应，彭花红花者以状元红第一，紫花以紫绣球第一，黄花以禁苑黄第一，白花以玉楼子第一。风俗记中讲“天彭号小西京，其俗好花，有京洛之遗风，大家至千本”等	
涉及花木内容摘要	“牡丹，在中州，洛阳为第一。在蜀，天彭为第一。……自是，洛花散于人间，花户始盛。皆以接花为业，大家好事者皆竭其力以养花。而天彭之花，遂冠两川。……大抵花品种近百种，然著者不过四十，而红花最多，紫花、黄花、白花各不过数品，碧花一二而已”——《花品序第一》 “状元红者，重叶深红花，其色舆鞓红、潜绯相类，而天姿富贵。彭人以冠花品，多叶者谓之第一架，叶少而色稍浅者谓之第二架。以其高出众花之上，故名状元红。或曰旧制进士第一人，即赐茜袍，此花如其色，故以名之。……大抵洛中旧品，独以姚魏为冠。天彭则红花以状元红为第一，紫花以紫绣毬为第一，黄花以禁苑黄为第一，白花以玉楼子为第一”——《花释名第二》 “天彭号小西京，以其俗好花，有京洛之遗风，大家至千本。花时，自大守而下，往往即花盛处张饮，帟幙车马，歌吹相属，最盛于清明寒食时，在寒食前，谓之火前花，其开稍久。……惟花户则多植花以牟利。双头红初出时，一本花取直至三十千，祥云初出亦直七八千，今尚两千”——《风俗记第三》	
文献名	花木记与谱录类	牡丹谱
文献概述	又称《成都牡丹记》，是宋代胡元质所作。记述了蜀地有关牡丹的内容。开篇先说蜀地自李唐后未有牡丹花，后徐延琼从秦州董成村一僧院购得至蜀植于新宅，再后来孟氏在自己的园林中广泛种植牡丹，取名“牡丹苑”。到了广政五年，蜀地之牡丹品种和花色就比较丰富了。再后来牡丹散落至民间，有花农“培子分根，种以求利”。文中还提到彭州的牡丹，文末描述了青城山一带牡丹坪的枯枝牡丹	
文献名	花木记与谱录类	扬州芍药谱
文献概述	宋代王观所著，是我国现存最早的一部芍药专谱，详细列出了芍药花品39种。其中王观取旧谱21种，又根据当时自己所见所闻增加8种新品，将旧谱31种分为上、中、下七等并逐一介绍。上等“上之上”有冠群芳、赛群芳、宝妆成、尽天工、晓妆新、点妆红六品，“上之下”有叠香英、积娇红两种；中等“中之上”有醉西施、道妆成、掬香琼、素妆残、试梅装、浅妆匀六品，“中之下”醉娇红、擬香英、妬娇红、缕金囊四品。下等“下之上”怨春红、妒鹅黄、蘸金香、试浓妆四品，“下之中”素妆殷、取次妆、聚香丝、簇红丝四品，“下之下”郊殷妆、会三英、合怀芳、擬绣韉、银含棱五品。新收八品为御衣黄、黄楼子、袁黄冠子、峡石黄冠子、鲍黄冠子、杨花冠子、湖缬、黾池红	
涉及花木内容摘要	“杂花根窠多不能致远，惟芍药及时取根，尽取本土，贮以竹席之器，虽数千里之远，一人可负数百本而不劳。至于他州，则壅以沙粪，虽不及维扬之盛，而颜色亦非他州所有者比也。” “今则有朱氏之园，最为冠绝，南北二圃所种，几于五六万株，意其自古种花之盛，未之有也。朱氏当其花之盛开，饰亭宇以待来游者，逾月不绝，而朱氏未尝厌也。扬之人与西洛不异，无贵贱皆喜戴花，故开明桥之间，方春之月，拂旦有花市焉。州宅旧有芍药厅，在都厅之后，聚一州绝品于其中，不下龙兴、朱氏之盛” “今芍药有三十四品，旧谱只取三十一种。如绯单叶、白单叶、红单叶，不入名品之内，其花皆六出，维扬之人甚贱之” “民间及春之月，惟以治花木、饰亭榭，以往来游乐为事，其幸矣哉。扬之芍药甲天下，其盛不知起于何代，观其今日之盛，想古亦不减于此矣”	
文献名	花木记与谱录类	菊谱
文献概述	又称《刘氏菊谱》，是宋代刘蒙所撰，著录了35种菊花的产地、花期、叶形、花色、花香、花形等。菊定品要“先色与香而后态”，龙脑第一，出京师、金黄、香气芬烈；新罗第二，出海外、纯白；都胜第三，出陈州、鹅黄；御爱第四，出京师、淡黄；毛毬第五，出陈州、白色微带红；玉铃第六，所出不详，纯白；金万铃第七，所出不详、深黄；大金铃第八，所出不详、深黄；银台第九，棣棠第十，蜂铃第十一，鹅毛第十二，毬子第十三，夏金铃第十四，秋金铃第十五，金钱第十六，邓州黄第十七，蔷薇第十八，黄二色第十九，甘菊第二十，酴醿第二十一，玉盆第二十二，邓州白第二十三，白菊第二十四，银盆第二十五，顺圣浅紫第二十六，夏万铃第二十七，秋万铃第二十八，绣毬第二十九，荔枝第三十，垂丝粉红第三十一，杨妃第三十二，合蝉第三十三，红二色第三十四，桃花第三十五	

涉及花木内容摘要	"草木之有花，浮冶而易坏，凡天下轻脆难久之物者，皆以花比之，宜非正人、达士、坚操、笃行之所好也。然余常观屈原之为文，香草龙凤，以比忠正，而菊于菌桂、荃蕙、兰芷、江离同为所取。又松者，天下岁寒坚正之木也，而陶渊明乃以松名配菊，连语而称之。夫屈原、渊明，实皆正人、达士、坚操、笃行之流，至于菊，尤贵重之如此，是菊难以花为名，固与浮冶易坏之物不可同年而语也。且菊有异于物者，凡花皆以春盛，而实者以秋成，其根抵枝叶无物不然。而菊独以秋夕悦茂于风霜摇落之时，此其得时者异也" "今菊品之盛，至于三十余种，可以类聚而记之，故随其名品论叙于左，以列诸谱之次"
文献名	花木记与谱录类 范村菊谱
文献概述	是宋代范成大撰写的一部菊谱，共记录了作者所居范村的菊花36种，以花色分类录述，其中黄色有胜金黄、迭金黄、棣棠菊、迭罗黄、麝香黄等17种，白色有五月菊、金杯玉盘、喜容千叶花、御衣黄、万铃菊等十五种以及佛顶菊、桃花菊、胭脂菊、紫菊四种杂色。除了介绍花品以外，作者还叙述了培植千头菊的方法和心得，简要介绍了几种菊花品种的园林用途
涉及花木内容摘要	"山林好事者或以菊比君子，其说以谓岁华婉娩，草木变衰，乃独烂然秀发，傲睨风露。此幽人逸士之操，虽寂寥荒寒中味道之腴，不改其乐者也" "故名胜之士，未有不爱菊者。至陶渊明尤甚爱之，而菊名益重。又夫其时，秋暑始退，岁事既登，天气高明，人情舒闲，骚人饮流，亦以菊为时花。移槛列斛，辇致觞咏，间谓之重九节物，此非深知菊者，要亦不可谓不爱菊也。爱者既多，种者日广，吴下老圃，伺春苗尺许，时掇去其颠，数日则歧出两枝，又掇之，每掇益歧" "至秋则一千所出数千百朵，婆娑团植如车盖薰笼矣。人力勤，土又膏沃，花亦为之屡变" "金铃菊……余顷北使过栾城，其地多菊家，家以盆盎遮门，悉为鸾凤亭台之状，即此一种" "藤菊花，密条柔长如藤蔓，可编作屏幛，亦名棚菊，种之坡上，则垂下袅数尺如缨络，尤宜池潭之濒"
文献名	花木记与谱录类 金漳兰谱
文献概述	是宋代赵时庚撰写的一部兰谱，共3卷。卷上，首先分花色介绍了陈梦良、吴兰、潘花、赵十四、何兰、金殿边、济老、灶山等21种兰花品相的花色、花形、叶态等特征，其次论述了花品高下、养花心得；卷中论述了兰花与土壤、水肥的关系，即简要概括为"坚性封植""灌溉得宜"，后列举了不同花色品种的兰花培植所适宜的土壤、水肥条件和类型。卷下，记录了培植、养护、去病害的方法。在末尾跋中，道出自己种兰、品兰的情趣和心境："余常身安寂然一榻之中，置事物之冗来纷至之外，度极长日。篆香芬馥，怡神默坐，峰月一视，不觉精神自恬然也"，并对所植兰花给予了"其茅茅，其叶青青，犹绿衣郎挺节独立，可敬可慕"的描述和评价
涉及花木内容摘要	"故作台太高则冲阳，太低则隐风，前宜面南，后宜背北，盖欲通南薰而障北吹也。地不必旷，旷则有日。亦不可狭，狭则蔽气。右宜近林，左宜近野，欲引东日而被西阳。夏遇炎烈则荫之，冬逢沍寒则曝之。下沙欲疏，疏则连雨不能湿。上沙欲濡，濡则酷日不能燥" "凡善于养花，切须爱其叶，叶耸则不虑其花之不发也" "花盆先以粗碗或粗碟覆之于盆底，次用炉炭铺一层，然后却用肥泥薄铺炭上，使兰栽根在土。如根掺泥满，盆面上留一寸地。栽时不可双手将泥捏实，则根不长，其根不舒畅，叶则不长，花亦不结。土有干湿。依时候用水浇灌" "肥水浇花，必虮虱在叶底，恐坏叶，则损花。如生此物，研大蒜和水，以白笔蘸水，拂浇叶上干净，去除以虱"
文献名	花木记与谱录类 唐昌玉蕊辨证
文献概述	宋代周必大撰写的一篇关于唐昌观玉蕊花的辨证文章。作者根据自己所见，对存在争议的唐昌观中的玉蕊花的花名进行考察和辨证，最终认定为玉蕊花
涉及花木内容摘要	"苞初甚微，经月渐大，暮春方八出，须如冰丝，上缀金粟。花心复有碧筒，状类胆瓶，其中别抽一英出众须上，散为十余蕊，犹刻玉然，花名玉蕊，乃在于此，群芳所未有也"
文献名	花木记与谱录类 桐谱
文献概述	是北宋科学家陈翥所撰的一部林业科技专著，也是世界上最早的桐树著作之一。《桐谱》主要叙述了前人有关桐树的认识史，作者对称作"桐"的植物进行了辨证，指出桐有白花桐、紫花桐、刺桐、梧桐等的区别。详细地阐述了泡桐的生物学特征、生活习性，总结了它的速生丰产栽培经验，阐述了它的用途和分布，其中有不少精辟的见解和论述。当代学者对《桐谱》的评价有不同的观点，如潘法连认为《桐谱》的贡献主要在于对桐树作出了比较仔细的科学分类，深刻阐明了桐树的生物学特征，总结了一套桐树栽培、管理的经验和技术以及桐木的用途[88]；而宣炳善认为《桐谱》中陈翥将古文献中的梧桐都误作泡桐来引用，作为一部科技专著实为不妥[89]
涉及花木内容摘要	"今山谷平原间惟多有白花者，而紫花者尤少焉。一种，枝干花叶与白桐花相类，其耸拔迟小而不伟，其实大而圆，一实中或二子或四子，可取油为用。今山家多种成林，盖取子以货之也。一种，文理细紧而性喜裂，身体有巨刺，其形如榽樗，其叶如枫，多生于山谷中，谓之刺桐" "桐材成可为器，其伐之也，勿高留焉，齐上而取之" "夫桐之材，则异于是。采伐不时，而不蛀虫；渍湿所加，而不腐败；风吹日曝，而不拆裂；雨溅泥淤，而不枯藓；干濡相兼，而其质不变。梗楠虽美，而其永不敌。与夫上所贵者卓矣！故施之大厦，可以为栋梁桷柱，莫比其固" "凡白花桐之材以为器，燥湿破而用之则不裂，今多以为甑杓之类，其性理之故也。紫花桐之材，文理如梓而性紧，而不可为甑，以其易坼故也，使尤良焉"

文献名	花木记与谱录类	橘录
文献概述	南宋韩彦直所撰的柑橘栽培学专著，是我国最早的一部柑橘专著。全书有三卷，卷上、卷中叙述柑橘的分类、品种名称和性状，韩彦直将温州一带的柑橘类区分为柑、橘和"橙子之属类橙者"三个大类，柑又分8种，橘分14种，"橙子之属类橙者"分5种，并叙述每个品种的植株形态、果实大小、食味品质和产地来源等。卷下讲解柑橘的栽培技术，述说种治、始栽、培植、去病、浇灌、采摘、收藏、制治和入药等各项技术环节，对当时柑橘的种植栽培具有实际的指导意义和参考价值。《橘录》中以朱栾为砧木的柑橘嫁接技术，在历史上也属首次记载，且至今仍在应用。此外，对病虫害的防治、用河泥壅根施肥、采摘和贮藏方法等都提出了精辟的论述	
涉及花木内容摘要	"甜柑，类洞庭，高大过之，每颗必八瓣，不待霜而黄，比之他柑加甜。柑林未熟之日，是柑最先摘，置之席间，青黄照人，长者先尝之，子弟怀以归，为亲庭寿焉。然是种不多见，治圃者植一株二株焉，故以少为贵" "绵橘微小。极软美可爱。故以名。圃中间见一、二树。结子复稀。物以罕见为奇。此橘是也" "金橘生山径间。比金柑更小。……惟宜植之栏槛中" "香圆木似朱栾。叶尖长。枝间有刺。植之近水乃生。其长如瓜。有及一尺四五寸者。清香袭人。横阳多有之。土人置之明窗净几间。颇可赏玩"	

<table>
<tr><td colspan="3" align="center">元明清</td></tr>
</table>

文献名	农桑辑要	
文献概述	元代司农司编纂的一部综合性农书，全书共有7卷，包括典训、耕垦、播种、栽桑、养蚕、瓜菜、果实、竹木、药草、孳畜、禽鱼等内容。其中卷五果实篇、卷六竹木篇所记述的若干内容对本课题研究具有一定参考价值	
涉及花木内容摘要	"凡插梨，园中者，用旁枝；庭前者，中心。旁枝，树下易收；中心，上耸不妨"——《种梨》 "果木有虫蠹者，用杉木作钉，塞其穴，虫立死。树木有虫蠹，以芜花纳孔中，或纳百部叶"——《诸果》 "竹性爱向西南引，故于园东北角种之，数岁之后，自当满园"——《种竹》 "下田停水之处，不得五谷者，可以种柳"——《种柳》	

文献名	农书	
文献概述	亦称《王祯农书》，元代王祯撰写的一部关于当时农业生产的综合性农学专著。卷五农桑通诀种植篇叙述了桑树、果树和其他树木的栽培方法，重点讲桑树的种类、性质、繁殖、施肥、修剪和管理等方法；还谈到栽种树木和果树的利益，移栽方法以及防治蠹虫的方法。王祯在种植篇中阐述了树木尤其是植树造林对于解决人们衣食问题和防御自然灾害能力的重要性的观点。卷十百谷谱竹木篇记述了竹子、松、桧、杉、柏、榆、柳、柞的树木栽培方法和用途，大致与前代农书所列条目相同。《农书》所记竹木大都从种植和利用角度讲述，很少涉及树木的观赏和审美	

文献名	农桑衣食撮要	
文献概述	元代鲁明善撰写的一部农书，与司农司编纂的《农桑辑要》和王祯的《农书》并称为元代三大农书。全书分为上下两卷，以月令体裁写成，分为12个月，月下条列出农事并讲解做法，共列有农事208条，包括气象、物候、农田、水利、作物栽培、蔬菜栽培、瓜类栽培、果树栽培、栽桑养蚕、畜禽饲养、养蜂采蜜、贮藏加工等。虽为农书，鲜有涉及花木相关知识，但一些可供观赏的果木种栽、养护方法对本课题研究具有一定参考价值。还有提到一些古时并非主要用于观赏的花草树木的种植及取用方法，但从中可以看出古人庭院中的田园景致。虽为农书，其中所记植物涉及各类花草、果木、桑竹等，勾画出一幅幅田园秀丽的景色。本书是汉族劳动人民生产经验的总结，也融入了不少西北少数民族生产经验，为我国的农学书籍增添了新的内容，在中国农学史上占有独特的位置	
涉及花木内容摘要	"秋社前后移栽之，次年便结子，胜如春间栽" "宜宽深开掘，用少粪水和土成泥浆。根有宿土者，栽于泥中，候水吃定，次日方用土覆盖。根无宿土者，深栽于泥中，轻提起树根与地平，则根舒畅，易得活。三四日后方可用水浇灌。上半月移栽则多实。宜爱护，勿令动摇" "树芽未生之时，于根傍掘土，须要宽深，寻纂心钉地根截去，留四边乱根勿动，却用土覆盖，筑令实，则结果肥大，胜插接（即嫁接）者，谓之骗树" "（种蜀葵）院内路旁墙畔种之。候花开尽带青收其秸。勿令枯槁。水中汇一二日。取皮作绳索用度" "（插芙蓉）候芙蓉花开发。带青秸汇取皮。可代麻苘" "（种银杏）于肥地内用灰粪种之，候长成小树，次年移栽时，运土用草包或麻缠束栽之，则易活" "（移栀子）带花移易活。梅雨时插嫩枝易生。根要锄净"	

文献名	种树书	
文献概述	明代俞宗本所著的关于种植、栽培、嫁接、施肥等方面的经验总结类农书，分为种树月令、种树方两部分。《种树月令》总结出了不同月份可以种植的花木，《种树方》讲述桑、竹、木、花、果、菜的栽培方法，还有关于园林防护与治虫经验的小方法	
涉及花木内容摘要	"（正月）种松、桑、榆、柳、枣……竹，宜初二日。种树木，宜上旬" "（二月）埋诸般树条则活。扦芙蓉、石榴、木槿" "（三月）栀子带花移则活，梅雨中宜扦。接梅杏" "（四月）扦栀子、荼蘼、木香" "（五月）种菖蒲、晚红花、香菜、桃、杏、梅核" "（八月）种牡丹、芍药、丽春、红花……移早梅、木犀、橙、橘、枇杷、木香、牡丹。分牡丹、芍药根、并诸色花窠。锄竹园地"	

涉及花木 内容摘要	"（九月）移山茶、蜡梅、杂果木" "（十月）接花果，压桑条，浇灌花木" "（十一月）种移松、柏、桧，接木，夹篱" "（十二月）菊（橘）、松、花、树、桑、大麦。扦柳，压桑条，压国树，添桑土" "移大梅树，去其枝梢，大其根盘，沃以沟泥，无不活者" "葡萄，欲其肉实，当栽于枣树之旁"以及"凡种好花木，其旁须种葱薤之类，庶麝香触也。种花药处，栽数株蒜，遇麝香则不损" "园圃中四旁，宜种决明草，蛇不敢入" "濯洗布衣灰质汁，浇瑞香，必能去蚯蚓，且肥花。以瑞祥根甜，灰汁则蚯蚓不食。衣垢又自肥也" "月桂花叶若虫食者，以鱼腥水浇之，乃止"

文献名	花木专著及花谱	学圃杂疏

文献概述	明代王世懋所著，是在自己建造的澹圃中创作完成的。记其圃中所有暨闻所及者，分花疏、果疏、蔬疏、瓜疏、豆疏、竹疏六篇，大致以花为主，而草木之类则从略，列其品目、栽植之法以及植物与其他要素的组景形式。澹圃可以说是王世懋的实验场地，书中记录了很多澹圃和其他太仓园林中应用的植物，所记载的造景形式，既有王世懋自己的种植体验，也有来自对太仓本地园林植物造景形式的调查和总结，具有代表性，是研究明代太仓园林植物造景的重要文献。该书涉及的园林花木既有传统名木，如梅、迎春花、玉兰、辛夷、春兰、山茶、海棠、杏花、桃花、梨花、紫荆、郁李、绣毬、金雀、锦带、棣棠、牡丹、芍药、玫瑰等；亦有果木，如柑橘、葡萄、杨梅、柿、核桃、枇杷等；还有一些后起新秀，如虎斑百合、蛱蝶花、夜合花、曼陀罗、茉莉、朱槿、建兰等，共计70余种

涉及花木 内容摘要	"杏花无奇，多种成林则佳" "蜀葵五色千叶者佳，性亦能变黑者如墨蓝者如靛。大都罂粟类也。广庭中离落下无所不宜" "萱草忘忧，其花堪食。又有一种小而纯黄者曰金萱，甚香而可食，尤宜植于石畔" "柑橘花皆清香，而香橼尤酷烈，甚于山矾。结实大而香。山亭前及厅事两墀皆可植"

文献名	花木专著及花谱	花史左编

文献概述	是明代王路纂修的一部记录古代花卉信息的文献资料，对于研究我国古代花木具有重要价值。全书共二十七卷，其中王路所著二十四卷，其余三卷为后人补入。包含花卉的品相、种类、名录、物候、栽培、变种、辨证、禁忌、养护、气味、药用价值、食用价值及与花卉相关的历史任务、故事、花语等文化信息

文献名	花木专著及花谱	汝南圃史

文献概述	明代周文华所著的一部关于花木蔬果种植经验的农书。周文华据文献资料及自己实践经验编成此书，全书十二卷，分为"月令""栽种十二法""花果部""木果部""水果部""本木花部""条刺花部""草本花部""竹木部""草部""蔬菜部""瓜豆部"等十二部。"月令"和"栽种十二法"两部分都是辑录前人之语，每条注明出处。第三至第十二部，分别介绍了果32种、花91种、竹木22种、蔬菜40种，共185种植物的栽培技术，或引典籍，或用自己的实践经验证前人之言，或引典籍佐自己之说，多经验之谈

涉及花木 内容摘要	"山茶……今人家园圃所植，多单叶，深红花，中有黄心，树高丈余，结子可复出。……茶梅，花、叶皆小于山茶，其花单叶，粉红色，深秋始开，殆所谓溪圃耶？然亦有白色者"——《木本花部上》 "瑞香……今园圃中止有紫、白二种，而叶上有金沿边者胜。梅雨时，折其枝插土中，自生根，腊月春初皆可移"——《木本花部上》 "玫瑰，玉之香而有色者，以花之色与香相似，故名，……大凡花木不宜常分，唯此花嫩条新发，勿令久存，即移栽别地，则种多茂，故又谓之离娘草"——《木本花部下》 "山矾，叶如冬青，三四月开花，花小而香，四出。……今人家坟墓及园亭多植之，二月中可分栽"——《木本花部下》 "虎刺，如狗橘，最难长大，宜种阴湿地，春初分栽。……吴人多植盆中，以为窗前之玩"——《木本花部下》 "迎春，栽岩石上则柔条散垂，花缀于枝上，甚繁"——《条刺花部》 "酴醾，蔓生，绿叶，青条，承之一架"——《条刺花部》

文献名	花木专著及花谱	二如亭群芳谱

文献概述	明代王象晋创作的介绍栽培植物的著作，全书共30卷，按照天、岁、谷、蔬、果、茶竹、桑麻、葛棉、药、木、花、卉、鹤鱼等十二谱分类。所记录的植物达100余种，以牡丹品种为最多

文献名	花木专著及花谱	花镜

文献概述	清初陈淏子所著的一部关于花木栽培及园林禽鸟养殖知识的著作，其中花木特指观赏花木和果木的栽培。全书共有六卷，分别是"花历新栽""课花十八法""花木类考""藤蔓类考""花草类考"和"养禽鸟法"。卷一"花历新栽"讲的是种花月令，每个月又分为"占验"和"事宜"两部分，占验记当月气候和物候，事宜则分为分栽、移植、扦插、接换、压条、下种、收种、浇灌、培壅、整顿等目，并列出各种观赏植物栽培的逐月事宜，其中还记载了极其丰富的花木果树种类。卷二"课花十八法"记述观赏花木的18种栽培和管理方法，是全书最有参考价值和论述最精彩的地方。卷三至卷五分别介绍了139种木本、83种藤本和130种草本植物的异名、分类、产地、形态特征、开花、结果、用途、传说和种法，其中还包括果树61种，蔬菜14种。卷五"养禽鸟法"则主要介绍了禽鸟兽畜、鳞介、昆虫的饲养方法。本书的特点在于它突破了以前各种农书以粮食作物或棉、麻、蚕、桑等为主要内容的界限，而专论观赏植物并涉及果树栽培，是一部综合性的园艺著作

涉及花木内容摘要	“如园中地广，多植果木松篁，地隘只宜花草药苗。设若左有茂林，右必留旷野以疏之；前有芳塘，后须筑台榭以实之；外有曲径，内当垒奇石以遂之。……桃花妖冶，宜别墅山隈，小桥溪畔，横参翠柳，斜映月霞。杏花繁灼，宜屋角墙头，疏林广榭。梨之韵，李之洁，宜闲庭旷圃，朝晖夕霭；……榴之红，葵之灿，宜粉壁绿窗”——《种植位置法》 “高人韵士，惟多种盆花小景，庶几免俗。……果木之宜盆者甚少，惟松、柏、榆、桧、枫、橘、桃、梅、茶、桂、榴、槿、凤竹、虎刺、瑞香、金雀、海棠、黄杨、杜鹃、月季、茉莉、火蕉、素馨、枸杞、丁香、牡丹、平地木、六月雪等树，皆可盆栽”——《种盆取景法》 “萃四序于一甄，古人瓶花之说，良有以也。……大抵书斋清供，宜矮小为佳。喜铜瓶必花觚、铜觯、尊罍、方汉壶、素温壶、匾壶之类，……若插牡丹、芍药、玉兰、粉团、莲花等，则花之本质既大，瓶自宜大，不在此例也”——《养花插瓶法》 “宜修者修之，宜去者去之，庶得条达畅茂有致。凡树有沥水条，是枝向下垂者，当剪去之。有刺身条，是枝向里生者，当断去之。有骈枝条，两相交互者，当去一留一。有枯朽条，最能引蛀，当速去之。有冗杂条，最能碍花，当择系弱者去之”——《整顿删科法》 “以木槿、山茶、槐、柏等树为墙，木香、蔷薇、月季、棣棠、荼蘼、葡萄等类为棚，下置石墩、磁鼓，以息玩赏之足”——《花园款设八则》 “斫柏成扉，牵萝就幕；屈竹为篱，倚松作座；山林真率，自觉天然”——《花园自供五则》	
文献名	花木专著及花谱	广群芳谱
文献概述	清代汪灏等人在明代王象晋《群芳谱》基础上修编的一部植物学著作，共有100卷，分天时谱、谷谱、桑麻谱、蔬谱、茶谱、花谱、果谱、木谱、竹谱、卉谱、药谱等8谱，所收集的栽培植物多达1600种。其中，“花谱”载有约233种花木；“木谱”载有约237种树木，“竹谱”载有4种竹子（越王竹、淡竹叶、锦竹、篇竹），《卉谱》载有约196种草卉	
涉及花木内容摘要	“【干淳岁时记】端午，禁中插食盘架，设天师、艾虎、意思山子数十座，五色蒲丝百草霜，以大盒三层，饰以珠翠、葵、榴、艾花。蜈蚣、蛇、蝎、蜥蜴等谓之毒虫。又以大金瓶数十，遍插葵、榴、栀子花，环绕殿阁，及分赐后妃诸阁，大珰近侍翠叶、五色葵榴、金丝翠扇、真珠百索、钗符经筒、香囊、软香龙涎佩带及紫练、白葛、红蕉之类。大臣贵邸，均被细葛，香罗、蒲丝、艾朵、彩团、巧粽之赐，而外邸节物，大率效尤焉”——《天时谱》 “【成都记】孟后主于成都城上遍种芙蓉，每至秋，四十里如锦绣，高下相照，因名锦城，以花染缯为帐，名芙蓉帐”——《花谱》 “【学圃余疏】芙蓉特宜水际，种类不同先后开，故当杂植之，大红最贵，最先开，次浅红，常种也，白最后开，有曰三醉者，一日间凡三换色，亦奇，客言曾见有黄者”——《花谱》 “【寰宇记】梁元帝竹林堂中多种蔷薇，康家四出蔷薇，白马寺黑蔷薇，长沙千叶蔷薇，并以长格校其上，花叶相连其下，有十间花屋，枝叶交映，芬芳袭人”————《花谱》 “【南越行记】南越之境，五谷无味，百花不香，惟茉莉、那悉茗二花特芳香，不随水土而变，与夫橘北为枳者异矣，彼处女子用彩丝穿花心，以为首饰”————《花谱》	
文献名	花木专著及花谱	凤仙谱
文献概述	清代赵学敏所著的关于凤仙花的、品类、种艺、形态等知识的花卉专谱，作者总结了前人种植凤仙的宝贵经验，提出了一套凤仙花精湛的栽培技术。赵氏对植物学及遗传变异的见解，与现代生物学中一些理论有相通之处。《凤仙谱》不仅是清代植物专谱中的佳作，也是现存优秀的中国古代花卉专谱，具有较高的学术价值。《凤仙谱》记录有性状描述的品种约181个，又依照颜色分为11个品类，其中包括各种大红、桃红、淡红、紫红、青莲、藕合、白、绿、黄、杂色、五色等。还记述了凤仙花的不同品种，花朵或大或小、或单瓣或重瓣；花形如蟹爪、如塔铃、如龙爪、如凤凰；花萼花冠配置巧妙、五颜六色。凤仙花多间色、复色、杂色、变色类型，因而常出现一花多色，一枝数色，一株五色、六色甚至七色的奇妙现象，凤仙除了花色多变，其花期还特长，更有一些芳香品种更加惹人怜爱。卷下包含从收种、播种、灌溉、施肥、观赏造型到病虫害防治，有一套完整的技术且有不少独到之处，至今仍可借鉴	
涉及花木内容摘要	“【南红】浙江土种，寻常园圃皆有。千叶，花小，瓣不齐匀，乏雅趣。然培养得法，能令花大，吐出桂心。亦列品中所不可少” “【香桃】朵大瓣匀，惟不整齐，无一朵圆稳者。秋初则华，嗅之作茉莉香，入夜尤泱射。置之寝室，殊觉清芬挹人” “【紫对】名紫鸳鸯，并蒂双开，紫艳可赏。枝干皆疏节阔大，宛如夹竹桃，叶亦长尖。其枝最易脆折，须以竹架之” “【金带青莲】瓣中有黄线贯腰。此嘉兴周氏种，云自西夷得来，真神品也。老则黄线幻出金色” “【大绿】洋种，颇不易得。又名千片绿，花最繁衍。与大白相似，但大白初开色绿，转白，此则不转白耳。质最脆，全赖调养得宜，始能滋长。蕊长瓣细，片片开放，如嫩竹叶状，极为幽致可赏” “性喜高旷。宜置盆于高处，使四面凌空，则茎皆短壮，分枝繁衍，皆有顶带，开花亦细密；若地种，四围狭逼，生枝皆瘦劣脆弱，不特易折，且花多聚顶，寥寥无几，顶叶以下皆不生蕊，片片疏薄，亦无精彩矣” “凤仙须盆种。盆要大，其式口大底小者为上，竹筒式者次之”	
文献名	花木专著及花谱	植物名实图考
文献概述	清代吴其濬编撰的一部植物学著作，全书共收录植物1714种，并附植物图，其内容主要是介绍每种植物名字的文献出处、产地、外形及用途，其中较多涉及药用价值，药用价值中也有谈及治疗园圃虫害的毒草。该书虽很少提及植物的观赏和造景作用，但在介绍木类植物的六卷中，通过对树木生地、产地、发现地的描述可间接推论出古代园庭、寺观、庙宇中常见的树木种类	

涉及花木内容摘要	"(莽草)通呼为水莽子，根尤毒……园圃中溃以杀虫，用之颇亟，其叶亦毒" "或桧或柏，庭院多植之为玩" "园庭古寺有尘尾松、栝子松、金钱松、鹅毛松，皆盆几之玩，非栋梁之用，五大夫之庶孽耳" "樟公之寿，几阅大椿。社而稷之，洵其宜也" "云南府志，优昙花在城中土主庙内，高二十丈，枝叶扶茂。……安宁过泉西岸有寺，曰曹溪，其中有昙花树一株，相传自西域来者" "云南志，龙女花太和县感通寺一株，树高数丈，花类白茶，相传为龙女所种。……又徐霞客游记，感通寺龙女花树，从根分挺，三四大株，各高三四丈，……花白大於玉兰。亦木莲之类，而异其名" "昆明县探访，会城城隍庙雪柳已数百年物" "山海棠生云南山中，园圃亦植之。树如山桃，叶似樱桃而长" "横树生山西霍州。大树亭亭，斜纹纠错，枝柯柔敷，叶如人舌骈生，长柄袅袅下垂。寺院阴清，与风摇荡，可谓嘉植"
文献名	园冶
文献概述	明代计成所著的中国古代第一本造园艺术理论著作。全书共三卷，十一篇。尽管书中没有设花木或种植专篇，但涉及的花木造景理论却渗透到全书许多篇节之中
涉及花木内容摘要	"杂树参天……繁花覆地……竹里通幽，松寮隐僻"——《相地·山林地》 "院广堪梧，堤湾宜柳；别难成墅，兹易为林。……虚阁荫桐……芍药宜栏，蔷薇未架……窗虚蕉影玲珑，岩曲松根盘礴"——《相地·城市地》 "围团篱落，处处桑麻……凿水为濠，挑堤种柳；……堂虚绿野犹开，花隐重门若掩"——《相地·村庄地》 "开荒欲引长流，摘景全留杂树……风生寒峭，溪湾柳间栽桃；月隐清微，屋绕梅余种竹"——《相地·郊野地》 "竹修林茂，柳暗花明。"——《相地·傍宅地》 "深柳疏芦之际，略成小筑，足征大观也。"——《相地·江湖地》 "梧阴匝地，槐荫当庭；插柳沿提，栽梅绕屋；结茅竹里，浚一派之长源；障锦山屏，列千寻之耸翠，虽由人作，宛自天开"——《园说》 "凡园圃立基，定厅堂为主。先乎取景，妙在朝南，倘有乔木数株，仅就中庭一二"——《立基》 "南轩寄傲，北牖虚阴。半窗碧隐蕉桐，环堵翠延萝薜。……冉冉天香，悠悠桂子。但觉篱残菊晚，应探岭暖梅先"——《借景》 "凡掇小山，或依嘉树卉木，聚散而理"——《掇山》 "理者相石皴纹，仿古人笔意，植黄山松柏、古梅、美竹，收之圆窗，宛然镜游也"——《掇山》 "修篁弄影，疑来隔水笙簧。佳境宜收，俗尘安到"——《门窗》
文献名	长物志
文献概述	明代文震亨所著，分室庐、花木、水石、禽鱼、书画、几榻、器具、位置、衣饰、舟车、蔬果、香茗十二类。文震亨认为"凡闲之营造、物之选用摆放，纤悉毕具；所言收藏赏鉴诸法，亦具有条理"，作者喜爱游园、咏园、画园，也在居家自造园林
涉及花木内容摘要	"第繁花杂木，宜以亩计。乃若庭除槛畔，必以虬枝古干，异种奇名，枝叶扶疏，位置疏密。或水边石际，横偃斜坡，或一望成林；或孤株独秀。草木不可繁杂，随处植之，取其四时不断，皆入图画。又如桃、李不可植庭除，似宜远望；红梅、绛桃，俱借以点缀林中，不宜多植。梅生山中，有苔藓者，移植药栏，最古。杏花差不耐久，开时多值风雨，仅可作片时玩。蜡梅冬月最不可少" "牡丹称花王，芍药称花相，俱花中贵裔。栽植赏玩，不可毫涉酸气。用文石为栏，参差数级，以次列种。……忌二种并列，忌置木桶及盆盎中" "玉兰，宜种厅事前。对列数株，花时如玉圃琼林，最称绝胜" "(秋海棠)性喜阴湿，宜种背阴阶砌，秋花中此为最艳，亦宜多植" "(桃)较凡桃美，池边宜多植。若桃柳相间，便俗" "李如女道士，宜置烟霞泉石间，但不必多种耳" "杏与朱李、蟠桃皆堪鼎足，花亦柔媚。宜筑一台，杂植数十本" "木香架木为轩，名'木香棚'。花时杂坐其下，此何异酒食肆中？" "石榴，花胜于果，有大红、桃红、淡白三种，千叶者名'饼子榴'，酷烈如火，无实，宜植庭际" "芙蓉宜植池岸，临水为佳；若他处植之，绝无丰致" "薝蔔……俗名'栀子'，古称'禅友'，出自西域，宜种佛室中" "杜鹃，花极烂漫，性喜阴畏热，宜置树下阴处。花时，移置几案间" "取栝子松植堂前广庭，或广台之上，不妨对偶。斋中宜植一株，下用文石为台，或太湖石为栏俱可" "(木槿)编篱野岸，不妨间植，必称林园佳友，未之敢许也" "槐、榆，宜植门庭，板扉绿映，真如翠幄" "青桐有佳荫，株绿如翠玉，宜种广庭中" "椿树高耸而枝叶疏，……圃中沿墙，宜多植以供食" "(萱草)岩间墙角，最宜此种" "(玉簪)但宜墙边连种一带，花时一望成雪，若植盆石中，最俗"

文献名	闲情偶寄
文献概述	清代李渔所撰写的一部关于养生的著作。全书共有词曲部、演习部、声容部、居室部、器玩部、饮馔部、种植部、颐养部8个部分，其中居住部和种植部对造园和花木园艺有精辟的理论和独特的见解。种植部将植物分为木本、藤本、草本、众卉、竹木五部分论述植物栽培技术和配置要点，所涉及植物大多来源于亲身实践，包括木本24种、藤本9种、草本18种、众卉9种、竹木12种
涉及花木内容摘要	"芥子园之地不及三亩，而屋居其一，乃榴之大者，复有四五株。是点缀吾居，使不落寞者，榴也；盘踞吾地，使不得尽栽他卉者，亦榴也" "秋花之香者，莫能如桂。树乃月中之树，香亦天上之香也。但其缺陷处，则在满树齐开，不留余地" "（合欢）凡植此树，不宜出之庭外，深闺曲房者，合欢之花，宜置合欢之地，如椿萱宜在承欢之所，荆棘宜在友于之场，欲其称也" "藤本之花，必须扶植。扶植之具，莫妙于从前成法之用竹屏。或方其眼，或斜其隔，因作蔽萝柱石，遂成锦绣墙垣，使内外之人，隔花阻叶，碍紫间红，可望而不可亲，此善制也" "结屏之花，蔷薇居首。其可爱者，则在富于种而不一其色。大约屏间之花，贵在五彩缤纷，若上下四旁皆一其色，则是佳人忌作之绣，庸工不绘之图，列于亭斋，有何意致？" "木香花密而香浓，此其稍逊蔷薇者也。然结屏单靠此种，未免冷落，势必依傍蔷薇。蔷薇宜架，木香宜棚者，以蔷薇条干之所及，不及木香之远也。木香作屋，蔷薇作垣，二者各尽其长，主人亦均收其利矣" "幽斋但有隙地，即宜种蕉。蕉能韵人而免于俗，与竹同功" "种树欲其成荫，非十年不可。最易活者，莫如杨柳，求其荫可蔽日，亦须数年。惟竹不然，移入庭中，即成高树，能令俗人之舍，不转盼而成高士之庐" "树之能为荫者，非槐即榆。……植于宅旁，与肯堂肯构无别"
文献名	扬州画舫录
文献概述	清代李斗所著的记录当时扬州社会生活和景物的笔记集，共18卷。其中记载了扬州一地的园亭奇观、风土人物，涉及园林的内容占有相当比例，所记诸园的布局特别详明，先总叙布局，再依次分述园内景物、布局，使读者对清代扬州园林有一个全貌性的了解
涉及花木内容摘要	"傍花村居人多种菊，薜萝周匝，完若墙壁" "桃花庵，在长春桥西。野树成林，溪毛碍桨，茅屋三四间在松楸中，其旁厓屋鳞次，植桃树数百株，半藏于丹楼翠阁，倏隐倏见" "湖上园亭，皆有花园，为莳花之地。桃花庵花园在大门大殿阶下。养花人谓之花匠，莳养盆景，蓄短松、矮杨、杉、柏、梅、柳之属。海桐、黄杨、虎刺以小为最，花则月季、丛菊为最，冬于暖室烘出芍药、牡丹，以备正月园亭之用" "飞霞楼在大殿后一层，楼前老桂四株，绣球二株，秋间多白海棠、白凤仙花" "入门山径数折，松杉密布，间以梅杏梨栗。山穷，左荼蘼架，架外丛苇，渔唱所聚，右小洞，隔洞疏竹短篱，篱取古木为之" "临流为半浮阁，阁下系园舟，名曰'泳庵'。堂下有蜀府海棠二株，池中多石磴，人呼为小千人坐。水际多木芙蓉，池边有梅、玉兰、垂丝海棠、绯白桃，石隙间种兰，蕙及虞美人、良姜洛阳诸花草" "庭前多奇石，室隅作两岩，岩上植桂，岩下牡丹、垂丝海棠、玉兰、黄白大红宝珠山茶、磬口腊梅、千叶榴、青白紫薇、香橼"

附表2 与花木相关的古文献资料整理

按时间整理	与花木相关的古文献资料整理	附表 2-1

朝代（时间段）	主要文献名录
先秦	《山海经》《周礼》《禹贡》《孟子》《管子》《庄子》
秦汉	《三辅黄图》《淮南子》《西京杂记》《氾胜之书》
魏晋南北朝	《齐民要术》《南方草木状》《魏王花木志》
隋唐	《平泉山居草木记》《四时纂要》《酉阳杂俎》《唐国史补》《北户录》《种树郭橐驼传》
两宋	《太平御览》《太平广记》《酉阳杂俎》《梦溪笔谈》《洛阳牡丹记（周师厚）》《洛阳牡丹记（欧阳修）》《洛阳名园记》《吴兴园林记》《分门琐碎录》《全芳备祖》《离骚草木疏》《独乐园记》《乐圃记》《艮岳记》《盘洲记》《天彭牡丹记》《成都牡丹记》《越中牡丹花品》《荔枝谱》《洛阳花木记》《桂海虞衡志》《陈州牡丹记》《扬州芍药谱》《菊谱》《范村菊谱》《金漳兰谱》《唐昌玉蕊辨证》《桐谱》《橘录》
元明清	《农桑辑要》《农书》《农桑衣食撮要》《种树书》《钦定授时通考》《花史左编》《学圃杂疏》《汝南圃史》《二如亭群芳谱》《花镜》《广群芳谱》《扬州画舫录》《凤仙谱》《长物志》《闲情偶寄》《园冶》《花木小志》《北墅抱瓮录》

按类型整理　　　　　　　　　　　　与花木相关的古文献资料整理　　　　　　　　　　　　附表 2-2

文献类型	主要文献名录
小说	《酉阳杂俎》《西京杂记》《唐国史补》
经书与诸子百家	《周礼》《孟子》《管子》《庄子》《淮南子》
志书及地理类	《四时纂要》《酉阳杂俎》《北户录》《三辅黄图》《山海经》《梦溪笔谈》《桂海虞衡志》《禹贡》
类书与农书	《太平御览》《太平广记》《农桑辑要》《农书》《农桑衣食撮要》《齐民要术》《氾胜之书》《分门琐碎录》《种树书》《钦定授时通考》
植物专著与花谱	《学圃杂疏》《花史左编》《汝南圃史》《二如亭群芳谱》《花镜》《广群芳谱》《扬州画舫录》《陈州牡丹记》《扬州芍药谱》《菊谱》《范村菊谱》《金漳兰谱》《唐昌玉蕊辨证》《桐谱》《橘录》《天彭牡丹记》《成都牡丹记》《越中牡丹花品》《魏王花木志》《南方草木状》《荔枝谱》《凤仙谱》《洛阳花木记》《全芳备祖》
园记	《独乐园记》《乐圃记》《艮岳记》《盘洲记》《洛阳牡丹记（周师厚）》《洛阳牡丹记（欧阳修）》《洛阳名园记》《吴兴园林记》
园林理论专著	《园冶》
其他	《离骚草木疏》《长物志》《闲情偶寄》《平泉山居草木记》《种树郭橐驼传》

按内容整理　　　　　　　　　　　　与花木相关的古文献资料整理　　　　　　　　　　　　附表 2-3

涉及内容	主要文献名录
花木释名、考证类	《离骚草木疏》《唐昌玉蕊辨证》
花木品目、分布、产地类	《山海经》《禹贡》《三辅黄图》《西京杂记》《南方草木状》《魏王花木志》《菊谱》《扬州芍药谱》《范村菊谱》《金漳兰谱》《桐谱》《陈州牡丹记》《天彭牡丹记》《成都牡丹记》《越中牡丹花品》《荔枝谱》《桂海虞衡志》
花木种植栽培、用途类	《氾胜之书》《四时纂要》《北户录》《种树郭橐驼传》《农桑辑要》《农书》《农桑衣食撮要》《齐民要术》《种树书》《钦定授时通考》
花木故事、习俗文化类	《太平广记》《酉阳杂俎》《周礼》《孟子》《管子》《庄子》《淮南子》《唐国史补》《太平御览》
花木配置与审美类	《园冶》《长物志》《闲情偶寄》《独乐园记》《乐圃记》《艮岳记》《盘洲记》《洛阳名园记》《吴兴园林记》《平泉山居草木记》
综合类	《分门琐碎录》《学圃杂疏》《花史左编》《汝南圃史》《花镜》《广群芳谱》《二如亭群芳谱》《扬州画舫录》《洛阳花木记》《全芳备祖》《洛阳牡丹记（周师厚）》《洛阳牡丹记（欧阳修）》《太平广记》《太平御览》《橘录》《梦溪笔谈》《凤仙谱》

按地方/区域整理　　　　　　　　　　与花木相关的古文献资料整理　　　　　　　　　　　　附表 2-4

涉及地区	主要文献名录
中原地区	《氾胜之书》《陈州牡丹记》《艮岳记》《平泉山居草木记》《洛阳花木记》《洛阳牡丹记（周师厚）》《洛阳牡丹记（欧阳修）》《洛阳名园记》《独乐园记》
长安-咸阳	《三辅黄图》《西京杂记》《唐昌玉蕊辨证》《种树郭橐驼传》
江南地区	《学圃杂疏》《范村菊谱》《乐圃记》《越中牡丹花品》《吴兴园林记》《扬州芍药谱》《扬州画舫录》
岭南地区	《南方草木状》《北户录》《桂海虞衡志》
川蜀地图	《天彭牡丹记》《成都牡丹记》
福建-闽南	《荔枝谱》《金漳兰谱》
南方其他城市	《离骚草木疏》《魏王花木志》《荔枝谱》《盘洲记》《橘录》
综合范围	《山海经》《禹贡》《周礼》《孟子》《管子》《庄子》《淮南子》《太平广记》《酉阳杂俎》《四时纂要》《唐国史补》《农桑辑要》《农书》《农桑衣食撮要》《齐民要术》《种树书》《钦定授时通考》《分门琐碎录》《花史左编》《全芳备祖》《太平御览》《菊谱》《桐谱》《梦溪笔谈》《汝南圃史》《花镜》《广群芳谱》《二如亭群芳谱》《园冶》《长物志》《闲情偶寄》《凤仙谱》

附表3 古代涉及若干花木文化及景致之诗篇梳理

柳	涉及"柳"之景观诗篇摘选		附表 3-1
场所	代表诗句	作者	出自
宫苑	"千条弱柳垂青琐，百转流莺绕建章"	唐代贾至	《早朝大明宫呈两省僚友》
	"垂杨堤畔彩舟横，凤沼瑶津一望平"	北宋赵佶	《宫词》
	"禁苑传香，柳边语、听莺报"	南宋吴文英	《探芳信·其五 贺麓翁秘阁满月》
	"皇居城万雉，禁苑柳千章"	元代陈高	《丁酉岁述怀一百韵》
	"花明禁苑春初媚，柳拂宫袍绿未齐"	明代史鉴	《次进士马中锡吴淑游京师西山韵八首·其八》
寺观	"凉风撼杨柳，晴日丽荷花"	南宋张孝祥	《三塔寺阻雨·其二》
	"寺从杨柳阴中出，僧在莲花会上行"	宋代胡仲弓	《旧题宝胜寺壁》
	"杨柳柴门孤犬吠，桔槔蔬圃一泉流"	明代萧显	《游慈恩寺二首·其一》
	"寺前杨柳绿阴浓，槛外晴湖白映空"	明代文徵明	《游西山诗十二首·其八 歇马望湖亭》
	"十里杏花红雨路，几层杨柳绿荫楼"	清代基生兰	《春日游南山寺即景》
私家庭院	"画阁朱楼尽相望，红桃绿柳垂檐向"	唐代王维	《洛阳女儿行》
	"露浓烟重草萋萋，树映阑干柳拂堤"	唐代温庭筠	《经李徵君故居》
	"梨花院落溶溶月，柳絮池塘淡淡风"	北宋晏殊	《寄远》
	"院落无人日亭午，柳花如雪满阑干"	宋代释道潜	《春晚·其二》
	"柳丝舞困阑干暖。柳外秋千裙影乱"	宋代侯寘	《渔家傲·其一》
城市街道	"垂杨十二衢，隐映金张室"	唐代韦应物	《拟古诗十二首·其三》
	"疏柳高槐古巷通，月明西照上阳宫"	唐代刘沧	《拟古诗十二首·洛阳月夜书怀》
	"垂柳街头百丈丝，杏花林处度黄鹂"	唐代丘为	《对雨闻莺》
	"茶陵一道好长街，两畔栽柳不栽槐"	五代伊用昌	《题茶陵县门》
水岸河堤	"河堤柳新翠，苑树花先发"	唐代宋之问	《龙门应制》
	"松萝霁蔼群峰寺，杨柳轻风十里堤"	南宋陈著	《游西湖》
	"六桥杨柳岸，荷花云水乡"	南宋方回	《忆我二首各三十韵·其二》
	"官街杨柳绿参差，花外危亭俯路岐"	元代宋褧	《城南小雨》
村落乡居	"门前种柳深成巷，野谷流泉添入池"	唐代高适	《寄宿田家》
	"数间茅屋水边村，杨柳依依绿映门"	宋代孙觌	《吴门道中二首·其一》
	"垂杨旧种成篱落，小径初开近石矼"	元末明初陶宗仪	《题王筠庵水村山居二首·其一》
	"榆绕村庄柳绕垣，绿阴深处启柴门"	明代李昌祺	《洧川田家》
	"一湾流水一湾竹，两岸垂杨两岸蝉"	明代龚诩	《芝塘道中即事》

桃李梅杏 涉及"桃、李、梅、杏"景致描写的诗篇摘选 附表 3-2

场所	代表诗句	作者	出自
城市风貌	"柳叶园花处处新，洛阳桃李应芳春"	唐代骆宾王	《艳情代郭氏苍卢照邻》
	"李白桃红满城郭，马融闲卧望京师"	唐代羊士谔	《山阁闻笛》
	"东风动地吹花发，渭城桃李千树雪"	唐代独孤及	《同岑郎中屯田韦员外花树歌》
	"桃花红兮李花白，照灼城隅复南陌"	唐代贺知章	《望人家桃李花》
	"最忆春风石城坞，家家桃杏过墙开"	北宋王安石	《金陵》
	"桃李满城阴合，杨柳绕堤绿暗"	南宋林淳	《水调歌头·其二》
	"竹依柏树增新翠，梅与桃花间小红"	元代吴文让	《戊寅雪后和谢提举韵》
园林、庭院	"桃花落地杏花舒，桐生井底寒叶疏"	北周王褒	《燕歌行》
	"桃李花开覆井栏，朱楼落日捲帘看"	唐代崔颢	《代闺人答轻薄少年》
	"两株桃杏映篱斜，妆点商山副使家"	北宋王禹偁	《春居杂兴·其一》
	"小院低窗。桃李花开春昼长"	宋代朱敦儒	《减字木兰花·其十六》
	"桃李未吐梅英空，杏花嫣然作小红"	南宋王十朋	《甘露堂前有杏花一株在修竹之外殊有风味用昌黎韵》
	"肃肃月浸树，满庭秾李花"	南宋范成大	《寒夜》
	"桃李方葳蕤，兰芷纷扶疏"	元代王士元	《绛州居园池和契世玉韵》
	"窗外青梅结子稀，门墙桃李争晴辉"	明代薛瑄	《寒食城东即事》
田园、乡居	"不逐浮云不羡鱼，杏花茅屋向阳居"	唐代刘商	《归山留别子侄二首·其二》
	"十亩开金地，千林发杏花"	唐代陈翥	《曲江亭望慈恩寺园花发》
	"李花宜远更宜繁，惟远惟繁足看"	南宋杨万里	《李花》
	"灼灼桃李花，层层远皆见"	明代王沂	《由竹坝望锦川桃李春色如画有怀陈邑令》
	"寂寞南城一草堂，新栽桃李渐成行"	明代金丽兼	《閒居》
盆景与瓶插	"孤坐斋斋人寂寂，一枝红烛两瓶梅"	南宋杨万里	《卧治斋夜坐》
	"倒植盘梅已反常，无端更接杏花芳"	南宋钱时	《盆梅倒植剔朽根作古怪僧复接杏花其上小诗吊之》
	"小盆留宿雨，疏影亦横斜"	明代鲁铎	《盆梅》
	"盆梅累累开，移来就几案"	明末清初施闰章	《正月二日同家人饮梅花下》
	"南殿秘阁炉火温，盆梅新绽香雪繁"	清代张英	《山灵代梅语》

涉及"桑柘"之景致描写的诗篇摘选 附表 3-3

朝代	代表诗句	作者	出自
唐之前	"春草郁青青，桑柘何奕奕"	西晋潘岳	《内顾诗二首·其一》
	"花木乱平原，桑柘盈平畴"	南朝鲍照	《代阳春登荆山行》
	"勠勠桑柘繁，芃芃麻麦盛"	南梁任昉	《落日泛舟东溪诗》
唐至五代	"河堤绕绿水，桑柘连青云"	唐代李白	《赠清漳明府侄聿》
	"耕地桑柘间，地肥菜常熟"	唐代高适	《同群公题张处士菜园》
	"桑柘悠悠水蘸堤，晚风晴景不妨犁"	唐代储光羲	《田家即事》
	"泉溢沟塍坏，麦高桑柘低"	唐代司空曙	《田家》
	"野蚕成茧桑柘尽，溪鸟引雏蒲稗深"	唐代李贺	《新夏歌》
	"前村后垄桑柘深，东邻西舍无相侵"	五代贯休	《春晚书山家屋壁二首·其二》
	"人担犁锄细雨歇，路入桑柘斜阳微"		《春末兰溪道中作》

朝代	代表诗句	作者	出自
两宋	"小园烟草接邻家,桑柘阴阴一径斜"	北宋宋庠	《小园四首·其一》
	"驿道夷平桑柘美,人言从此属皇州"	北宋孔武仲	《入鄩陵界》
	"迢迢一水绕千山,桑柘阴阴聚落宽"	北宋张商英	《过梁口》
	"海陵东去尽东隅,桑柘田间间碧芦"	北宋华镇	《海门》
	"设险丘陵荒蔓草,带城桑柘接新耕"	北宋张耒	《金陵怀古》
	"万株桑柘拥江城,中有梅花独自清"	北宋邹浩	《谒武侯道中·其一》
	"梨杖晚经桑柘坞,园林秋尽露人家"	北宋释德洪	《秋晚三首·其一》
	"土田平似掌,桑柘大如槐"	北宋邵雍	《过永济桥二首·其一》
	"买山诛茅草,绕屋植桑柘"	宋代晁公溯	《闻范道卿将赴试成都作此勉之》
	"一径松篁影,满畦桑柘栽"	宋代喻良能	《次韵外舅黄虞卿为爱山园好八首·其六》
	"出门闲步草萋萋,桑柘阴中亦有蹊"	南宋徐玑	《新春书事》
	"闻风元不隔扃扉,桑柘松筠匝匝围"	南宋陈鞾	《游武夷作·其一》
	"人家半在桑柘住,春水忽迷芦苇丛"	南宋陈必复	《舟中效东坡用韵》
	"当庭锄土栽桑柘,成级开田种麦麻"	南宋陈炎	《出乡》
	"荻芦花重霜初下,桑柘阴移月未沉"	南宋宋伯仁	《夜过乌镇》
	"芋瓜青绕屋,桑柘绿当门"	宋末元初汪宗臣	《乙亥避地横槎山中》
元至明初	"几时桑柘深深圃,数里葭兼狭狭溪"	元代吴镇	《慈里山》
	"园池绕屋无十亩,桑柘成林自一村"	元末明初张适	《晚过戴隐居草堂》
	"何须种桃李,桑柘满城东"	元末明初邓雅	《题永丰令蔡行素朴实斋》
	"青松在园田,桑柘荫庐室"	元代郭奎	《纪梦》
	"绕庭桑柘雨馀肥,郊外人来采得归"	元末明初陶安	《桑柘》
明	"俺门前两行槐杨影。院后一丛桑柘阴"	明代杨景贤	《般涉调·耍孩儿》
	"长葛古郑地,桑柘连四野"	明代陈琏	《宿长葛》
	"桑柘千村晚,枌榆四野秋"	明代李昌祺	《长葛道中》
	"枣榆连林晚卧犊,桑柘绕屋春供蚕"	明代李昌祺	《题张金宪琦公馀行乐》
	"几家篱落依桑柘,千顷陂田杂稻粳"	明代陈振	《吴塘晓度》
	"烟村桑柘通幽径,野店杉篁护短篱"	明代黄仲昭	《袁州道中二首·其一》
	"绕屋艺桑柘,何年此卜居"	明代华察	《与仅初过思闲草堂》
	"十里菰蒲水,连阡桑柘园"	明代龚用卿	《湖上晚归堂》
清	"菱湾藕港移舟楫,桑柘枫林近相接"	清代梁佩兰	《送方葆羽归桐城兼柬其尊公依岩》
	"芙蓉馆北香浮沼,桑柘村西月满桥"	清代胤禛	《月夜泛舟》
	"菽葵村落圃,桑柘水边林"	清代胤禛	《述杯》
	"花光桥抵松毛场,桑柘阴阴青绕郭"	清代钱大昕	《同筱饮药耘步至湖上泛舟登孤山放鹤亭》
	"白板扉开桑柘外,红榴花映蒹葭丛"	清代蒋继伯	《茅屋》
	"压檐桑柘纷掩映,当窗蕉杏列青红"	清代杨树	《题春山筑展图》

涉及"榆"之景致描写的诗篇摘选

附表 3-4

场所	代表诗句	作者	出自
城市	"高城榆柳荫，虚阁芰荷香"	唐代许浑	《卧病寄诸公》
	"鹿角科民岁甚劳，故栽榆柳匝城壕"	北宋韩琦	《壕林》
	"暖风和日著人来，细柳高榆抱径回"	北宋韩维	《西城三绝句·其一愁台》
	"春尽芜城天一涯，白榆生荚柳生花"	北宋司马光	《三月晦日登丰州故城》
	"日射金堤御水明，杨花榆荚出宫城"	元代宋褧	《漫成》
	"白榆城阙秋云上，红树楼台夕照中"	元代陈旅	《福州冲虚观》
	"峨峨第宅切云起，植以榆柳交相遮"	元末明初陆仁	《芝云堂嘉宴》
	"榆柳新烟渐满城，出门人唱北邙行"	明代石宝	《清明二首·其一》
城郊、乡村	"新晴望郊郭，日映桑榆暮"	唐代王维	《丁宇田家有赠》
	"艳冶桃花迎马笑，轻狂榆荚扑人飞"	唐代王禹偶	《寒食出城马上偶作》
	"满园植葵藿，绕屋树桑榆"	唐代储光羲	《田家杂兴八首·其二》
	"最爱城西路，槐榆拱高秋"	北宋张耒	《淮阳》
	"一雨郊坼迥，新秋榆枣繁"	北宋欧阳修	《陪府中诸官游城南》
	"榆烟寂寂千家晓，柳絮纷纷万里寒"	明代黎贞	《寒食遇雪》
	"杜梁往往农功后，榆柳阴阴官路傍"	明代程本立	《送洧川李主簿被荐赴京师》
	"千树烟火蔼桑麻，万落人家荫榆柳"	明代杨荣	《题李参议辕门清晓图》
	"杨花榆荚满城东，乡思离情此日同"	明代谢廷柱	《送林贰尹赴灵山》
	"门叩官堤榆荚里，马寻歧路菜畦间"	明末清初钱澄之	《同然石出西郊即事》
	"周围自成村，编篱植桑榆"	明代孙承恩	《村居小景图》
	"榆树渠头水溅溅，膏腴万顷作良田"	清代姚雨春	《东新庄屯田从榆树沟开渠》
庭院	"手种榆柳成，阴阴覆墙屋"	唐代白居易	《孟夏思渭村旧居寄舍弟》
	"满砌荆花铺紫毯，隔墙榆荚撒青钱"		《晚春重到集贤院》
	"柳腰入户风斜倚，榆荚堆墙水半淹"	唐代韩偓	《春尽日》
	"莓苔遍地榆钱满，院落无人柳絮飞"	北宋释德洪	《次韵五首·其四》
	"樱笋园林绿暗，槐榆院落清和"	南宋范成大	《西江月》
	"风静窗前榆叶闹，雨馀墙角藓苔斑"	宋代朱淑真	《暮春三首·其一》
	"中庭白榆树，时有一蝉声"	元代张翥	《闻蝉》
	"榴火烘人，榆钱满地，竹院梧垣无暑"	明代吴子孝	《齐天乐·午日》
水边、堤岸	"解缆古城阴，系舟绿榆影"	北宋孔武仲	《汴河汲井》
	"绿榆覆水平如杯，前湾旋放水头来"		《堤下》
	"古堤多长榆，落荚鹅眼小"	北宋梅尧臣	《汴堤莺》
	"鹿门不道似乌溪，榆柳连阴覆大堤"	元末明初张昱	《瀼东耕者，为社友黄成章赋》
	"傍堤榆柳皆新种，近舍柘枝不记年"	元代宋褧	《漫成》
	"榆树渠头水溅溅，膏腴万顷作良田"	清代姚雨春	《东新庄屯田从榆树沟开渠》

涉及"槐"之景致描写的诗篇摘选

附表 3-5

场所	代表诗句	作者	出自
槐庭／庭槐	"庭槐振藻，园桃阿那。"	西晋陆云	《失题》
	"白露滋园菊，秋风落庭槐"	南朝谢惠连	《捣衣诗》
	"槐庭垂绿穗，莲浦落红衣"	北周庾信	《入彭城馆诗》
	"庭槐寒影疏，邻杵夜声急"	唐代孟浩然	《秋宵月下有怀》
	"庭槐宿鸟乱，阶草夜虫悲"	唐代岑参	《佐郡思旧游》
	"篱菊仍新吐，庭槐尚旧阴"	唐代刘禹锡	《九日题蔡国公主楼》

场所	代表诗句	作者	出自
槐庭/庭槐	"庭槐高臃肿，屋盖素模胡"	北宋梅尧臣	《和江邻几咏雪二十韵》
	"寒风飒飒响庭槐，爱日明窗坐北斋"	北宋寇准	《冬日北斋》
	"我种庭槐高百尺，三公当必付诸孙"	明代王鏊	《秉之作且适园有诗和之》
	"砌菊丛丛攒露蕊，庭槐隐隐落风端"	清代彭孙遹	《晚秋杂感·其一》
	"雨后禅关满绿苔，殿松枝干接庭槐"	清代田雯	《崇效寺坐雪坞上人三语轩茶话四首·其一》
槐阴/槐影/槐花	"槐阴覆堂殿，苔色上阶砌"	唐代刘长卿	《送薛据宰涉县》
	"闲坐槐阴下，开襟向晚风"	唐代白居易	《闲坐》
	"绿槐阴里黄莺语，深院无人春昼午"	唐末至五代韦庄	《应天长·其一》
	"榴花映叶未全开，槐影沉沉雨势来"	北宋司马光	《夏日西斋书事》
	"夜色槐阴重，雨声官舍寒"	北宋司马光	《八月七日夜省直苦雨三首·其一》
	"黄昏独立佛堂前，满地槐花满树蝉。"	唐代白居易	《暮立》
	"槐花满庭除，籍籍不可扫"	北宋司马光	《扫枣好草倒》
槐街/槐道/槐路	"青槐夹道多尘埃。龙楼凤阙望崔嵬"	魏晋无名氏	《行者歌》
	"槐垂御沟道，柳缀金堤岸"	南朝梁刘峻	《自江州还入石头诗》
	"朱台郁相望，青槐纷驰道"	南朝齐谢朓	《永明乐十首·其三》
	"杏堂歌吹合，槐路风尘饶"	南朝陈江总	《洛阳道二首·其一》
	"迢迢青槐街，相去八九坊"	唐代白居易	《寄张十八》
	"槐街绿暗雨初匀，瑞雾香风满后尘"	北宋苏轼	《次韵曾子开从驾二首·其一》
	"往事岂期红药省，旧游重到绿槐街"	清代彭孙遹	《冬夜与庭表逊来莛宫话旧感赋》

涉及"松柏"之景致描写的诗篇摘选   附表 3-6

场所	代表诗句	作者	出自
陵寝/墓冢之松柏	"东西植松柏，左右种梧桐"	汉乐府诗	《孔雀东南飞·古诗为焦仲卿妻作》
	"芒芒丘墓间，松柏郁参差"	西晋傅玄	《挽歌》
	"高坟郁兮巍巍，松柏森兮成行"	曹魏曹植	《寡妇诗》
	"不观松柏茂，空馀荆棘场"	唐代李隆基	《过王浚墓》
	"车辙广若长安路，蒿草少于松柏树"	唐代王建	《北邙行》
	"松柏绕丘墓，凌云郁青青"	明代杨士奇	《馀姚陈处士挽诗》
	"碧砌红阑松柏里，迢遥复道中天起"	明代唐顺之	《皇陵行》
	"林祠竹梅疏，岳墓松柏劲"	明代孙承恩	《西湖》
寺、观、祠、庙之松柏	"飞轩俯松柏，抗殿接云烟"	唐代刘孝孙	《游清都观寻沈道士得仙字》
	"云生紫殿幡花湿，月照青山松柏香"	唐代卢纶	《宿定陵寺》
	"眼前风景似襄阳，松柏参天竹满岗"	北宋李鹰	《题唐洲东寺访友人不值诗·其二》
	"松柏苍苍荫碧澜，碧澜深处有龙蟠"	宋代葛绍体	《水陆寺》
	"山川蒲子国，松柏晋侯祠"	金朝郝俣	《揽秀轩》
	"数株松柏无枝叶，尽是唐人手自栽"	明代王恭	《古寺·其二》
	"萧寺疏钟引客寻，覆阶松柏绿森森"	清代弘历	《关圣祠》
庭院之松柏	"殿庭松柏午阴浓，地占神山绝境中"	北宋王随	《玉兔寺》
	"云霞满屋光难掩，松柏数庭景有馀"	宋代师祯	《题义门胡氏华林书院》
	"昨夜铁牛头角露，满庭松柏撼秋风"	北宋释文准	《偈十二首·其一》
	"忆昔辞君出门去，手种庭前松柏树"	元末明初刘基	《远如期》
	"松柏荫庭外，众卉罗松边"	明代杨士奇	《玄默斋诗》
	"庭前趁雨移松柏，屋后先秋去草莱"	明代吴俨	《次国贤宪副见寄次韵二首·其二》
	"隔岁草莱诛濯濯，一庭松柏长森森"	明代苏葵	《顺庆沈太守建岁寒书院偶留题》

白杨 涉及"白杨"之景致描写的诗篇摘选 附表 3-7

场所	代表诗句	作者	出自
墓地坟冈之白杨	"白杨何萧萧，松柏夹广路"	魏晋无名氏	《古诗十九首·其十三》
	"白杨多悲风，萧萧愁杀人"		《古诗十九首·其十四》
	"荒草何茫茫，白杨亦萧萧"	东晋陶潜	《拟挽歌辞三首·其三》
	"烈烈焚青棘，萧萧吹白杨"	唐代王绩	《过汉故城》
	"棠梨花映白杨树，尽是死生离别处"	唐代白居易	《寒食野望吟》
	"萧萧风树白杨影，苍苍露草青蒿气"		《哭师皋》
	"萧萧白杨尽，靡靡芳草生"	元代王艮	《追和唐询华亭十咏·其十三女冈》
	"青松夹前道，白杨荫崇垣"	元代刘鹗	《南城门外书所见二首·其一》
	"转头石马卧荆棘，白杨萧瑟秋风悲"	元代乃贤	《北邙山歌》
	"黄棘何榛榛，白杨亦翳翳"	元代陈肃	《题邹忠公墓》
	"碧砌红阑松柏里，迢遥复道中天起"	明代唐顺之	《皇陵行》
	"林祠竹梅疏，岳墓松柏劲"	明代孙承恩	《西湖》
送别、离别、怀古、乡野、山林之白杨	"白杨风起秋山暮，时复哀猿啼一声"	唐代胡骈	《经费拾遗旧隐》
	"春晚西溪入胜游，白杨花乱绿波浮"	宋代刘跂	《又泛西溪》
	"白杨叶上三更雨，黄菊风前一酒卮"	宋代张舜民	《题三水县舍左几著作》
	"流水无情去不还，白杨青草满前山"	宋代胡仲弓	《题劳劳亭》
	"墙东双白杨，秋声隔窗满"	元代揭傒斯	《和欧阳南阳月夜思二首·其二》
	"黄草泊围青草甸，白杨河绕绿杨堤"	元代耶律铸	《婆罗门六首·其四》
	"千林红叶兼黄叶，几树青杨间白杨"	明代李昌祺	《裕州山中即景》
	"昨黄草尽随云岭没，白杨分带岸沙开"	明代陈子龙	《卫河道中·其一》

梧桐 涉及"梧桐"之景致描写的诗篇摘选 附表 3-8

意象与景致	代表诗句	作者	出自
梧桐与井	"细草缘玉阶，高枝荫桐井"	北魏温子升	《从驾幸金墉城诗》
	"季月双桐井，新枝杂旧林"	南朝梁萧纲	《代乐府三首·其三 双桐生空井》
	"楼前飘密柳，井上落疏桐"	南朝梁萧绎	《藩难未静述怀诗》
	"玉醴吹岩菊，银床落井桐"	南朝梁庾肩	《吾九日侍宴乐游苑应令诗》
	"庭中芳桂憔悴叶，井上疏桐零落枝"	南朝陈江总	《姬人怨》
	"桃花落地杏花舒，桐生井底寒叶疏"	北周王褒	《燕歌行》
	"秋潭渍晚菊，寒井落疏桐"	北周宇文毓	《过旧官诗》
	"唯余一废井，尚夹两株桐"	隋元行恭	《过故宅诗》
	"银井桐花发，金堂草色齐"	唐代李峤	《三月奉教作》
	"青桐双拂日，傍带凌霄花。绿叶传僧磬，清阴润井华"	唐代李颀	《题僧房双桐》
	"金井梧桐秋叶黄，珠帘不卷夜来霜"	唐代王昌龄	《长信秋词五首·其一》
	"梧桐渐覆井，时鸟自相呼"	唐代储光羲	《闲居》
	"门前五杨柳，井上二梧桐"	唐代李白	《赠崔秋浦三首·其一》
	"梧桐杨柳拂金井，来醉扶风豪士家"		《扶风豪士歌》
	"梧桐落金井，一叶飞银床"		《赠别舍人弟台卿之江南》
	"入门紫鸳鸯，金井双梧桐"		《效古二首·其一》
	"辘轳井上双梧桐，飞鸟衔花日将没"	唐代常建	《古兴》

意象与景致	代表诗句	作者	出自
梧桐与井	"雨滋苔藓侵阶绿，秋飒梧桐覆井黄"	唐代岑参	《秋夕读书幽兴献兵部李侍郎》
	"苔色遍春石，桐阴入寒井"	唐代司徒曙	《石井》
	"桐花落万井，月影出重城"	唐代皎然	《同裴录事楼上望》
	"玉坛标八桂，金井识双桐"	唐代卢纶	《早秋望华清宫中树因以成咏》
	"井上梧桐是妾移，夜来花发最高枝"	唐代张窈窕	《春思二首·其二》
	"露井桐柯湿，风庭鹤翅闲"	唐代张南史	《同韩侍郎秋朝使院》
	"梧桐叶下黄金井，横架辘轳牵素绠"	唐代张籍	《楚妃怨》
	"覆井桐新长，阴窗竹旧栽"	唐代白居易	《题故曹王宅》
	"深院梧桐夹金井，上有辘轳青丝索"	唐代李涉	《六叹·其四》
	"蟋蟀鸣洞房，梧桐落金井"	唐代张祜	《杂曲歌辞·其一墙头花》
	"朱阁前头露井多，碧梧桐下美人过"	唐代陆龟蒙	《野井》
	"玉阑干，金鳌井，月照碧梧桐影"	五代末宋初欧阳炯	《更漏子》
	"辘轳金井梧桐晚，几树惊秋，昼雨如愁"	南唐李煜	《采桑子·其一》
	"前槛兰苕依玉树，后园桐叶护银床"	北宋胡宿	《侯家》
	"深院无人共清景，静闻金井落梧桐"	宋代李纲	《夜月独坐二绝句·其一》
桐荫/梧桐小景	"梧桐窗下影，乌鹊槛前声"	隋末唐初刘斌	《登楼望月二首·其一》
	"梧桐荫我门，薛荔网我屋"	唐代储光羲	《田家杂兴八首·其七》
	"西披梧桐树，空留一院阴"	唐代杜甫	《送贾阁老出汝州》
	"砌香翻芍药，檐静倚梧桐"	唐代皎然	《春日会韩武康章后亭联句》
	"炎炎夏日满天时，桐叶交加覆玉墀"	唐代王涯	《宫词三十首·其十九》
	"寒月沈沈洞房静，真珠帘外梧桐影"	唐代白居易	《空闺怨》
	"篱菊花稀砌桐落，树阴离离日色薄"	唐代白居易	《秋晚》
	"明月满庭池水渌，桐花垂在翠帘前"	唐代元稹	《忆事》
	"月上蝉韵残，梧桐阴绕地"	唐代沈亚之	《村居》
	"杨柳阴中引御沟，碧梧桐树拥朱楼"	唐末至五代花蕊夫人徐氏	《宫词·其一百四》
	"蕉叶犹停翠，桐阴已爽寒"	唐代朱庆馀	《和刘补阙秋园寓兴之什十首·其八》
	"梧桐叶落满庭阴，锁闭朱门试院深"	唐代魏扶	《贡院题》
	"春刻几分添禁漏，夏桐初叶满庭柯"	唐代薛能	《投杜舍人》
	"萧寺曾过最上方，碧桐浓叶覆西廊"	唐代李远	《闻明上人逝寄友人》
	"台殿虚窗山翠入，梧桐疏叶露光悬"	唐代刘沧	《留别复本修古二上人》
	"庭前梧桐枝，飒飒南风生"	五代贯休	《上裴大夫二首·其二》
	"塘平芙蓉低，庭闲梧桐高"	唐代皮日休	《杂体诗·奉酬鲁望夏日四声四首》
	"梧桐四更雨，山水一庭风"	唐代黄滔	《寄李校书游简寂观》
	"碧梧桐锁深深院"	五代末宋初欧阳炯	《贺明朝》
	"梧桐双影上朱轩，立阶前"	五代冯延巳	《虞美人》
	"寂寞梧桐深院，锁清秋"	南唐李煜	《相见欢·其二》
	"暗澹小庭中，滴滴梧桐雨"	五代末至宋初孙光宪	《生查子·其一》
	"闲庭庭畔植梧桐，上有新蝉噪晚风"	北宋释智圆	《湖西杂感诗·其三》
	"广堂铺琉璃，高檐荫梧桐"	北宋梅尧臣	《和江邻几景德寺避暑》
	"庭户深沉，满地梧桐影"	北宋李之仪	《蝶恋花·其一》
	"桐身青琅玕，桐叶蒲葵扇"	北宋苏辙	《和鲜于子骏益昌官舍八咏·其一》
	"窗前两梧桐，清阴覆东墙"	北宋谢逸	《夏夜杂兴·其八》

意象与景致	代表诗句	作者	出自
梧桐与竹的惯用搭配	"接垣分竹径，隔户共桐阴"	唐代张说	《答李伯鱼桐竹》
	"秋容未觉成萧飒，修竹疏桐阴四匝"	北宋邹浩	《次德符韵六诗·其一 书怀二首》
	"竹影桐阴夏日长，水花晚色净林塘"	宋代李纲	《次韵李似宗示小圃之作二首·其二》
	"桐竹绕庭匝，雨多风更吹"	唐代贾岛	《雨夜同厉玄怀皇甫荀》
	"竹影桐阴窗外"	北宋李之仪	《更漏子·借陈君俞韵》
	"桐竹交阴覆广庭，秋风时与叶争鸣"	北宋邹浩	《南堂八绝句·其二》
	"人正静，桐阴竹影，半侵庭户"	宋代张半湖	《满江红·夏》
	"梧桐杨柳竹阴间，菱荷叠重花婀娜"	南宋方回	《题徐仲彬达观亭》
	"桐阴竹色不见日，水气荷风多是凉"	元代于立	《玉山佳处联句》
	"修竹与疏桐，秋阴接桂丛"	元末明初高启	《一窗秋影》
	"高堂桐竹新凉早，瓜藕筵中陈火枣"	明代王彦泓	《郑超宗母七月七夕七旬初度》

梨花	涉及"梨花"之景致描写的诗篇摘选		附表 3-9
类型	代表诗句	作者	出自
梨花蝶舞	"杂雨疑霰落，因风似蝶飞"	南朝梁刘孝绰	《于座应令咏梨花诗》
	"巧解逢人笑，还能乱蝶飞"	唐代皇甫冉	《和王给事禁省梨花咏》
	"巧解逢人笑，还能乱蝶飞。清风时入户，几片落新衣"	北宋黄庭坚	《梨花》
	"旧日郭西千树雪，今随蝴蝶作团飞"	北宋谢逸	《梨花已谢戏作二诗伤之·其一》
梨花喻美人（杨贵妃）	"梨花有思缘和叶，一树江头恼杀君。最似媚闺少年妇，白妆素袖碧纱裙"	唐代白居易	《酬和元九东川路诗十二首江岸梨花》
	"粉香初试晓妆匀，花貌参差是玉真"	南宋陆文圭	《梨花》
	"一林轻素媚春光，透骨浓薰百和香。消得太真吹玉笛，小庭人散月如霜"	金代段继昌	《梨花》
	"梨花如静女，寂寞出春暮……孤芳忌太洁，莫遣凡卉妒"	金末元初元好问	《梨花海棠二首·其一》
	"孤洁本无匹，谁令先众芳。花能红处白，月共冷时香。缟袂清无染，冰姿淡不妆"	金代庞铸	《梨花》
	"冰雪肌肤香韵细，月明独倚阑干。游丝萦惹宿烟环。东风吹不散，应为护轻寒"	元代刘秉忠	《临江仙·梨花》
梨花园/梨花林/道旁梨花	"千株缀雪绀园中，数顷花开几度逢。体莹直忧春欲妒，色孤犹喜月相容"	北宋强至	《依韵奉和司徒侍中同赏梨花》
	"北山梨花千树栽，年年清明花正开。薛君好事两邀我，骑马看花携酒来。看花出郭我所爱，况是梨花最多态。我牵尘俗不得赴，花本无情花亦"	元末明初杨基	《北山梨花》
	"洛阳城西千树雪，走马看花遍阡陌"	元代柯九思	《题钱舜举画梨花》
	"万枝瑶雪倚风斜，似浣明妆候翠华。日涉邮程春已暮，今朝初见马前花"	明代严嵩	《见道傍梨花》
	"驿路梨花发，丛丛盛莫当。轻车斜度影，疏幌暗浮香"	明代黄儒炳	《道中梨花》
压沙寺梨花	"孤园不治黄金界，醉笔徒夸白雪香。风急几翻云影乱，殿深全掩玉毫光"	北宋韩琦	《会压沙寺观梨花》
	"兴福梨珍号素封，千株花发此欣逢。风开笑脸轻桃艳，雨带啼痕自玉容。蝶舞只疑残靥坠，月明唯觉异香浓"	北宋韩琦	《同赏梨花》
	"压沙寺后千株雪，长乐坊前十里香。寄语春风莫吹尽，夜深留与雪争光"	北宋黄庭坚	《压沙寺梨花》
	"压沙寺里万株芳，一道清流照雪霜。银阙森森广寒晓，仙人玉伏有天香"	北宋晁补之	《和王拱辰观梨花二首·其二》

类型		代表诗句	作者	出自
梨花院落小景		"杨柳亭台暮，梨花院落深"	北宋文彦博	《深院》
		"梨花庭院雪玲珑，微吟独倚秋千架"	北宋贺铸	《踏莎行七首·其六 晕眉山》
		"深院袅香风，看梨花、一枝开早。珑璁映面，依约认娇鬟，天淡淡，月溶溶"	南宋曾觌	《暮山溪·暮秋赏梨花》
		"梨花一树照清池，煖雪晴风二月时。忽忆小园曾种得，今年应发两三枝"	元末明初刘崧	《见池上梨花》
		"为尔东堂雪满林，花时长是忆吾庐。风前恐化庄周蝶，月下还迷卫玠车"	元末明初张昱	《东堂梨花》
		"深院溶溶夜色新，素娥移步就花神。琼姿皓魄相辉映，并作人间一段春"	明代朱诚泳	《梨花夜月》
		"梨花盈盈雪一树，照日不消半含露。香气氤氲百和馀，隔墙暗逐东风度"	明代潘希曾	《曹亚卿第赏梨花》
		"今宵风物异寻常，月底梨开万朵光。闪雪摇冰偏倍昼，迷枝浸叶总生凉"	明代徐渭	《月下梨花·其一》
		"院落溶溶暗自芳，是空是色费评章。画栏幽隔花无影，皓魄光摇雪有香"	清代敦敏	《月下梨花》
		"一白疑无影，亭亭物外斜……阑干两三曲，何处著春华"	清代洪亮吉	《晓起看梨花》
梨花与其他花木对比	海棠	"海棠红映梨花白，拄杖芒鞋绕屋檐"	宋代洪刍	《戏赠僧庵二首·其一》
		"海棠开尽故清寒，漠漠梨花暮色闲"	宋代赵崇鐇	《壁间韵·其三》
		"见梨花初带夜月，海棠半含朝雨"	宋代万俟咏	《三台·清明应制》
		"海棠故作十分红，梨更超然与雪同"	南宋陈傅良	《游金盆赵园赋海棠梨花呈留宰》
		"海棠红瘦，梨花香淡，似嫌春晚"	元代王恽	《水龙吟》
	桃李	"桃李成尘总闲事，梨花杨柳最关情"	南宋陆游	《春晚怀山南四首·其三》
		"桃花人面各相红，不及天然玉作容。总向风尘尘莫染，轻轻笼月倚墙东"	北宋黄庭坚	《次韵梨花》
		"桃花薄相点燕脂，输与梨花雪作肌"	南宋杨万里	《万安道中书事三首·其三》
		"桃李弄娇娆，梨花澹丰容"	金末元初元好问	《古意二首·其二》
		"不随桃李结芳邻，院落梨花伴此身"	明代陈崇德	《题梨云轩》
	梅花	"却是梨花白为胜，四色花中容最正。若与梅花相并时，花叶花柯较粗硬"	北宋徐积	《谢存中送四花并酒》
		"梨花云暖，梅花雪冷，应妒秋芳"	南宋周密	《夜合花·茉莉》
		"有莲花清净，梅花高洁，梨花丰韵"	清代奕绘	《琐窗寒》
		"除恰梅花清雅，算梨花娇懦"	清代姚燮	《好事近·书蕙清扇》

红叶   涉及"红叶"之景致描写的诗篇摘选   附表 3-10

类型	代表诗句	作者	出自
红叶为题	"楚岸枫相属，吴山橘与和"	北宋王令	《次韵立之红叶》
	"楔查将叶学丹枫，戏与攀条撼晚风。一片飞来最奇绝，碧罗袖尾滴猩红"	南宋杨万里	《题楔查红叶》
	"秋来万木着新黄，只有枫林醉晓霜"	元末王翰	《红叶》
	"新霜枫叶醉殷红，记得题诗出后宫"	明代荆先生	《白团扇扑蝇为血所渍因绘为红叶》
	"一丹丹枫趁素秋，都将旧管涤新愁"	明代孙绪	《御水红叶图》
	"检点峰头三百树，通红。半是棠梨半古枫"	明末清初来集之	《南乡子·其一 咏红叶》
	"春园欲笑桃还杏，秋巘请看柏与枫"	清代弘历	《红叶三首·其二》
	"家山遥隔大江流，岸荻汀枫慰客愁"	清代许静	《题朱梓皋湘江红叶图》
	"枫柏千行夹道周，满林红叶映江楼"	清代周燮祥	《红叶》
	"柏赤枫丹，催得岁华暮"	清代叶申芗	《祝英台近·红叶》
	"乌桕鸡枫斗丽华。秋水正同天一色，难遮"	明末清初来集之	《南乡子·其三 咏红叶》

类型	代表诗句	作者	出自
丹枫	"云气出时移塔影，枫林断处接城垣"	明末清初宋琬	《同闵官用王古直及小婿王五文南屏看红叶作》
	"皖国山如画，枫林叶未飘。丹黄明且艳，赭黛近还遥"	清代钱载	《自过黄梅连日看秋山红叶》
	"丹枫映郭迥，绿屿背江深"	北宋释惠崇	《句·其七十八》
	"丹枫映坡茅叶白，雌者将乳雄坡行"	北宋梅尧臣	《答王君石遗包虎二轴》
	"绿水文如染，丹枫色欲然"	北宋陶弼	《过清湘》
	"竹映丹枫转短篱，有花开处尽空枝"	北宋李之仪	《题苦竹寺后亭》
	"老松怪柏号风霜，桂丹枫赤橘柚黄"	北宋彭汝砺	《观画》
	"雨荒园菊枝枝瘦，霜染江枫叶叶丹"	南宋陆游	《初冬》
乌桕	"乌桕森疏照溪赤，寒鸦翩翻蔽天黑"	南宋陆游	《夜闻埭东卖酒鼓声哗甚》
	"清霜满天柏叶赤，石上水声终夜闻"	元代黄镇成	《谷口·其二》
	"门前乌桕经霜紫，树杪青霞着日红"	元末明初孙蕡	《访单孟雄不遇》
	"乌桕树红霜落早，白蘋花老雁来多"	明代张拭	《过朱舍宅》
	"遥指山门一径长，丹枫乌桕点清霜"	明末清初汪琬	《题画三首·其一》
	"半村红蓼，半村乌桕，半村黄叶"	清代陈维崧	《忆少年·秋日登安保安寺佛阁》

榕　　　　　　　　　　　　涉及榕之景致描写的诗篇摘选　　　　　　　　　　　　附表 3-11

类型	代表诗句	作者	出自
榕之景	"麦陇披蓝远，榕庄拔翠雄"	唐代丁儒	《冬日到泉郡次九龙江与诸公唱和十三韵》
	"山城过雨百花尽，榕叶满庭莺乱啼"	唐代柳宗元	《柳州二月榕叶落尽偶题》
	"十亩方塘四岸榕，夕阳初尽月生东"	北宋郭祥正	《迁居西湖普贤院寄自省上人》
	"榕树萧萧一径深，门庭秋静紫苔侵"	北宋郭祥正	《次韵无逸长老秋居见寄》
	"老榕把翠拂双垣，流水相通郭外村"	北宋熊浚明	《南禅寺》
	"榕樾交阴墙内外，卉花散采路纵横"	宋代陈藻	《宿清晖》
	"榕阴漠漠俯清泉，泉溜涓涓不计年"	南宋徐鹿卿	《和杜子野湛泉诗来诗有尘事分清事之句》
	"急水回舟认此村，两株榕树覆山门"	明末清初钱澄之	《行路难·其四十》
榕与荔枝	"荔子如丹橄榄青，红蕉叶落古榕清"	南宋李洪	《涂中杂兴·其四》
	"地煖罕霜雪，榕阴荔枝丛"	南宋韩淲	《送仲至长乐帅幕》
	"捲地翠栅榕树驿，漫天红锦荔枝林"	宋代戴表元	《陆君采都目入闽》
	"一年正好榕阴密，丹荔黄蕉奉版舆"	南宋傅良	《送朱同之福州户椽》
	"鱼风满港榕阴合，燕雨侵帘荔子肥"	元代陈旅	《送李彦方副使入闽》
	"荔花蜂采千崖蜜，榕树莺啼二月春"	元代郑元祐	《送葛奏差赴闽》
	"橹团煌煌荔子叶，庭走阴阴榕树根"	元代郑元祐	《送韩从事玉温之闽》
	"青榕雨过云屯野，丹荔风吹锦满城"	元代李文潜	《送友人之闽》
	"泉州宛在福州南，榕叶如云荔枝甘"	元末明初胡奎	《题马文学之惠安教谕》
	"日上山城榕树绿，雨晴官舍荔枝丹"	明代黎贞	《送潜宪副莅广东任》
	"公庭草绿榕阴午，驿路花香荔子春"	明代王绂	《送陶给事之福建金事》
	"厅宇榕花合，园林荔子新"	明代王绂	《送赵金事之福建任》
	"欲莫荔蕉不知处，满池榕叶拥朱门"	元代陈孚	《马平谒柳侯庙》
	"东南何所有，榕荔蔽山丘"	元代范梈	《送答里麻廉访使》
	"榕树根垂荔叶齐，绕檐宿雾绿初迷"	元代李士瞻	《纪见》
	"大榕高荔接枫亭，旌戟穿林小队行"	元末明初谢肃	《枫亭》

类型	代表诗句	作者	出自
榕其他花木景致	"茉莉香篱落，榕阴浃里闉"	唐代丁儒	《归闲诗二十韵》
	"葺榕叶以作屋兮，托枕椰之荫以为堂"	南宋杨万里	《延陵怀古三首·其三 东坡先生》
	"榕声竹影一溪风，迁客曾来系短篷"	南宋刘克庄	《榕溪阁》
	"钓游处，榕叶暗，荻花残"	南宋刘克庄	《水调歌头·其六》
	"刺竹满林生似猬，古榕临水卧如龙"	宋代赵希迈	《万顷田》
	"榕叶寒侵户，梅花深结庐"	宋代胡仲弓	《自笑》
	"家家榕树青不凋，桃李乱开野花满"	元代陈孚	《邕州》
	"竹溪泥滑滑，榕树雨潇潇"	元代萨都剌	《道中漫兴·其一》
	"林霜黄橘熟，山雨绿榕寒"	元代陈宜甫	《怀李明府在闽》
	"旧隐金鳌下，榕蕉间橘林"	明代李昌祺	《题终慕堂·其一》

桂		涉及"桂"之景致描写的诗篇摘选	附表 3-12

类型与景致	代表诗句	作者	出自
桂之花香	"光风泛月彩，芳气袭兰麝"	宋代孙觌	《妙觉寺三咏·其一木犀》
	"雪后桂花香涧谷，春寒松雾滴巾裾"	北宋刘挚	《南喜寺》
	"孤村黄叶落，深院桂花香"	北宋释守卓	《偈十九首·其十六》
	"秋风淅淅桂花香，花底山蜂采掇忙"	宋代李纲	《蜜蜂》
	"行遍疏山山下路，满山唯有桂花香"	宋代曾季狸	《疏山三首·其一》
	"桂花弄小春，晚香适再盛"	南宋陈渊	《郑漕生辰二首·其一》
	"松风一枕借僧床。馥馥桂花香"	南宋倪称	《朝中措》
	"幽窗有佳致，坐挹桂花香"	南宋周麟之	《秋怀三首·其二》
	"丹桂花香墙畔起，水荭枝影席间移"	南宋张镃	《次夜月色复佳游霞川锦池二首·其二》
	"浓露灌桂花，清香袭庭几"	元代祖铭	《宿径山娑罗林二首·其一》
	"入门闻香风，一树桂花吐"	元代高孤云	《午过半间僧室》
	"晚风索酒初醒，岩桂花开香满庭"	元代郭天锡	《次韵袁通甫》
	"桂花露重香浮屋，秋爽满林闻读书"	明代杨士奇	《赖编脩读书庄诗·其三》
桂之花色、花形	"弄影阑干，吹香岩谷。枝枝点点黄金粟"	南宋辛弃疾	《踏莎行·其二赋木犀》
	"谁知万古香无价，藏在黄金一粟中"	宋代黄敏求	《古香亭·其一》
	"年年八月九时，黄金粟缀青瑶枝"	南宋杨万里	《题徐载叔双桂楼》
	"清香未吐黄金粟，嫩蕊犹藏碧玉枝"	宋代朱淑真	《堂下岩桂秋晚未开作诗促之》
	"枝头烂漫黄金粟，席上风流紫府仙"	南宋许应龙	《馆中和赏桂诗》
	"秋满黄金粟，饱餐风露香"	南宋姚勉	《桂庄》
	"到底难磨秋富贵，一庭香粟万黄金"	南宋仇远	《桂庄》
	"金佛寺中金粟子，黄金布地即金沙"	元末明初胡奎	《谢惠桂花》
	"时维八月秋气肃，桂花初放黄金粟"	明代陈琏	《扳桂亭》
	"飘英落叶细生姿，一一黄金散为粟"	明代王慎中	《题月中丹桂图》
	"簇簇黄金粟，掩映东复东"	清代金科豫	《秋晚即事》
	"遥看错道如来粟，满树黄金缀桂花"	清代林占梅	《园中木兰盛开，偶题一绝》
桂之树形	"仙人垂两足，桂树何团团"	唐代李白	《杂曲歌辞·古朗月行》
	"桂树绿层层，风微烟露凝"	唐代许浑	《晨起二首·其一》
	"桂树婆娑生意发"	唐代许浑	《咏欧阳永叔文石砚屏二首·其一》
	"桂树何苍苍，秋来花更芳"	唐代王绩	《古意六首·其五》

类型与景致	代表诗句	作者	出自
桂之树形	"山中多桂树，亭亭傍幽岩"	宋代刘子翚	《续赋家园七咏·其四桂岩》
	"桂树团团翠簇成，凉天佳月九秋情"	南宋韩淲	《次韵·其五》
	"桂树婆娑影，天香满世闻"	宋末元初杨公远	《三用韵·其三》
	"天香一阵，恰飘动婆娑桂树枝"	元代张之翰	《婆罗门引·辛卯中秋望月》
	"玉立双峰古寺深，团团桂树结清阴"	元代月鲁不花	《次韵答见心上人二首·其二》
	"团团青桂树，枝叶相蜷缪"	元末明初顾瑛	《金粟冢中秋日燕集》
	"团团桂树拥檐牙，旧日轻黄满树花"	南宋楼钥	《过故家》
	"森森芳桂树，团团削青玉"	北宋马云	《踞湖山六题·其二芳桂坞》
	"团团芳桂树，隐隐岩之幽"	宋代刘跂	《宿灵泉寺二首·其二》
	"佛屋倚秋风，团团两桂树"	宋代李弥逊	《次韵仲辅山中之作》
	"婆娑桂树垂丹艳，落落松枝偃翠英"	北宋韩维	《和晏相公府东三咏·其二楚家宅》
	"帝城底里有山林，桂树团团烟雾深"	南宋杨万里	《又和六首·其六》
	"于越亭亭羊角峰，下有团团桂树丛"	南宋王炎	《用元韵答徐尉》
	"桂树团团屋角青，归来自觉惬幽情"	元代吴景奎	《归故居》
	"桂树婆娑，羽衣凌乱，偷得霓裳谱"	元代吴景奎	《念奴娇·寄萧善之》
	"苍苍丛桂树，愁绝小山招"	元代黄溍	《五月廿日》
桂之配置	"青青芳桂树，幽阴在庭轩"	唐代郭澹	《东峰亭各赋一物得临轩桂》
	"庭中桂树含春早，席外帘衣拂地长"	北宋宋祁	《汉南都监官廨射亭》
	"门前双桂更作门，路人知是幽人屋"	南宋杨万里	《子上弟折赠木犀数枝走笔谢之》
	"高斋明月夜，中庭松桂姿"	唐代韦应物	《途中寄杨邈裴绪示褒子》
	"翰飞鸳别侣，丛植桂为林"	唐代窦牟	《元日喜闻大礼寄上翰林四学士中书六舍人二十韵》
	"桂气满阶庭，松阴生枕席"	唐代冯道之	《山中作》
	"桂树何苍苍，秋来花更芳……幽人重其德，徙植临前堂"	唐代王绩	《古意六首·其五》
	"青青芳桂树，幽阴在庭轩"	唐代郭澹	《东峰亭各赋一物得临轩桂》
	"庭前桂树花开未，分别西风信鼻端"	南宋朱继芳	《和颜长官百咏·其五空门》
	"堂下高花屹两株，繁英碎萼巧连茹"	宋代释道潜	《垂慈堂木樨花》
	"庭前双桂树，堂上六经丰"	宋末元初许月卿	《暮春联句九首·其八》
	"小山丛桂隔墙阴，曲槛脩篁别作林"	南宋姜特立	《同官直舍有木犀一株盛开与余修竹惟隔屏墙尔暇日因共言清香绿阴不妨相过异时亦是一段佳话遂成小诗》
桂之小景	"一树婆娑月里栽，是谁移种下天来"	南宋何应龙	《盆中四时木犀》
	"瓷瓶对贮碧金丛，万斛香藏一粟中"	南宋姚勉	《木犀·其三》
	"窗静明灯看木樨，秋声吹雨欲凄凄"	南宋韩淲	《野趣轩夜坐煮茶栗瓶中木樨香甚》
	"胆瓶枕畔两三枝，梦回疑在瑶台宿"	宋末元初黄公绍	《踏莎行·木樨》

楝　　**涉及"楝"之景致描写的诗篇摘选**　　**附表 3-13**

特征与小景	代表诗句	作者	出自
楝之形	"绿树菲菲紫白香，犹堪缠黍吊沉湘"	宋代张蕴	《楝花》
	"婆娑楝吐花，结实枝头殷"	明代苏葵	《代送张宪副仲明致政还楝庄》
	"苦楝先人树，婆娑只此中"	明末清初屈大均	《楝亭诗为曹君作》
	"桥边谁种双楝树，翠云高盖张青霄"	明代林廷棉	《楝塘歌为池州推府李伯义乃翁作》

特征与小景	代表诗句	作者	出自
楝之香	"楝花飘砌。蔌蔌清香细"	北宋谢逸	《千秋岁》
	"雨便梧叶大，风度楝花香"	南宋陆游	《幽栖二首·其二》
	"楝树层层细著花，日薰香暖蜜蜂衙"	南宋赵蕃	《寄怀二十首·其十》
	"春风欲尽楝花香，海燕衔泥入射堂"	清代吴绮	《赋得四月清和雨乍晴》
	"紫楝花香映水窗，舟从大庙出奔泷"	清代朱彝尊	《岭外归舟杂诗十六首·其八》
	"桑条索漠楝花繁，风敛馀香暗度垣"	北宋王安石	《书湖阴先生壁二首·其二》
楝之实	"会见垂金弹，聊容折紫绥"	北宋陈师道	《楝花》
	"楝梢落尽黄金弹，犹有纷纷缀弹耳"	南宋杨万里	《岸树二首·其二》
楝之风	"旧迹新痕洒满衣，东风紫楝又花飞"	明代屠滽	《暮春送客》
	"布谷催人春去后，平畴十里楝花风"	明代陈子龙	《初夏绝句·其八》
	"有杏花烟，桃花雨，楝花风"	清代董元恺	《行香子·其一湖滨即事》
	"亚字墙边，楝花风大，小楼中、帘捲人瘦"	清代陈维崧	《大有·春闺和片玉词》
	"正楝花风紧，远村寂寂"	清代陈维崧	《一寸金·夜泊金沙城外有怀潘子南村兼示于吉人虞我武潘子邀诸子》
	"但庭前、楝花风过，疏疏零落阶砌"	清代沈岸登	《摸鱼儿·雨》
	"屋西苦楝风桠杈，娄络一本催之花"	清代钱载	《顾老送紫藤三本辄作歌》
	"南风吹四月，处处楝花飞"	清代许儒龙	《登城野望》
	"二十四番风试数。开到楝花春暮"	清代叶申芗	《惜分飞·楝花》
	"寂寂荒祠白板扉，隔墙风送楝花飞"	清代田雯	《谒东方祠五首·其三》
楝之景	"小雨轻风落楝花，细红如雪点平沙"	北宋王安石	《钟山晚步》
	"沙白群鸥集，庭阴双楝齐"	明代卢沄	《楝塘李先生隐居》
	"只怪南风吹紫雪，不知屋角楝花飞"	南宋杨万里	《浅夏独行奉新县圃》
	"团团绿树野人家，一道官河紫楝花"	元代于立	《湖光山色楼口占四首·其二》
	"楝花台榭闻幽鸟，荻草盆池种小鱼"	明代程敏政	《闻南都新开池馆之胜漫摘坦侄二属对成诗二章·其二》
	"射鸭堂深荫楝花，挂罾湖浅多鱼虾"	明代苏葵	《代谭时英宪副作谭湖州人也》
	"雨砌风檐堕楝花，虫书鸟字遍晴沙"	明代杨慎	《春夕潘园》
	"出郭尽渔家，家家飞楝花"	明代王问	《渔舟》
	"四月南风紫楝花，扁舟春水白鸥沙"	明代张庸	《江口晚发》
	"何处思君最怆神，三月江南楝花雨"	明末清初毛奇龄	《别戴大金黄大世贵》
	"垂垂紫楝，四月江心频点燕"	清代曹尔堪	《减字木兰花·其二初夏放舟郭外》
	"傍屋新蒸红柿，贴岸交垂青楝"	清代曹尔堪	《水调歌头·其一野园即景》
	"岸侧榆钱，墙角楝花，吹已将尽"	清代朱彝尊	《柳色黄·对雨》

石榴　　　　　　　　　　涉及"石榴"之景致描写的诗篇摘选　　　　　　　　　　附表3-14

位置用途	代表诗句	作者	出自
庭前、堂下、庭院	"石榴植前庭，绿叶摇缥青"	曹魏曹植	《弃妇诗》
	"中庭有奇树，当户发华滋"	南朝梁王筠	《摘安石榴赠刘孝威诗》
	"分根金谷里，移植广庭中"	隋代魏澹	《咏石榴诗》
	"堂下一匹郑虔马，栏边两株安石榴"	北宋梅尧臣	《和楚屯田同曾子固陆子履观予堂前石榴花》
	"别院深深夏簟清，石榴开遍透帘明"	北宋苏舜钦	《夏意》
	"石榴庭院翠华深，千点胭脂一簇心"	北宋黄裳	《石榴庭院有感》
	"檐间乳燕未成语，庭下石榴争放花"	宋代何大圭	《即事》

位置用途	代表诗句	作者	出自
轩外、楼阁旁、墙外	"阁东阁西安石榴，两株相映花枝稠"	北宋邹浩	《榴花》
	"唯有安石榴，当轩慰寂寞"	唐代刘禹锡	《百花行》
	"南开石榴轩，中置饮酒赢"	北宋梅尧臣	《和李廷老家会饮》
	"墙外石榴，花放两三枝"	宋代王之道	《江城子·其一和彦时兄》
窗外、阶前	"鲁女东窗下，海榴世所稀"	唐代李白	《咏邻女东窗海石榴》
	"小树山榴近砌栽，半含红萼带花来"	唐代白居易	《戏问山石榴》
	"荒台野径共跻攀，正见榴花出短垣"	北宋欧阳修	《西园石榴盛开》
	"窗外枝枝海石榴，特为幽人好"	北宋周紫芝	《卜算子·其三西窗见剪榴花》
	"床头徐榼定何嫌，窗外石榴堪荐俎"	北宋张耒	《初伏大雨呈无咎》
	"金罍美酒斗十千，石榴花开窗户前"	宋代孔平仲	《八音诗呈诸公》
其他：道旁、城角、坛周、苑围、溪流旁等	"童童安石榴，列生神道傍"	魏晋麋元	《诗》
	"青琐门外安石榴，连枝接叶夹御沟"	南朝梁吴均	《行路难五首·其二》
	"何人此城里，城角栽石榴"	唐代李贺	《莫愁曲》
	"绕坛安石榴，何时拆朱殿"	北宋梅尧臣	《和原甫会灵宴集之什》
	"灵围繁石榴，茂林列芳梨"	西晋潘岳	《金谷集作诗》
	"石榴花发满溪津，溪女洗花染白云"	唐代李贺	《绿章封事》
盆栽、簪花	"小院盆榴树，花时带雨鲜。施朱何太赤，似火独能然"	清代查慎行	《午日西苑直庐赋雨中榴花》
	"水芭蕉润心抽叶，盆石榴残子压枝"	南宋陆游	《爱闲》
	"带前结香草，鬟边插石榴"	南朝梁萧纲	《和人渡水诗》
	"少妇多妖艳，花钿系石榴"	南朝梁庾肩吾	《长安有狭斜行》

海棠　　　　　　　　　　涉及"海棠"之景致描写的诗篇摘选　　　　　　　　　　附表3-15

特征与小景	代表诗句	作者	出自
海棠之形、色、香	"淡淡微红色不深，依依偏得似春心"	唐末宋初刘兼	《海棠花》
	"每至春园独有名，天然与染半红深"	北宋赵炅	《海棠》
	"翠萼凌晨绽，清香逐处飘。高低临曲槛，红白间纤条"	北宋赵恒	《海棠》
	"东风催露千娇面，欲绽红深开处浅"	北宋柳永	《木兰花·其二海棠》
	"高低千点赤，深浅半初红"	北宋石延年	《和枢密侍郎因看海棠忆禁苑此花最盛》
	"颜色定应西蜀品，馨香不减上林枝"	北宋陈襄	《次韵李学士勾院海棠》
	"红云簇蕊细，渌水照叶嫩"	北宋许将	《成都运司西园亭诗海棠轩》
	"撚翠低垂嫩萼，匀红倒簇繁英"	宋代黄机	《西江月·其二垂丝海棠》
	"海棠初破萼，红艳欲无春"	南宋姜特立	《赏海棠》
	"乱英深浅色，芳气有无中"	南宋朱熹	《山馆观海棠作二首·其二》
	"浅蘸深红丛蓓蕾，细开浓白巧梳妆"	南宋袁说友	《海棠》
中庭、园林、楼阁旁、池馆、官舍、亭台轩榭、窗前、墙外之海棠	"澹月照中庭，海棠花自落"	唐代韩偓	《效崔国辅体四首·其一》
	"太尉园林两树春，年年奔走探花人"	唐末吴融	《海棠二首·其一》
	"雪梅初谢小桃芳，院院莺啼报海棠"	唐末宋初宋白	《宫词·其五十四》
	"疏枝高映银台月，嫩叶低含绮阁烟"	唐末宋初张洎	《暮春月内署书阁前海棠花盛开率尔七言八韵寄长卿谏议》
	"江东遗迹在钱塘，手植庭花满县香"	北宋王禹偁	《题钱塘县罗江东手植海棠》
	"朱栏明媚照横塘，棠树交加枕短墙"	宋代郭稹	《和枢密侍郎看海棠忆禁苑此花最盛》
	"移植上园如得地，芳名应在紫薇先"	北宋范镇	《和提刑海棠》

特征与小景	代表诗句	作者	出自
中庭、园林、楼阁旁、池馆、官舍、亭台轩榭、窗前、墙外之海棠	"独树已难有，双株岂易培。东风三月后，浓艳一时开"	北宋徐积	《双树海棠·其一》
	"珍葩寄幽岛，正对孤轩植"	北宋章粢	《运司园亭十咏·其四海棠轩》
	"何事当庭植海棠，欲乘生气待春光"	北宋吕陶	《廨舍之北有海棠二本惜非其地移植庭前呈晦甫同年博士》
	"花到春深半已过，此花犹见满枝柯"	北宋吕陶	《官舍东偏海棠开最晚落亦后时以诗嘲之》
	"万点匀红上海棠，小亭无处著春光"	宋代曹勋	《题家园海棠小亭壁》
	"几树繁红一径深，春风栽剪锦成屏"	宋代王瑜	《海棠》
	"帘幕阴阴窗槅，阑干曲曲池亭"	宋代黄机	《西江月·其二垂丝海棠》
	"市桥烟雨应官柳，墟苑池台自海棠"	南宋范成大	《春晚卧病故事都废闻西门种柳已成而燕官海棠亦烂熳》
	"曲曲阑干曲曲池。万红缭绕锦相围"	南宋王质	《定风波·其一夜赏海棠》
	"池阁新晴见海棠，试将杯酒问春光"	南宋韩淲	《饮赵池咏海棠》
	"舍前舍后海棠红，碧轩宛宛连霞官"	南宋韩淲	《山间南圃海棠花开》
	"两株芳蕊傍池阴，一笑嫣然抵万金"	南宋尤袤	《瑞鹧鸪·海棠》
	"珍重高人赠海棠，殷勤封植弊庐旁"	宋代王十朋	《郁师赠海棠酬以前韵》
	"好事高人重海棠，两株分植舫斋旁"	宋代王十朋	《觅海棠》
	"十年栽种满园花，无似兹花艳丽多"	宋代吴芾	《和陈子良海棠四首·其一》
海棠与春雨之审美意境	"著雨胭脂点点消，半开时节最妖娆"	唐代何希尧	《海棠》
	"秾丽最宜新著雨，娇饶全在欲开时"	唐末郑谷	《海棠》
	"风雨冥冥春闺移，红残绿满海棠枝"	唐代至五代齐己	《寄倪署郎中》
	"昨夜三更雨，今朝一阵寒。海棠花在否，侧卧卷帘看"	唐代韩偓	《懒起》
赏花与评价	"成就化工真富贵，天香更与牡丹分"	南宋洪咨夔	《烛下次海棠》
	"海棠宁莫种，种须千万株"	南宋许及之	《次韵诚斋醉卧海棠图之什》
	"垂丝别得一风光，谁ople全输蜀海棠"	南宋杨万里	《垂丝海棠盛开》
	"蜀州海棠胜两川，使君欲赏意已猛"	北宋梅尧臣	《道损司门前日过访别且云计程二月到郡正看暗恶海棠颇见太守风味因为诗以送行》
	"烛光花影两相宜，占断风光二月时"	南宋范成大	《赏海棠三绝·其二》
	"海棠最佳须老丛，远及百年花始红"	南宋周弼	《海棠》
	"梅太酸寒兰太清，海棠方可入丹青"	南宋刘克庄	《熊主簿示梅花十绝诗至梅花已过因观海棠辄次其韵·其七》
蜀地、成都、浣花溪之海棠	"四海应无蜀海棠，一时开处一城香"	唐代薛能	《海棠》
	"疑是四方嫌不种，教于蜀地独垂名"	宋代郭震	《海棠》
	"溪边人浣纱，楼下海棠花"	唐代薛能	《绵楼》
	"浣花溪上堪惆怅，子美无心为发扬"	唐末郑谷	《蜀中赏海棠》
	"浣花溪上年年意，露湿烟霞拂客衣"	北宋程琳	《海棠》
	"蜀国海棠春最妍，万枝红锦忆曾观"	北宋范纯仁	《和阎五秀才折海棠见赠》
	"万树嫣红压锦城，此花宜雨又宜晴"	宋代胡仲弓	《次韵赋海棠》
	"煌煌海棠洲，锦树临清湾"	宋代刘子翚	《潭溪十咏·其二海棠洲》
	"海棠自是花中杰，西蜀此花尤胜绝"	南宋袁燮	《蜀海棠》
其他景致	"千株相对复相重，袅娜繁枝夹路红"	北宋王瑜	《庄严寺海棠洞》
	"瓶中海棠花，数酌相献酬"	南宋陆游	《海棠》
	"入樵万里海棠林，花作云霞树作阴"	宋末元初陈普	《一路海棠正开》

紫薇	涉及"紫薇"之景致描写的诗篇摘选		附表 3-16
配置与 小景	代表诗句	作者	出自
皇宫、 中书省之 紫薇	"职在内庭宫阙下，厅前皆种紫薇花"	唐代韩偓	《甲子岁夏五月自长沙抵醴陵贵就深僻以便疏慵由 道林之南步步胜绝去绿口分东入南小江山水益秀 村篱之次忽见紫薇花因思玉堂及西掖厅前皆植是 花遂赋诗四韵聊寄知心》
	"西台重见紫薇花，天上时时好物华"	北宋胡宿	《送石舍人入西阁见紫薇花盛开》
	"琉璃叶底珊瑚干，立出池边是紫薇。"	南宋任希夷	《后省紫薇花》
	"红药紫薇西省春，从来惟惯对词臣"	南宋陆游	《听事前紫薇花二本甚盛戏题绝句》
	"紫薇阁对青霄近，红药花翻白日闲"	宋代王庭圭	《寄贺刘美中舍人直学士院》
	"金水暖通蓬岛浪，紫薇香度掖垣花"	元末明初顾瑛	《赵子期尚书于省幕创轩日小瀛洲题诗要余与明德 同赋》
	"省垣榕桂青复青，紫薇花发秋冥冥"	元末明初刘基	《惆怅二首·其一》
	"曲阑开遍紫薇花，晓日曈昽映彩霞"	明代宁献王	《宫词一百七首·其二十三》
官舍之 紫薇	"浔阳官舍双高树，兴善僧庭一大丛"	唐代白居易	《紫薇花》
	"内斋有嘉树，双植分庭隅"	唐代杨于陵	《郡斋有紫薇双本自朱明接于徂暑其花芳馥数旬犹 茂庭宇之内迥异其伦予嘉其美而能久因诗纪述》
	"虚白堂前合抱花，秋风落日照横斜"	北宋苏轼	《次韵钱穆父紫薇花二首·其一》
	"谁道花无红十日，紫薇长放半年花"	南宋杨万里	《凝露堂前紫薇花两株每自五月盛开九月乃衰二首》
	"过尽红薇到紫薇，广庭高槛见芳菲"	北宋王之道	《紫薇花》
寺观、学 舍之紫薇	"浔阳官舍双高树，兴善僧庭一大丛"	唐代白居易	《紫薇花》
	"深红浅紫碎罗装，竹树阴中独自芳"	南宋陈造	《栖隐寺紫薇花二首·其一》
	"赫日迸光飞蝶去，紫薇攀艳出林来"	五代孙鲂	《甘露寺紫薇花》
	"学宫古苔满阴壁，一株紫薇当户新"	明代顾璘	《学舍见紫薇花》
庭院之 紫薇	"庭前紫薇初作花，容华婉婉明朝霞"	南宋李流谦	《紫薇花》
	"翠竹笋成迷巷陌，紫薇花发映庭除"	清代张英	《忆家山诗十首·其八》
	"庭院无尘苔色净，雕阑新放紫薇花"	清代缪公恩	《新凉》
	"小槛临清沼，高丛见紫薇"	唐代唐彦谦	《紫薇花》
	"门掩熏风小小斋，紫薇几尺正当阶"	元代刘诜	《庚午春夏閒居即事三首·其三》
	"公退紫薇省，宅种紫薇花"	元代郑元祐	《石湖十二咏·其十二紫薇村》
	"紫薇花树小楼东，日炙霞蒸似锦红"	元末明初刘基	《惆怅二首·其一》
	"一榻清风明月夜，钩窗闲对紫薇花"	明代陈献章	《追和白石马教授奉寄其玄孙马竹隐》
	"白玉堂前种紫薇，菊花开落在东篱"	明代章懋	《移菊》
	"庭下紫薇花，点点凝腥血"	明代文嘉	《紫薇》
	"池环碧树合，门对紫薇开"	明代卢龙云	《五日过城西草堂》
瓶插	"道是渠侬不好事，青瓷瓶插紫薇花"	南宋杨万里	《道旁店》
	"已伴白莲羞远供，款陪黄菊荐陶觞"	南宋陈造	《栖隐寺紫薇花二首·其一》
与其他花 木搭配	"紫薇朱槿花残，斜阳却照阑干"	北宋晏殊	《清平乐·其四》
	"堂前紫薇花，堂下红药砌"	北宋曾肇	《紫薇花·其一》
	"诗家两仙宿台省，红药苍苔紫薇影"	南宋杨万里	《送曾无逸入为掌故》
	"短墙曲巷池边屋，罗汉松青对紫薇"	明代赛涛	《忆家园一绝》

牡丹 / 芍药	涉及"牡丹、芍药"之景致描写的诗篇摘选		附表 3-17
配置	代表诗句	作者	出自
庭院、庭前、阶前、中庭之牡丹、芍药	"众嫌我独赏,移植在中庭"	唐代白居易	《白牡丹》
	"惆怅阶前红牡丹,晚来唯有两枝残"	唐代白居易	《惜牡丹花二首·其一》
	"庭前芍药妖无格,池上芙蕖净少情"	唐代刘禹锡	《赏牡丹》
	"何人待晴暖,庭有牡丹开"	唐末至五代齐己	《春雨》
	"但是豪家重牡丹,争如丞相阁前看"	五代至宋初徐铉	《严相公宅牡丹》
	"未换中庭三尺土,漫种数丛千叶花"	北宋苏辙	《同迟赋千叶牡丹》
	"庭中赤芍药,烂漫齐作花"	北宋徐祯卿	《江南乐八首代内作·其七》
	"紫燕黄鹂院落,牡丹红药时光"	宋代卢祖皋	《木兰花慢·其三 寿具舍使母夫人》
	"晚春庭院牡丹香,谁道花开恨不长"	南宋钱时	《牡丹开已数日方盛丽未艾也成二绝·其一》
	"北廊东院满畦栽,嫩紫轻红次第开"	南宋葛立方	《题卧屏十八花·牡丹》
	"牡丹庭院溥新露,燕子帘栊过薄寒"	元末明初张昱	《长安镇市次赵文伯韵》
	"岁岁牡丹庭上开,君王不为子孙栽"	元末明初胡奎	《题太真》
	"十二栏杆列画屏,牡丹开遍锦云庭"	明代佘五娘	《拟唐人宫词·其二》
	"庭前芍药朵,开向牡丹傍"	明代区大相	《庭中芍药后牡丹发偶尔成咏聊以寄兴》
	"为报庭前红芍药,一樽花下待同倾"	清代彭孙遹	《寄家兄子服》
	"忆昔当庭春风香,牡丹国色艳新妆"	清代袁镜蓉	《双苞牡丹行》
	"绿润红酣,香浓粉艳。牡丹初放闲庭院"	清代袁绶	《踏莎行·赏牡丹》
	"占遍了、豪华庭院"	清代熊琏	《金缕曲·牡丹》
高台、池坛之牡丹、芍药	"可笑公庭种牡丹,日培肥壤设重栏"	北宋吕陶	《绝句五首·其三》
	"曾倒金壶为牡丹,矮床设座绕花坛"	北宋郑獬	《次韵程丞相牡丹》
	"风雨无情落牡丹,翻阶红药满朱栏"	北宋王禹偁	《芍药花开忆牡丹绝句》
	"庭白牡丹,槛红芍药"	宋代释慧琳	《偈二首·其一》
	"牡丹花落尽,悄庭轩"	宋代杜安世	《朝玉阶·其二》
	"卵石周围砌作坛,更须面面作栏杆"	宋代虞俦	《南坡做牡丹坛二绝·其一》
	"玉栏四面护花王,一段风流似洛阳"	宋代卢梅坡	《牡丹》
	"天香不数魏姚家,玉砌雕栏护绛纱"	宋代曾由基	《题御爱牡丹》
	"台上牡丹子离离,台下又见开蜀葵"	明代钟芳	《清风亭蜀葵盛开》
	"荒庭粗整石阑干,始买花栽得牡丹"	明代沈周	《东阑牡丹为好事者掘去》
	"四月王园醉牡丹,仍逢芍药拥朱栏"	明代王世贞	《赵司成邀同王光禄赏王贡士园芍药前是已醉牡丹下矣芍药尤盛丽可爱赋此与之》
	"别院移芳宴,丛台簇异葩"	明末清初毛奇龄	《和待庵看牡丹南园原韵》
	"谷雨名花是牡丹,千枝金粉压朱阑"	清代张英	《园花十二候歌》
池馆、台榭、亭轩、园圃之牡丹、芍药	"绕台依榭一丛丛,紫映黄苞白映红"	北宋李至	《奉和独赏牡丹》
	"今古几池馆,人人栽牡丹"	北宋李建中	《题洛阳观音院牡丹·其一》
	"犹得残红向春暮,牡丹相继发池台"	唐末至五代齐己	《海棠花》
	"王种元从上苑分,拥培围护怕因循"	宋代朱淑真	《偶得牡丹数本移植窗外将有著花意二首》
	"一朵凭栏,千花退避,恼得骚人醉"	宋代赵长卿	《念奴娇·其二 秋日牡丹》
	"徙倚阑干问芳信,姚黄魏紫已萌芽"	南宋韩淲	《二月晦日·其六》

配置	代表诗句	作者	出自
池馆、台榭、亭轩、园圃之牡丹、芍药	"芍药牡丹时候，午窗轻暖轻寒"	南宋吴潜	《朝中措·其一和自昭韵》
	"今古几池馆，人人栽牡丹"	南宋王十朋	《书院杂咏·牡丹》
	"北廊东院满畦栽，嫩紫轻红次第开"	南宋葛立方	《题卧屏十八花·牡丹》
	"携锄庭下斸苍苔，墨紫鞓红手自栽"	南宋陆游	《栽牡丹》
	"芍药圃牡丹园。梧桐院海棠轩"	元代王伯成	《梅花酒》
寺观之牡丹、芍药	"此花南地知难种，惭愧僧闲用意栽"	唐代徐凝	《题开元寺牡丹》
	"寺多红药烧人眼，地足青苔染马蹄"	唐代王建	《江陵即事》
	"前年帝里探春时，寺寺名花我尽知"	唐代王贞白	《看天王院牡丹》
	"一半春光过牡丹，又开芍药遍禅关"	北宋王涣	《昭庆寺看芍药》
	"微动风枝生丽态，半开檀口露浓香"	北宋李建中	《题洛阳观音院牡丹·其一》
	"南邻北舍牡丹开，年少寻芳日几回"	宋代张在	《题兴龙寺老柏院》
	"春雨久荒红药圃，香烟遍烧碧莲台"	元代成廷圭	《游平江瑞光寺》
	"暮春寺里游，牡丹院后香"	清代钱载	《慈恩寺登塔》

木芙蓉　　　　　　　　　　涉及"木芙蓉（芙蓉）"之景致描写的诗篇摘选　　　　　　　　　　附表 3-18

特征与配置	代表诗句	作者	出自
形态特征	"新开寒露丛，远比水间红"	唐代韩愈	《木芙蓉》
	"紫茸排萼露微红，不比春花对日烘"	唐代陈经国	《木芙蓉》
	"袅袅纤枝淡淡红。晓吐芳心零宿露，晚摇娇影媚清风"	五代至宋初徐铉	《题殷舍人宅木芙蓉》
	"是叶葳蕤霜照夜，此花烂熳火烧秋"	宋代刘兼	《木芙蓉》
	"八月寒露下，朵朵开红葩。轻团蜀江锦，碎剪赤城霞"	北宋王禹偁	《栽木芙蓉》
	"野花能白又能红，也在天工长育中"	宋代李公明	《芙蓉》
	"半红半白花都闹，非短非长树斩齐"	南宋杨万里	《晓看芙蓉》
	"十月木芙蓉，鲜鲜镂香玉。花如朝槿妍，叶拟文楸绿"	元代杨弘道	《木芙蓉》
性格品质	"浩露津细蕾，大风猎绛英。繁អ不可拒，慎勿爱空名"	北宋宋祁	《木芙蓉盛开四解·其一》
	"寒圃萧萧雨气收，敛房障叶似凝愁。情知边地霜风恶，不肯将花剩占秋"	北宋宋祁	《木芙蓉·其一》
	"托根地虽卑，凌霜花亦茂"	北宋梅尧臣	《廨后木芙蓉》
	"孤芳托寒木，一晓一翻新。春色不为主，天香难动人"	北宋陶弼	《木芙蓉》
	"容易便开三百朵，此心应不畏秋霜"	北宋陈襄	《中和堂木芙蓉盛开戏呈子瞻》
	"清霜难拒红光减，仰视松筠浪得名"	北宋吕陶	《芙蓉》
	"霜深才吐艳，日暮更饶红。掩映残荷浦，冯夷败菊丛"	宋代释辉	《木芙蓉》
	"贯霜槁百卉，拒霜独开花。寒驱媛消逝，秋借春韶华"	南宋释居简	《芙蓉盛开》
精舍、官舍、庭院、轩旁、墙边之木芙蓉	"盈盈湘西岸，秋至风露繁。丽影别寒水，秾芳委前轩"	唐代柳宗元	《湘岸移木芙蓉植龙兴精舍》
	"堂前堂后尽芙蓉，晴日烘开万朵红"	北宋韩维	《芙蓉五绝呈景仁·其一》
	"芙蓉墙外垂垂发，九月凭栏未怯风"	宋代陈与义	《芙蓉》
	"我闻幽轩榜芙蓉，琉璃十顷浸新红"	宋代邓肃	《芙蓉轩》
	"芙蓉雅与秋相好，独对层台试晚妆"	宋代王之道	《题乌江官舍木芙蓉》
	"佳哉木芙蓉，秋晚芳意足。偶植华堂下，似续渊明菊"	南宋李处权	《芙蓉》
	"君不见蜀都之城百里长，无数芙蓉遮女墙"	南宋周必大	《次韵邹德章监簿官舍芙蓉芭蕉》
	"凉飙散溽暑，嘉木茌苒明"	明代黄省曾	《王子官舍芙蓉》

特征与配置	代表诗句	作者	出自
水滨、溪岸、池畔、村庄之木芙蓉	"水边无数木芙蓉，露染燕脂色未浓"	北宋王安石	《木芙蓉》
	"木芙蓉，墙头浅浅红"	北宋韦骧	《木芙蓉词》
	"溪边野芙蓉，花水相媚好"	北宋苏轼	《王伯扬所藏赵昌花四首·其三芙蓉》
	"小池南畔木芙蓉，雨后霜前著意红"	宋代吕本中	《木芙蓉》
	"杨村江上绕江园，十里霜红烂欲燃。都种芙蓉作篱落"	南宋杨万里	《杨村园户栽芙蓉为堑一路凡数万枝》
	"夹水芙容密密栽，缘溪斜立照溪开"	南宋杨万里	《南溪上种芙蓉》
	"三两芙蓉并水丛，向人能白亦能红"	南宋赵蕃	《木芙蓉》
	"西湖八九月，苏堤赏芙蓉。艳艳风日美，鲜鲜霜露浓"	南宋韩淲	《苏堤芙蓉》
	"芙蓉一带绕池塘，万绿丛中簇艳妆"	南宋黄庚	《木芙蓉》
	"雨晴送客柳塘西，野水芙蓉满大堤"	元末明初徐贲	《咏芙蓉送朱仲垣归越》
	"却恐高秋向寥落，绕池千种种芙蓉"	明代鲁铎	《种芙蓉》
与其他花木搭配	"溪边野芙蓉，花水相媚好。半看池莲尽，独伴霜菊槁"	北宋欧阳修	《芙蓉花二首·其一》
	"谁栽金菊丛相近，织出新番蜀锦窠"	北宋欧阳修	《木芙蓉》
	"翠幄临流结绛囊，多情长伴菊花芳。谁怜冷落清秋后，能把柔姿独拒霜"	北宋刘玶	《咏西湖十洲·芙蓉洲》
	"屋前花竹占清妍，更植芙蓉伴黄菊"	宋代张侃	《园丁报秀野对岸芙蓉盛开》
	"晚艳最便清露，晚红偏怯斜阳。移根栽近菊花傍。蜀锦翻成新样"	北宋谢逸	《西江月·其七 木芙蓉》
	"芭蕉树暗帘幕垂，木芙蓉开红婉婉"	北宋周紫芝	《木芙蓉歌》
	"眼前清丽是秋光，翠竹疏疏映拒霜"	元末明初释宗泐	《题翠竹芙蓉》
	"只好芙蓉伴修竹，清华晚映北窗幽"	明代杨士奇	《简胡学士索木芙蓉栽·其一》
	"冉冉木芙蓉，翛然出翠丛"	明代陆光宙	《木芙蓉》
	"秋色迟迟故入冬，芙蓉花对菊花丛"	明代林光	《建德县庠菊与芙蓉初放林分教邀赏》

蔷薇/玫瑰/月季　　　　　　　　涉及"蔷薇、玫瑰、月季"之景致描写的诗篇摘选　　　　　　　　附表3-19

名称	特征与配置	代表诗句	作者	出自
蔷薇	形态、颜色、花香	"低枝讵胜叶，轻香幸自通。发萼初攒紫，馀采尚霏红"	南朝齐谢朓	《咏蔷薇诗》
		"当户种蔷薇，枝叶太葳蕤。不摇香已乱，无风花自飞"	南朝梁柳恽	《咏蔷薇诗》
		"鲜红同映水，轻香共逐吹。绕架寻多处，窥丛见好枝"	南朝梁刘缓	《看美人摘蔷薇诗》
		"石榴珊瑚蕊，木槿悬星葩。岂如兹草丽，逢春始发花"	南朝梁萧纲	《赋得蔷薇诗》
		"片舒犹带紫，半卷未全红。叶疏难藏日，花密易伤风"	南朝梁鲍泉	《咏蔷薇诗》
		"锦窠花朵灯业醉，翠叶眉稠裛露垂。莫引美人来架下，恐惊红片落燕支"	唐代陆畅	《蔷薇花》
		"露压盘条妥到地，风吹艳色欲烧春。断霞转影侵西壁，浓麝分香入四邻"	唐代方干	《朱秀才庭际蔷薇》
		"根本似玫瑰，繁英刺外开"	唐末至五代齐己	《蔷薇》
		"春来百花次第发，红白无数竞芳菲。解向人间占五色，风流不尽是蔷薇"	北宋刘敞	《五色蔷薇》
		"小植丛丛密，名称类省薇。凭渠聊作障，莫用乱钩衣"	明代孙承恩	《送张玉溪院中四咏·其三蔷薇屏》
		"倏然一阵微飔起，大地氤氲洒异香"	明代王象晋	《蔷薇·其一》

名称	特征与配置	代表诗句	作者	出自
蔷薇	配置与小景	"蔷薇开殿东风。满架花光艳浓。浓艳。浓艳。疏密浅深相间"	清代叶申芗	《转应曲·蔷薇》
		"经植宜春馆,霍靡上兰宫"	南朝梁鲍泉	《咏蔷薇诗》
		"一茎独秀当庭心,数枝分作满庭阴"	唐代储光羲	《蔷薇》
		"蔷薇繁艳满城阴,烂熳开红次第深"	唐代李绅	《新楼诗二十首·其十五 城上蔷薇》
		"托质依高架,攒花对小堂。晚开春去后,独秀院中央"	唐代白居易	《裴常侍以题蔷薇架 十八韵见示因广为三 十韵以和之》
		"五色阶前架,一张笼上被。殷红稠叠花,半绿鲜明地"	唐代元稹	《蔷薇架》
		"何人移得在禅家,瑟瑟枝条簇簇霞"	唐代崔橹	《和友人题僧院蔷薇花 三首·其一》
		"盛引墙看遍,高烦架屡移"	北宋李从善	《蔷薇诗一首十八韵呈 东海侍郎徐铉》
		"红房深浅翠条低,满架清香敌麝脐"	北宋夏竦	《蔷薇》
		"只应天女回轩晚,散得天花满竹篱"	宋代王庭圭	《访清首座观蔷薇二 首·其一》
		"一架蔷薇四面垂,花工不苦费胭脂"	宋代郑刚中	《蔷薇》
		"蔷薇好颜色,结架傍琴台"	元末明初释妙声	《病起蔷薇甚开》
		"杨柳翠分窗外叶,蔷薇红绽架中花"	明代陈琏	《祝太仆邀赏蔷薇分韵 得花字》
		"密蕊与繁枝,参差间竹扉"	明代王立道	《咏园中杂花十三首·其 六 蔷薇》
		"争爱浓香一抹红,壅培缔架费人工"	明代王象晋	《蔷薇·其二》
		"摇曳巧弄朝光初,架覆碧潭香阴阴"	明代陈子龙	《蔷薇篇》
		"篱落带斜阳,一架蔷薇,习习香风度"	明末清初梁清标	《醉花阴·其一 临济村 赏蔷薇》
		"蔷薇满榭。夕阳漫漫一架"	清代陈维崧	《河传·黄蔷薇》
		"弄晴天,红蔷十丈,盈盈媚初夏。闹花小架"	清代陈维崧	《花犯·咏竹逸宅内 蔷薇》
		"官斋寂寞沈吟立,看遍蔷薇满架花"	清代田雯	《蔷薇花五绝句·其一》
		"东垣纤且深,下有蔷薇树。晓起步庭中,盈盈滴清露"	清代权万	《西谷杂咏·其六 蔷 薇垣》
		"粉墙高处遍蔷薇,烂漫红英映夕晖"	清代吴沄	《小秦王·蔷薇》
		"小院阴阴昼渐长,一枝掩映似窥墙。窗笼白日分红艳,叶 锁轻烟漾碧光"	清代颜豌思	《题墙上蔷薇》
		"日映红蒸香雾。满架芳姿娇护"	清代申蕙	《如梦令·蔷薇》
		"荼尾花残四月天,嫣然墙角斗芳妍。微风拂架香初满,晓 露承盘滴最鲜"	清代金殿邦	《咏蔷薇》
	瓶插与簪花	"院外蔷薇好,风吹扑面芳。摘来瓶内供,馥似兰香"	清代杨浣芬	《蔷薇》
		"墙高攀不及,花新摘未舒。莫疑插鬓少,分人犹有余"	南朝梁萧绎	《看摘蔷薇诗》
玫瑰	形态、花色与花香	"刺多疑有妒,艳绝却无媒。露洒啼妆在,风牵舞态回。层 苞不暇吐,数日未能开"	北宋李至	《庭中千叶玫瑰今春盛 发烂然可爱因赋一章寄 上仆射相公》
		"色与香同赋,江乡种亦稀。邻家走儿女,错认是蔷薇"	明代陈淳	《玫瑰》
		"日蒸更觉胭脂暖,风过俱闻麝剂开"	明末清初彭孙贻	《玫瑰》
		"一丛深艳傍回廊,偏称鸾钗堕马妆。珊枕睡残红雨落,为 郎还作紫罗囊"	清代吴绮	《玫瑰》
		"独有玫瑰成土著,异香清远袭人来"	清代萧雄	《回王园中花卉》

名称	特征与配置	代表诗句	作者	出自
玫瑰	配置与用途	"春看玫瑰树，西邻即宋家。门深重暗叶，墙近度飞花"	唐代李叔卿	《芳树》
		"窗前好树名玫瑰，去年花落今年开"	唐代长孙佐辅	《古宫怨》
		"庭际玫瑰树，含芳当坐隅。春盘红玛瑙，晓帐紫珊瑚"	明代杨慎	《玫瑰花》
		"浓芳郁郁满阶栽，琬琰标名玉篆回"	明末清初彭孙贻	《玫瑰》
		"庭前玫瑰树，枝枝结蕊稠……都被婢妾辈，窃去插满头"	清代赵翼	《玫瑰花即事》
		"玫瑰斜簪云髻紫，蔷薇高架锦屏红"	清代董元恺	《望江南·其二十五 青墩初夏词》
		"玫瑰团作饼，栀子刻为钿"	清代钱孟钿	《代书三十韵寄弟妇循之》
		"拟制玫瑰酱，频呼小婢敲"	清代袁枚	《秋斋閒咏》
月季	形态、花色、花香	"绿刺含烟郁，红苞逐月开。朝华抽曲沼，夕蕊压芳台"	明代刘绘	《月季花》
		"猗猗叶自凌冬绿，艳艳花常逐月红"	清代缪公恩	《月季花》
		"深红浅白番番换。生来不受春拘管"	清代王倩	《菩萨蛮·题月季花神像》
		"色有浅深红白。欺玫瑰，傲蔷薇……香断续，艳周遭"	清代叶申芗	《更漏子·月季》
	品格与评价	"月季祇应天上物，四时荣谢色常同。可怜摇落西风里，又放寒枝数点红"	北宋张耒	《月季》
		"不逐群芳更代谢，一生享用四时春"	宋代史弥宁	《赋栖真观月季》
		"惟有此花开不厌，一年长占四时春"	明代张新	《月季花》
		"猗猗抽条颖，颇欲傲寒冽"	北宋苏辙	《所寓堂后月季再生与远同赋》
		"只道花无十日红，此花无日不春风。一尖已剥胭脂笔，四破犹包翡翠茸。别有香超桃李外，更同梅斗雪霜中"	南宋杨万里	《腊前月季》
		"酣风倚娇承舞雪，瘦枝扶力借柔风。四时常吐芳姿媚，人老那能与此同"	宋代董嗣杲	《月季花》
		"一年十二度，灿烂开满枝。方春未甚贵，岁暮却自奇"	清代权万	《赋李景文盘松月季·其一》
		"已共寒梅留晚节，也随桃李斗浓葩。才人相见都相赏，天下风流是此花"	清代孙星衍	《月季花》
	配置与用途	"聊植中庭畔，悠然慰我思"	明末清初毕自严	《月季花》
		"瓶能续命何妨折，炉可回温欲借烘"	清代何青	《朱竹君先生斋消寒咏瓶中月季花》
		"小倚阑干弄。依意要亲攀，和伊簪两鬓"	清代王倩	《菩萨蛮·题月季花神像》

荼蘼 / 酴醿　　　　　　　　涉及"荼蘼 / 酴醿"之景致描写的诗篇摘选　　　　　　　　续表 3-20

特性与配置	代表诗句	作者	出自
形态与花香	"琼瑰露华英，绿幄相苞覆。几度得风清，真香到襟袖"	北宋吕陶	《寄题洋川与可学士公园十七首·其十三 荼蘼洞》
	"猗猗翠蔓长，蔼蔼繁香足。绮席堕残英，芳樽渍馀馥"	北宋苏轼	《和文与可洋川园池三十首·其二十三 荼蘼洞》
	"平生尔爱此香浓，仰面常迎落架风"	北宋韩维	《酴醿》
	"野白荼蘼夹路长，迎风不断把浓芳"	宋代薛绍彭	《荼蘼》
	"灿然白雪姿……奇香满深院"	宋代胡寅	《和信仲酴醿》

特性与配置	代表诗句	作者	出自
意象、品质	"一年春事到荼蘼，香雪纷纷又扑衣"	宋代任拙斋	《荼蘼》
	"荼蘼结屋是何年，风雨摧颓为怆然"	宋代卢梅坡	《荼蘼》
	"半垂野水弱如坠，直上长松勇无敌"	北宋苏辙	《次韵和人咏酴醾》
	"摧伤花卉尽枯槎，惟有酴醾寒更苗"	宋代李纲	《志宏以牡丹酴醾见遗戏呼牡丹为道州长且许时饷酴醾作二诗以报之·其二 酴醾》
荼蘼架	"媚条无力倚风长，架作圆阴覆坐凉"	北宋宋祁	《赋成中丞临川侍郎西园杂题十首·其四 酴醾架》
	"清明池馆，芳菲渐晚，晴香满架笼永昼"	宋代曹勋	《倚阑人·荼蘼》
	"旧绕新萦绿万蟠，架馀篱剩复垂栏"	南宋杨万里	《寄题喻叔奇国博郎中园亭二十六咏·其八 荼蘼洞》
	"荼蘼压高架，皎皎晚日烘。翠蔓点残雪，清香度微风"	元代贡奎	《荼蘼架》
	"荼蘼枝亚牵成屋，荼蘼花满香浮谷"	清代施何牧	《荼蘼叹》
	"诘曲小轩斜，酴醾一架遮"	北宋韦骧	《琅邪三十二咏·其十八 酴醾轩》
	"高架攀缘虽得地，长条盘屈总由人"	宋代刘子翚	《酴醾》
	"忆昔寻春西洛桥，酴醾结洞横朱架。翠帷银网一番新，百万花头相枕籍"	宋代刘子翚	《郡圃观酴醾》
	"酴醾压架雪成堆，一日须看一百回"	元末明初凌云翰	《次韵范石湖田园杂兴诗六十首·其二十三》
荼蘼与金沙	"天遣酴醾玉作花，紫绵揉色染金沙"	北宋黄庭坚	《以金沙酴醾送公寿》
	"金沙丰腴合德地，酴醾轻盈飞燕身。久无丹白应知我，齐散天香供道人"	北宋张耒	《谢人惠金沙酴醾二首·其二》
	"金沙倩丽闺中秀，酴醾谢郎林下风"		《谢人惠金沙酴醾二首·其一》
	"酴醾一架最先来，夹水金沙次第栽"	北宋王安石	《池上看金沙花数枝过酴醾架盛开二首·其二》
	"酴醾正要金沙映，莫道金沙只漫栽"	南宋杨万里	《度雪台》
	"群芳谁不让天柔，笑杀金沙敢并游"	南宋滕岑	《酴醾·其三》
	"酴醾缚篱金沙墙，薜荔楼阁山茶房"	南宋叶适	《赵振文在城北厢两月无日不游马塍作歌美之请知振文者同赋》
	"玉蕊休誇白，金沙敢并芳"	明代王象晋	《酴醾》
荼蘼与芍药	"拖架酴醾香破麝，翻阶芍药大逾杯"	北宋邹浩	《次韵蔡宽夫解元暮春见怀·其一》
	"芍药酴醾晴更好，劝君休作梦中看"	宋代王之道	《春残次韵张叔元》
	"芍药酴醾无复见，花林芳草翠初匀"	宋代胡寅	《谢蔡生见和》
	"芍药阶前犹烂熳，酴醾架上已离披"	宋代吴芾	《四月六日同江朝宗花下饮》
	"槛外止馀新芍药，檐前祇有旧酴醾"	宋代吴芾	《寄江朝宗》
	"酴醾卧雨有馀态，芍药倚风无限情"	南宋陈渊	《和司录行县道中偶风雨有感之作六首·其四》
	"芍药有国色，酴醾乃天香"	南宋范成大	《乐先生辟新堂以待芍药酴醾作诗奉赠》
	"翻阶芍药醉面敧，压架酴醾香蓓亚"	南宋陈造	《出郭·其二》
	"压架酴醾老，翻阶芍药迟"	南宋戴复古	《次韵君玉春日》
	"芍药翻新砌，酴醾浸古罍"	南宋许及之	《次韵广文锁试出院寄似》
	"芍药阶前风味浅，酴醾架上典刑残"	宋末元初王柏	《和易岩首夏韵》
	"且架酴醾栏芍药，谁穿荟蔚入谽谺"	清代钱载	《立夏日雨湖楼即事二首·其二》

特性与配置	代表诗句	作者	出自
瓶插	“朝来满把得幽香，案头乱插铜瓶湿”	北宋苏辙	《次韵和人咏酴醾》
	“铜瓶只浸两三枝，香在根尘都不歇”	宋代李纲	《志宏见和再次前韵》
	“呼童早起折荼蘼，插向银瓶映酒卮”	元代王畦	《谩兴三绝呈良夫·其三》
	“一架荼蘼引蔓长，轻盈摇曳晚风香。折来暂供花瓶养，好待明朝助晓妆”	清代多隆阿	《春闺曲·其一》

芭蕉 **涉及“芭蕉”之景致描写的诗篇摘选** **续表 3–21**

小景、配置、用途	代表诗句	作者	出自
芭蕉小景	“幽居玩芳物，自种两芭蕉”	北宋张耒	《种芭蕉》
	“误了芳音，小窗斜日对芭蕉”	北宋吕渭老	《望海潮》
	“植蕉低檐前，双丛对含雨”	宋代狄遵度	《咏芭蕉》
	“一丛萱草，几竿修竹，数叶芭蕉”	宋代石孝友	《眼儿媚·其二》
	“爱此禅房好，芭蕉绿满庭”	明代史鉴	《蕉窗》
	“芃芃芭蕉叶，植此园中央”	明代何景明	《怀化驿芭蕉》
	“芭蕉绿上粉墙阴，又早被、阑干红压”	清代吴翌凤	《步蟾宫·红蚕书屋与枯匏意香分韵》
	“竹外芭蕉三两树，纵不雨、也飕飕”	清代吴藻	《南楼令》
芭蕉与竹	“为爱芭蕉绿叶浓，栽时傍竹引清风”	南宋胡仲弓	《芭蕉》
	“翠竹芭蕉，又下黄昏雨”	南宋李石	《一斛珠·春云》
	“阶前昼永。绕石芭蕉影”	元代张翥	《清平乐·盛子昭花下欠伸美人图》
	“荷钱犹小，芭蕉渐长，新竹成围”	元末明初杨基	《夏初临》
	“清风篁竹喜满院，细雨芭蕉多近窗”	明代陈琏	《宿内江县分司》
	“雨滴芭蕉风撼竹，萧萧瑟瑟破窗前”	明代李昌祺	《光州公馆夜宿》
	“东西垣竹影交敧，坐到芭蕉月上时”	明代陈献章	《忆世卿廷实用寄景阳韵》
	“竹径茅堂藓色滋，芭蕉叶大荫方池”	清代宋荦	《秋日重过北兰寺六首·其二》
	“墙根芍药兰，窗口芭蕉竹”	清代钱载	《吕氏宅看紫藤花归饮朱编修筠书屋限六字》
	“无妨修竹共閒居，亚字墙头午荫馀”	清代张湄	《咏芭蕉》
芭蕉与蔷薇、薜荔	“深院下帘人昼寝，红蔷薇架碧芭蕉”	唐代韩偓	《深院》
	“庭拥芭蕉扇，墙披薜荔裘”	北宋韦骧	《和朱尉首夏偶书见寄》
	“湛然醉摇芭蕉扂，蔷薇深蘸书淋漓”	金末元初耶律楚材	《和黄山张敏之拟黄庭词韵》
	“出水芙蓉鸣翡翠，绕墙薜荔护芭蕉”	元末明初郭钰	《寄李亨衢》
	“几见阑干生薜荔，旋看烟雨绽芭蕉”	明代薛瑄	《沅州杂诗十二首·其五》
	“月照芭蕉叶上明，小阑干外竹林清”	明代薛瑄	《四月望夜院中作》
	“栏边薜荔因风发，窗外芭蕉带露栽”	明末清初毛奇龄	《四月望夜院中作》
	“茅舍竹篱无限景，红蔷薇对绿芭蕉”	明代徐庸	《题钱从事画六首·其四》
	“芭蕉当户叶似帘，蔷薇引蔓壁如疥”	清代查慎行	《昌江竹枝词八首·其三》
	“自有池荷作扇摇，红蔷薇映碧芭蕉”	清代黄之隽	《古意下·其十四》
	“红蔷薇架碧芭蕉”	金末元初元好问	《浪淘沙令》
其他景致	“山亭种花厌脂粉，纯种芭蕉三百本”	南宋艾性夫	《题叶氏分绿亭》
	“芭蕉三十里，叶叶有人家”	明末清初屈大均	《芭蕉·其一》
	“家家种蕉树，无暑到村来”	明末清初屈大均	《芭蕉·其二》
	“芭蕉倚孤石，粲然共幽姿”	元末明初徐贲	《题斋前蕉石吕志学尝题此故落句及之》
	“太湖石畔种芭蕉，色映轩窗碧雾摇”	明代文嘉	《蕉石轩》
	“六六峰回围玉笋，三三径辟种芭蕉”	清代曹敬	《游芝山即景》

小景、配置、用途	代表诗句	作者	出自
听雨、观影	"隔窗知夜雨，芭蕉先有声"	唐代白居易	《夜雨》
	"一夜不眠孤客耳，主人窗外有芭蕉"	唐代杜牧	《雨》
	"芭蕉丛丛生，月照参差影"	唐代姚合	《题金州西园九首·芭蕉屏》
	"独坐愁吟暗断魂，满窗风动芭蕉影"	唐代顾甄远	《惆怅诗九首·其二》
	"雨声只在芭蕉上，正与愁人作夜长"	宋代吕本中	《初夏即事》
	"轩窗何处无疏雨，不似芭蕉叶上多"	金末元初耶律铸	《梦回》
	"芭蕉影转黄堂静，茉莉香浮绣阁虚"	明代张弼	《闻秋官唐君廷贵补福州守寄诗送之》
	"月上高枝，枕弄芭蕉影"	清代钟筠	《点绛唇·秋闺》
纳荫、成景	"窗前谁种芭蕉树？阴满中庭"	宋代李清照	《添字采桑子》
	"斸根移芭蕉，美荫跂可望"	宋代朱松	《记草木杂诗七首·其六芭蕉》
	"庭院芭蕉碎绿阴，高山一曲寄瑶琴"	宋末元初文天祥	《用萧敬夫韵》
	"茅檐三日萧萧雨，又展芭蕉数尺阴"	南宋陆游	《夏日杂题六首·其二》
	"闲斋几日黄梅雨，添得芭蕉绿满庭"	明代王绂	《题静乐轩·其二》
	"江南五月百草长，芭蕉绕檐十尺强"	明代顾璘	《寄题俞鲁用分绿轩》
	"多种芭蕉无暑入，相将壶矢绿阴留"	明末清初屈大均	《过马佐领克起粤秀山房赋赠·其一》
	"芭蕉几树植墙阴，蕉子累累冷沁心"	清代郁永河	《台湾竹枝词·其七》
蕉叶题诗、蕉叶临书	"芭蕉一片叶，书取寄吾师"	唐代皎然	《赠融上人》
	"尽日高斋无一事，芭蕉叶上独题诗"	唐代韦应物	《闲居寄诸弟》
	"无事将心寄柳条，等闲书字满芭蕉"	唐代李益	《逢归信偶寄》
	"芭蕉叶上题诗字，雨后来看半不全"	南宋许棐	《真珠园》
	"种得芭蕉当种纸，终日醺醺绿天里"	清代弘历	《题金廷标人物事迹十二帧·其九蕉叶临书》

竹　　　　　　涉及"竹"之景致描写的诗篇摘选　　　　　　续表3-22

配置、选址、景致	代表诗句	作者	出自
竹之配置	"开窗不糊纸，种竹不依行"	唐代白居易	《竹窗》
	"种竹几千个，结亭三四椽"	北宋梅尧臣	《翠竹亭》
	"冷淡亭台偏种竹，清虚轩砌不栽花"	宋代刘夔	《句·其二》
	"我贫不栽花，绕屋多种竹"	北宋苏辙	《老柏》
	"山居何所用，种竹并楹轩"	南宋赵蕃	《咏笋用昌黎韵》
	"宜琴宜弈尤宜酒，种竹种梅仍种莲"	宋代李曾伯	《和傅山父小园十咏·其八》
	"临川为家黄隐君，种竹绕堂青拂云"	元代丁复	《黄氏拂云堂》
	"种竹绕前楹，年深劲节成"	元末明初丁鹤年	《题筠轩》
	"满园惟种竹，竹里置幽亭"	元末明初德祥	《竹亭》
	"种竹幽堂下，凉生暑气微"	明代李东阳	《种竹》
	"山人种竹当清轩，攀弄脩篁心洒然"	明代黄省曾	《对竹轩下一首》
何处"种竹"	"御路种筱，萧萧已复起"	南北朝无名氏	《陈初童谣》
	"世人见竹不解爱，知君种竹府城内"	南北朝无名氏	《陈初童谣》
	"移山入县宅，种竹上城墙"	唐代姚合	《武功县中作三十首·其二十一》
	"官舍四边多种竹，潮沟一面近生芦"	北宋张咏	《金陵郡斋述怀》
	"私第藏书皆有副，公庭种竹待成阴"	北宋杨亿	《贺资政学士王侍郎》
	"西垣种竹满庭隅，正值大街小雨初"	宋代孔平仲	《和子瞻西掖种竹二首·其一》
	"内史北轩多种竹，隐居南洞少栽花"	北宋陈辅	《玉兰》
	"句曲仙人旧隐居，门前种竹翠扶疏"	明代童冀	《题竹隐卷》

配置、选址、景致	代表诗句	作者	出自
竹之景致	"泽师种竹三十年，竹成满院生绿烟"	北宋文同	《寄题阆州开元寺泽师竹轩》
	"环城密筱旧檀栾，春笋新成几万竿"	北宋刘敞	《城下种竹今春极有佳笋》
	"所居知所向，种竹接前檐"	北宋韦骧	《题周开祖丛翠轩》
	"辟地种修竹，得方缘秘经。成阴向北宇，倒影落中庭"	北宋谢邁	《种竹》
	"种竹满前庭，坐玩凌寒色"	宋代张嵲	《种竹》
	"锄园种竹已成林，新筑幽居傍绿阴"	明代唐瑜	《竹轩》
	"闻君种竹深成林，深深数亩长阴阴"	明代张元祯	《竹雪山房歌》
	"开窗临北斗，种竹绕回蹊"	明代林大钦	《北斋行》
	"种竹开三径，编篱翠作屏"	明代文肇祉	《过陈丈白阳田舍留集浩歌亭》
	"年来种竹傍琼轩，浮碧垂阴满院门"	明代邓云霄	《拟古宫词一百首·其十三》
	"自矜蔬有圃，须种竹为关"	明末清初钱澄之	《同紫屏访洪浪上人·其二》
	"拔云初架屋，种竹未成关"	明末清初王邦畿	《半峰山馆》

荷/莲　　　　　　　　涉及"荷/莲"之景致描写的诗篇摘选　　　　　　　　续表 3-23

名称品性与配置	代表诗句	作者	出自
荷的不同称呼	"芙蓉散其华，菡萏溢金塘"	东汉刘桢	《公燕诗》
	"碧叶喜翻风，红英宜照日"	南朝梁江洪	《咏荷诗》
	"为爱荷花并蒂开，便将荷叶作金杯"	北宋郑獬	《招同僚赏双头荷花》
	"面面湖光面面风，可人最是白芙蓉"	南宋姚勉	《四望亭观荷花》
	"累石防花拾弃材，凿池种藕白余苔"	南宋许及之	《凿池添种荷花》
	"雨过芙蕖满曲塘，端疑翠盖拥新妆"	宋代李纲	《初见荷花》
	"西山咫尺玉泉清，无数藕花香气生"	元代胡助	《上京纪行见玉泉山下荷花》
荷的评价	"世间花叶不相伦，花入金盆叶作尘。惟有绿荷红菡萏，卷舒开合任天真"	唐代李商隐	《赠荷花》
	"佛爱我亦爱，清香蝶不偷。一般奇特处，不上妇人头"	唐代郑谷	《荷花》
	"玉质不待染，仙香无限清。朱朱仍白白，脉脉复盈盈"	北宋孔武仲	《道中观荷花》
	"花得水扶持，水因花富贵。当中既植藕，四畔还种苇。自然秋风生，便有江湖意"	宋代谢尧仁	《荷花》
	"南轩面对芙蓉浦。宜风宜月还宜雨。红少绿多时。帘前光景奇"	宋代陈与义	《菩萨蛮·荷花》
园林小池之荷花	"曲江千顷秋波净，平铺红云盖明镜"	唐代韩愈	《奉酬卢给事云夫四兄曲江荷花行见寄并呈上钱七兄阁老张十八助教》
	"蝉噪城沟水，芙蓉忽已繁。红花迷越艳，芳意过湘沅。湛露宜清暑，披香正满轩"	唐代羊士谔	《南池荷花》
	"四山收尽一天云，水色天光冷照人。面面荷花供眼界，顿如身不在凡尘"	宋代曹勋	《聚景园看荷花》
	"小池其谁家，亦有荷花开"	南宋韩淲	《田里间见荷花》
	"竹边窗外小池塘，青盖亭亭拥靓妆"	宋末元初杨公远	《荷花》
	"小池攀雨已无荷，池上芙蓉映碧波"		《池上芙蓉》
曲沼、野塘之荷花	"绮罗惊翡翠，暗粉妒芙蓉"	唐代赵嘏	《昔昔盐二十首·水溢芙蓉沼》
	"十顷狂风撼曲尘，缘堤照水露红新。世间花气皆愁绝，恰是莲香更恼人"	唐代唐彦谦	《黄子陂荷花》

名称品性与配置	代表诗句	作者	出自
曲沼、野塘之荷花	"曲江千顷秋波净，平铺红云盖明镜"	唐代韩愈	《奉酬卢给事云夫四兄曲江荷花行见寄并呈上钱七兄阁老张十八助教》
	"四面垂杨十里荷。问云何处最花多。画楼南畔夕阳过"	北宋苏轼	《浣溪沙·荷花》
	"淤泥生荷化，物外各有性。环城散红锦，飐滟满支径。人卧莲叶舟，酒吸碧筒柄。个中有真乐，乐尽意不尽"	南宋袁说友	《观野塘荷花》
	"雨过芳池满，芙蓉照绿波"	元代周巽	《水溢芙蓉沼》
	"满地种荷花，红妆照绿水。白鹭不惊人，立在荷花里"	明代郭正域	《郭比部花园十二首·其二 荷花池》
西湖荷花	"红苞绿叶共低昂，满眼寒波映碧光。应是西风拘管得，是人须与一襟香"	北宋文同	《西湖荷花》
	"雷雨过、半川荷气，粉融香泫"	南宋范成大	《满江红·雨后携家游西湖，荷花盛开》
	"水天倒浸碧琉璃，净质芳姿滟相顾。亭亭翠盖拥群仙，轻风微颤凌波步"	宋末元初于石	《西湖荷花有感》
	"虚堂四面枕湖光，酝作芙蕖万斛香。独笑南薰更多事，强教西子舞霓裳"	宋末元初尹廷高	《西湖十咏·其七 曲院荷风》
东湖荷花	"五贤祠下古城隅，一昔来游俨画图。传道荷花映荷叶，只今东湖连北湖"	宋代洪刍	《闻东湖上荷花盛开畏触热未得往》
	"酣红腻绿三千顷，总是波神变化成。出自淤泥元不染，开于玉井旧知名"	南宋释文珦	《东湖荷花》
	"菡萏满回塘，秋阴惨陈迹"	元代叶兰	《东湖十景·其二 颜亭荷雨》
盆池荷花	"根向盆池束，华敷菡萏丛。细擎深院宇，低袅半窗风。蘸水凝绡翠，当轩试脸红。化工虽力浅，犹折小莲蓬"	南宋袁说友	《盆池荷花》
	"休笑埋盆等儿戏，要令引梦水云乡"	金代赵沨	《盆池荷花》
	"庭窄无池位，埋盆种藕芽。四年空布叶，今日忽开花"	清代查慎行	《盆池荷花六韵》
官舍之荷花	"露荷吹满小池风，想见公馀采摘空"	南宋韩淲	《戏问丞廨荷花》
	"只今万红妆，一一倚青盖。柳阴闲画舫，荷叶绕公廨"	宋代曾几	《闻东湖荷花盛开未尝一游寄郑禹功》
	"水风凉枕簟，荷气馥衣裾"		《公廨莲池》
瓶插荷花	"风引茵蔯香，露含珊瑚色。真之白玉壶，光辉满瑶席"	元代观通	《壶中荷花》
	"清清高远挺孤妍，况有山矾作侍鬓。石几纸窗无别供，花成香雾水成烟"	明末清初范景文	《舟行见荷花折插瓶中·其二》
	"出水红鲜，折来瓶内，一样嫣然"	明末清初王庭	《柳梢青·瓶荷》
寺中荷花	"冷碧新秋水，残红半破莲"	唐代白居易	《龙昌寺荷池》
	"殿阁红芙蕖，岩峦碧珋玗"	北宋文同	《续青城山四咏·其四 香积寺》
	"红酣尽扶起，绿摇并搴举。蘋末风亦好，人间暍随愈"	南宋释居简	《六月廿九神林寺池上荷花》
	"香刹缘堤转，官桥信水流。绿云千万顷，不见采莲舟"	清代朱彝尊	《净业寺看荷花同严四检讨作》
	"玉立亭亭照水孤，繁红缛绿胜渠无"	清代叶方蔼	《净业寺荷花》
泮池荷花	"荷生泮池中，云覆明镜密"	元末明初贝琼	《泮池荷花》
	"泮水天然十亩塘，亭亭菡萏映宫墙"	清代卓梦采	《泮水荷香》
	"方池十亩尽荷花，胜赏应怜此地奢"	清代钱元扬	《泮水荷香》
	"潆潆泮水细生波，绿影参差掩芰荷"	清代缪公恩	《学廨漫吟·其一》

附表4 古代寺观园林花木景致之诗篇梳理

朝代	诗人	诗篇	诗句	涉及花木
唐代	顾况	《宿湖边山寺》	"香透经窗笼桧柏，云生梵宇湿幡幢"	桧、柏
	孟郊	《苏州昆山惠聚寺僧房》	"锡杖莓苔青，袈裟松柏香"	松、柏
	李正封	《夏游招隐寺暴雨晚晴》	"竹柏风雨过，萧疏台殿凉"	竹、柏
	张祜	《东山寺》	"寒色苍苍老柏风，石苔清滑露光融"	柏
	徐凝	《题开元寺牡丹》	"虚生芍药徒劳炉，羞杀玫瑰不敢开"	芍药、玫瑰
	罗隐	《华严寺》	"曾向姚家园里醉，牡丹红紫数千窠"	牡丹
	皇甫冉	《同张侍御咏兴宁寺经藏院海石榴花》	"嫩叶生初茂，残花少更鲜"	石榴
	陈翥	《曲江亭望慈恩寺杏园花发》	"十亩开金地，千林发杏花"	杏
	白居易	《大林寺桃花》	"人间四月芳菲尽，山寺桃花始盛开"	桃
		《题灵隐寺红辛夷花戏酬光上人》	"紫粉笔含尖火焰，红胭脂染小莲花"	辛夷
		《题孤山寺山石榴花示诸僧众》	"山榴花似结红巾，容艳新妍占断春"	石榴
唐末至五代	徐夤	《忆荐福寺南院》	"鹁鸠声中双阙雨，牡丹花际六街尘"	牡丹
五代	孙鲂	《甘露寺紫薇花》	"蜀葵鄜下兼全落，茵苔清高且未开。赫日进光飞蝶去，紫薇攀艳出林来"	蜀葵、荷、紫薇
北宋	钱易	《送僧归护国寺》	"霜含庭柏依稀老，月到经窗暗澹圆"	柏
	王随	《玉兔寺·其二》	"殿庭松柏午阴浓，地占神山绝境中"	松、柏
	滕涉	《游泰山灵岩寺》	"殿古烟霞窟，庭深桧柏蹊"	桧、柏
	梅尧臣	《留题开元寺仙上人平云阁》	"俯檐翠柏瘦，蔓篱秋实黄"	柏
	张士逊	《题西庵寺》	"松皆有节谁青盖，僧尽无心也白头"	松
	潘阆	《孤山寺见从房留题》	"香滴松梢雨，凉生竹簟风"	松、竹
	王随	《送妙明规长老》	"到喜清凉境，门开松桂阴"	松、桂
	韩琦	《壬子寒食会压沙寺二首·其一》	"共醉一时寒食景，不须庭际牡丹红"	牡丹
	释怀深	《拟寒山寺·其一百二十三》	"人呼为牡丹，佛说是花箭"	牡丹
	林诰	《当阳寺》	"云霞千古态，松竹四时阴"	松、竹
	彭汝砺	《云盖寺》	"翠竹娟娟老，长松漠漠阴"	竹、松
	释仲休	《游梅山寺》	"阴阴松色连僧阁，飏飏波声入寺门"	松
	蒋堂	《虎丘山》	"僧窗松竹冬犹茂，寺路烟霞昼亦冥"	松、竹
	康孝基	《春游》	"寺内翠微松桧里，空中绀宇水云间"	松、桧
	余靖	《游临江寺》	"门暗松溪雾，楼间竹坞风"	松、竹
	韩琦	《游开化寺》	"松柏森成行，斗状蛟龙恶"	松、柏
	刘敞	《荐福寺竹亭》	"兹亭四时好，秀色映长松"	松
	强至	《游华藏寺》	"松筠锁雾姿逾秀，楼阁摩霄势欲翔"	松、竹
	苏轼	《水月寺》	"千尺长松挂薜萝，梯云岭上一声歌"	松、桂
	苏辙	《南康阻风游东寺》	"竹色净飞涛，松声乱秋雨"	竹、松
		《游庐山山阳七咏·其五万杉寺》	"万木青杉一手栽，满堂白佛九天来"	杉
南宋	陈宓	《大目寺牡丹》	"要识洛阳姚魏色，烦君千里到维扬"	牡丹
	曾丰	《太白山西隐寺木犀》	"族出于仙住傍僧，羞为春事与时争"	桂
	洪咨夔	《回龙寺松》	"环蜀多宜柏，回龙独见松"	松
	戴复古	《陪厉寺丞赏芍药》	"酝酿压架垂垂老，芍药翻阶楚楚春"	荼蘼、芍药
	杨万里	《普明寺见梅》	"城中忙失探梅期，初见僧窗一两枝"	梅
	赵汝愚	《金溪寺梅花》	"但令梅花绕僧屋，梅里扶疏万竿竹"	梅、竹

朝代	诗人	诗篇	诗句	涉及花木
元末明初	徐贲	《游灵鹫寺》	"香林竹树疏，灵鹫古僧居"	竹
	丁鹤年	《寄徐姚宋无逸先生》	"行窝酾酒花围席，野寺题诗竹满轩"	竹
	高启	《余客云陈山人居西山相望因有怀寄赠》	"深竹昼鸣鸠，微凉满寺秋"	竹
	张以宁	《建业清凉寺次王伯循御史竹亭壁间韵》	"客散竹间月，僧闲松下经"	竹、松
明代	何景明	《寺中吾子馆海石榴》	"西林云昼静，覆院海榴花"	石榴
	邓云霄	《梅花十二咏·其五寺中》	"香色澹若空，可当菩提树"	梅
	黄廷用	《寺中见桂》	"欲寄愁心明月里，春兰秋桂为谁香"	桂
	郭谏臣	《中秋晚过虎邱》	"烟迷兰若寺，露冷桂花枝"	桂
	吴与弼	《云峰寺即事》	"松竹禅房深复深，云和夜度玉泉音"	松、竹
	管讷	《答僧南洲写梅见寄·其二》	"龙门寺里梅千树，开遍山南水北庄"	梅
	吕蕙	《送寺丞文宗儒考满十八韵》	"古寺动春色，梅花莹而温"	梅
	皇甫汸	《经石湖登治平僧舍》	"曲房岩际掩，幽径竹间通"	竹
	王樵	《登真觉寺浮图》	"古寺不知年，松竹自成趣"	松、竹
	唐寅	《开门七件事》	"岁暮天寒无一事，竹时寺里看梅花"	梅
	文徵明	《病中怀吴中诸寺七首·其二竹堂寺寄无尽》	"东城古寺万枝梅，一岁看花得几回"	梅
	郭谏臣	《春日与诸亲友同过灵殿寺观梅》	"古寺梅花发，开樽引兴长"	梅
	张元凯	《初春湖上访顾始徐因留信宿二首·其二》	"竹叶比邻美，梅花古寺多"	竹、梅
	浦源	《重居寺雨后次初上人韵》	"空庭修竹响琅琅，夜坐高斋语对床"	竹
	王守仁	《晓霁用前韵书怀二首·其一》	"竟谁诗咏东曹桧，正忆梅开西寺花"	桧、梅
明末清初	林垐	《饮枕峰寺席上谩成》	"丹桂花香晴捧露，青松枝老昼嘲风"	桂、松
	彭孙贻	《秋尽未见菊灵隐寺禅堂乃有数本·其一》	"黄花定相笑，祇少白衣人"	菊
	施闰章	《慈仁寺松》	"摧残经百折，偃仰郁千盘"	松
清代	田雯	《崇效寺坐雪坞上人三语轩茶话四首·其一》	"雨后禅关绿满苔，殿松枝干接庭槐"	槐、松
	宋荦	《庐山诗六首·其六》	"老桂当檐盘，美荫周一院"	桂
	陈廷敬	《宿楂山寺天外楼》	"新桂旧松青未了，半生难问况三生"	桂
	张英	《浮山十坐处诗·其一 华严寺后双桂下》	"古桂挺双柯，交枝绝凡木"	桂
	弘历	《玉华寺晚桂》	"盆梅乍可同欺雪，圃菊方看独傲霜"	桂、梅、菊
		《游大觉寺杂诗·其八 银杏》	"古柯不计数人围，叶茂孙枝绿荫肥"	银杏
	黄景仁	《偕王秋塍张鹤柴访菊法源寺·其一》	"今年何事堪相慰，不遣黄花笑后期"	菊
	达瑛	《同王梦楼太守高旻寺看菊》	"何必东篱采，山房菊已开"	菊
	徐树铭	《龙树寺看白芍药是宋雪帆前辈手植》	"槐云织翠花风香，层阴幂雨僧楼凉"	槐、芍药
	厉鹗	《法云寺银杏诗》	"不见龙鳞近佛香，犹存鸭脚覆僧廊"	银杏

附表5　古代皇家宫苑园林花木景致之诗篇梳理（唐及以后）

朝代	诗人	诗篇	诗句	涉及花木
唐	王建	《宫词一百首·其五十八》	"风帘水阁压芙蓉，四面钩栏在水中"	芙蓉（荷）、桃
		《宫词一百首·其七十九》	"春风院院落花堆，金锁生衣掣不开"	
		《宫词一百首·其九十》	"树头树底觅残红，一片西飞一片东。自是桃花贪结子，错教人恨五更风"	
	元稹	《连昌宫词》	"连昌宫中满宫竹，岁久无人森似束。又有墙头千叶桃，风动落花红蔌蔌"	竹

朝代	诗人	诗篇	诗句	涉及花木
唐	骆宾王	《西行别东台详正学士》	"上苑梅花早，御沟杨柳新"	梅、柳
	卢象	《驾幸温泉》	"细草终朝随步辇，垂杨几处绕行宫"	垂柳
	崔日用	《奉和立春游苑迎春应制》	"剪绮裁红妙春色，宫梅殿柳识天情"	梅、柳
	薛奇童	《楚宫词二首·其二》	"日晚梧桐落，微寒入禁垣"	梧桐、杨、梨
		《楚宫词二首·其一》	"杨叶垂金砌，梨花入井阑"	
	鲍溶	《汉宫词二首·其一》	"宫槐花落西风起，鹦鹉惊寒夜唤人"	槐
唐末宋初	孙合	《宫词二首·其一》	"杨柳宫边日已斜，歌声犹按《后庭花》"	柳
	宋白	《宫词·其四》	"十二楼前御柳垂，九重城里百花时"	柳、芭蕉、梅、桃、海棠、牡丹
		《宫词·其二十五》	"砌台春暖映垂杨，皇子皇孙戏艳阳"	
		《宫词·其二十五》	"昼下珠帘猧子睡，红蕉窠下对芭蕉"	
		《宫词·其四十七》	"宫花灼灼柳绵绵，一道春风响静鞭"	
		《宫词·其五十四》	"雪梅初谢小桃芳，院院莺啼报海棠"	
		《宫词·其六十九》	"绣骑前驱尽国娃，芳园初看牡丹花"	
五代	花蕊夫人徐氏	《宫词·其二十七》	"早春杨柳引长条，倚岸沿堤一面高"	柳、梧桐、海棠、红踯躅（杜鹃）、海柑、石楠、杏、芍药、牡丹、石榴
		《宫词·其一百五》	"回望苑中花柳色，绿阴红艳满池头"	
		《宫词·其一百四》	"杨柳阴中引御沟，碧梧桐树拥朱楼"	
		《宫词·其九十六》	"旋炙银笙先按拍，海棠花下合梁州"	
		《宫词·其一百二十五》	"海棠花发盛春天，游赏无时引御筵"	
		《宫词·其一百四十五》	"大仪前日暖房来，嘱向朝阳乞药栽。敕赐一窠红踯躅，谢恩未了奏花开"	
		《宫词·其一百十八》	"种得海柑才结子，乞求自送与君王"	
		《宫词·其八十九》	"小雨霏微润绿苔，石楠红杏傍池开"	
		《宫词·其一百二十四》	"寝殿门前晓色开，红泥药树间花栽"	
		《宫词·其九十七》	"慢梳鬓髻著轻红，春早争求芍药丛"	
		《宫词·其一百六》	"牡丹移向苑中栽，尽是藩方进入来"	
		《宫词·其一百三十六》	"树叶初成鸟护窠，石榴花里笑声多"	
	和凝	《宫词百首·其九》	"九重楼殿簇丹青，高柳含烟覆井亭"	柳、梅、莎
		《宫词百首·其四十五》	"凤池冰泮岸莎匀，柳眼花心雪里新"	
		《宫词百首·其五十四》	"罨画披袍从窣地，更寻宫柳看鸣蝉"	
		《宫词百首·其七十二》	"早梅初向雪中明，风惹奇香粉蕊轻"	
	徐仲雅	《宫词》	"内人晓起怯春寒，轻揭珠帘看牡丹"	牡丹
北宋	王圭	《宫词·其二》	"洛阳新进牡丹丛，种在蓬莱第几宫"	牡丹、桃、宜男草（萱草）、樱桃、荷、芍药、柳、海棠、梅、杏
		《宫词·其三》	"一片桃花一片春，夜来风雨落纷纷"	
		《宫词·其四》	"碧桃花下试抨棋，误算筹先一着低"	
		《宫词·其六》	"阶前摘得宜男草，笑插黄金十二钗"	
		《宫词·其十》	"遥闻春苑樱桃熟，先进金盘奉紫宸"	
		《宫词·其四十三》	"内庭秋燕玉池东，香散荷花水殿风"	
		《宫词·其五十九》	"不知红药栏干曲，日暮何人落翠钿"	
		《宫词·其六十》	"翠眉不及池边柳，取次飞花入建章"	
		《宫词·其七十七》	"到得经筵春讲罢，海棠花影数砖移"	

朝代	诗人	诗篇	诗句	涉及花木
北宋	王圭	《宫词·其八十二》	"丽日祥烟锁禁林，樱桃初熟杏成阴"	牡丹、桃、宜男草（萱草）、樱桃、荷、芍药、柳、海棠、梅、杏
		《宫词·其九十二》	"雪晴鹍鹊楼边月，风落昭阳殿后梅"	
		《宫词·其九十五》	"萱草成窠杏子青，夜闻禁漏晓闻莺"	
		《宫词·其一百一》	"小雨霏微润绿苔，石栏红杏傍池开"	
	张公庠	《宫词·其十一》	"潇洒梅花元耐雪，轻狂柳絮不嫌风"	江梅、柳、梧桐、牡丹、木香、萱草、菊、瑞香、杏、槐
		《宫词·其十三》	"仙籞梅开淡淡春，夜来微雨渗轻尘"	
		《宫词·其十六》	"二月犹寒未有雷，江梅才谢小桃开"	
		《宫词·其十九》	"御柳丝长挂玉栏，不须惆怅百花残"	
		《宫词·其二十》	"过苑中官排办时，江梅初绽两三枝"	
		《宫词·其二十九》	"鸂鶒鸂鶒银塘静，杨柳梧桐水殿香"	
		《宫词·其四十九》	"残红并逐狂风去，只有桐花不解飞"	
		《宫词·其五十二》	"欲下金阶剪牡丹，夜来风雨怯轻寒"	
		《宫词·其五十三》	"谩向园林觅春色，折残枝上两三花"	
		《宫词·其五十四》	"不用金炉添麝炷，深闺剩挂木香花"	
		《宫词·其五十八》	"萱草初长花未开，共知青帝退春回"	
		《宫词·其六十二》	"菊吐金英媚晚秋，紫宸朝退幸西楼"	
		《宫词·其七十七》	"偶会不须张锦幕，游人已在百花中"	
		《宫词·其七十九》	"柳放金丝搭矮槐，御沟清影见楼台"	
		《宫词·其八十四》	"瑞香独占深闺暖，帘外春寒都不知"	
		《宫词·其八十六》	"禁园春去偶同行，杏子垂垂叶底青。烧酒初尝人乐饮，绿槐阴下倒银瓶"	
		《宫词》	"牡丹尊贵出群芳，销得宸游奉玉觞。侍宴佳人相与语，姚黄争及御袍黄"	
	王仲修	《宫词·其七》	"官桃红小匀丹脸，御柳黄深展翠眉"	桃、柳、牡丹、芍药、松、竹、海棠、李、槐、荷、菊、梅
		《宫词·其八》	"万户千门入建章，金绳界路柳丝黄"	
		《宫词·其十四》	"玉阑万朵牡丹开，先摘姚黄献御杯"	
		《宫词·其十五》	"春深百卉过芬芳，雕槛惟馀芍药香"	
		《宫词·其十八》	"官人却爱山家景，松竹阴中碾建茶"	
		《宫词·其二十一》	"欲晓初闻长乐钟，一庭残月海棠红"	
		《宫词·其二十二》	"晓风薄薄透罗衣，桃李芬芳长旧围"	
		《宫词·其二十七》	"绿槐疏影满花砖，首夏清和未暑天"	
		《宫词·其二十九》	"宫槐御柳绕池亭，水殿中间暑气清"	
		《宫词·其三十四》	"太液池头水浸云，绿荷摇曳露华新"	
		《宫词·其三十六》	"宿雨乍收烟水静，曲池万柄绿荷香"	
		《宫词·其四十二》	"瑟瑟西风下建章，御栏无限菊花香"	
		《宫词·其四十四》	"瑶池初见一枝梅，为爱清香特地栽"	
		《宫词·其四十八》	"雪消宫殿苑梅芳，晓漏声迟下建章"	

朝代	诗人	诗篇	诗句	涉及花木
北宋	赵佶	《官词·其三》	"严警不闻人一语,海棠枝上晓莺声"	海棠、梅、梨、杏、茶蘼/酴醾、橙、杨梅、莲、桃、牡丹、柳、石榴、竹、榆、棕榈、桧、松、梧桐、蜡梅、芍药
		《官词·其六》	"春工先与上林芳,迎岁红梅破腊香"	
		《官词·其十六》	"梨花如雪照庭隅,魄月沁精上海初"	
		《官词·其四十七》	"燕馆乍凉人不寐,更听疏雨滴梧桐"	
		《官词·其六十一》	"杏梢梅蕊遍飘香,藻荇萦纤满碧塘"	
		《官词·其六十四》	"回环露浥苍苔合,一架茶蘼满殿香"	
		《官词·其六十六》	"江浙秋橙入上都,深宫培植向庭除"	
		《官词·其七十三》	"杨梅泽国最荣昌,此岁移来入上方"	
		《官词·其八十六》	"杏绿桃绯一片春,后庭花卉尽坤珍"	
		《官词·其八十九》	"澄澄方沼玉庭前,天产双英并萼莲"	
		《官词·其九十四》	"粉杏夭桃出苑墙,堤边杨柳拂波光"	
		《官词·其四》	"洛阳新进牡丹栽,小字牌分品格来。魏紫姚黄知几许,中春相继奏花开"	
		《官词·其五》	"杭越奇花异果来,未分流品未堪栽。苑中别囿荄根茇润,移入珍亭一夜开"	
		《官词·其十》	"官人思学寿阳妆,每看庭梅次第芳"	
		《官词·其二十三》	"石榴繁翠渐盈枝,正是新和首夏时"	
		《官词·其三十一》	"小院风柔蛱蝶狂,透帘浑是牡丹香"	
		《官词·其五十七》	"苑西廊畔碧沟长,修竹森森绿影凉"	
		《官词·其六十二》	"韶阳偏逐禁官先,三月青榆满地钱"	
		《官词·其八十九》	"小桃初破未全香,清昼金胥漏已长"	
		《官词·其九十四》	"棕榈秀竹间行均,浑似江乡景趣新。低桧小松参怪石,清嘉尤胜杏花春"	
		《官词·其五》	"修竹成林碧玉攒,几枝荣茂可栖鸾"	
		《官词·其七》	"华景红梅两槛分,点成轻雪万枝均"	
		《官词·其十三》	"金井高梧舞戏圭,露盘承润晓凄凄"	
		《官词·其十九》	"杏褪残花点碧轻,融怡天气雨初晴"	
		《官词·其二十五》	"桃叶基春二月中,满庭芽萼顺年丰"	
		《官词·其四十四》	"满架酴醾旖旎香,小亭芳沼戏鸳鸯"	
		《官词·其四十六》	"鞦韆影里笑相迎,蕙圃兰畦恣撷英"	
		《官词·其四十九》	"昨夜雪晴天气好,后园初进腊梅花"	
		《官词·其五十九》	"红药栏边晚吹轻,玉肌人醉撷芳英"	
	卢秉	《官词十首·其四》	"十二龙钩卷,梨花烂漫时"	梨、槐
		《官词·其十》	"落絮濛濛立夏天,楼前槐影叶初圆"	
	田锡	《华清宫词》	"槐烟柳露咽官漏,玉笛一声岩壑惊"	槐、柳
	王禹偁	《和郡僚题李中舍公署》	"树影池光映晓霞,绿杨阴下吏排衙"	杨
	夏竦	《官词》	"柳带分阴接殿基,笙歌还拥翠华归。……槐影对笔苔点细,桐花西倚夕阳稀"	柳、槐、桐

朝代	诗人	诗篇	诗句	涉及花木
宋	周彦质	《官词·其五十三》	"瑞竹亭亭近玉墀，初同一蘖却分岐"	竹、枇杷、荔子、楸、瑞香、梅、杏
		《官词·其五十四》	"禁籞承平种植繁，枇杷荔子近移根"	
		《官词·其五十八》	"瑞竹初生每觉长，分岐共蘖出宫墙"	
		《官词·其七十八》	"画廊两畔楸花发，时递清香笔砚间"	
		《官词·其八十二》	"瑞香圆结异凡丛，天幸移根植禁中"	
		《官词·其八十九》	"腊后寒梅蕊弄黄，金瓶丛插贮兰房"	
		《官词·其九十四》	"二月春官折杏花，垂梢繁蕊闹交加"	
	王之道	《宴春台·翠竹扶疏》	"翠竹扶疏，丹葵隐映，绿窗朱户萦回"	竹、葵
	曹勋	《官词三十三首·其十五》	"萧条梅柳春如许，可复风烟比上林"	梅、柳
	张枢	《官词十首·其四》	"翠枝斜插滴金花，特髻低蟠贴水荷。应奉人多宣唤少，海棠花下看飞梭"	荷、海棠、滴金花、柳、桂
		《官词十首·其五》	"笙歌散后归深院，花柳阴中过曲廊"	
		《官词十首·其六》	"灿锦堂西过夕阳，水风吹起芰荷香"	
		《官词十首·其七》	"晚凉开院近中秋，香染金风倚桂楼"	
	胡仲弓	《官词·其一》	"月上海棠人寂寂，焚香百拜感皇恩"	海棠、垂柳、桂花
		《官词·其二》	"垂杨枝上喜迁莺，梅子黄时雨乍晴"	
		《官词·其九》	"桂枝香里立多时，忽见传言玉女来"	
南宋	杨皇后	《官词·其二》	"元宵时雨赏官梅，恭请光尧寿圣来"	梅、海棠、荷、柳、葵、石榴、槐、梨
		《官词·其三》	"柳枝挟雨握新绿，桃蕊含风破小红"	
		《官词·其十》	"海棠花里奏琵琶，沉碧池边醉九霞"	
		《官词·其十三》	"水殿钩帘四面风，荷花簇锦照人红"	
		《官词·其十四》	"绕堤翠柳忘忧草，夹岸红葵安石榴"	
		《官词·其二十一》	"落絮濛濛立夏天，楼前槐树影初圆"	
		《官词·其三十》	"兰径香销玉辇踪，梨花不肯负春风"	
		《官词·其四十八》	"海棠移向小窗栽，高叠盆山合复开"	
	刘克庄	《官词四首·其二》	"凉殿吹笙露满天，木犀花发月初圆"	木犀（桂）、梧桐
		《官词·其三》	"一夜秋风入碧梧，蝉声永巷月华孤"	
	武衍	《官词补遗·其一》	"梨花风动玉阑香，春色沈沈锁建章"	梨、牡丹
		《官词补遗·其二》	"牡丹春籞正秾华，有旨今年不赏花。剪落金盘三百朵，内批分赐近臣家"	
	周密	《官词八首·其一》	"十仞雕墙千步廊，官槐簇簇柳行行"	槐、柳、梅
		《官词·其六》	"官梅千树照瑶池，香玉浮春泛宝卮"	
	岳珂	《官词一百首·其十四》	"阙门双凤铸黄金，柳色官沟转绿阴"	柳
元	乃贤	《官词八首次契公远正字韵·其一》	"广寒宫殿近瑶池，千树长杨绿影齐"	柳
	王冕	《芙蓉山雉图》	"锦屏重重锦官官，锦官官苑多芙蓉"	木芙蓉
元末明初	杨维桢	《官词十二首·其十》	"露气夜生鸂鹒楼，井梧叶叶已知秋。君王只禁官中蛊，不禁流红出御沟"	梧桐
		《官词十二首·其八》	"十二璚楼浸月华，桐花移影上窗纱"	

朝代	诗人	诗篇	诗句	涉及花木
元末明初	虞堪	《宫词》	"棠梨枝上三更月，雪色冰轮不见痕"	棠梨
	释妙声	《吴宫四时词·其三》	"金井落梧桐，茱萸绕殿红"	梧桐、茱萸
明	江源	《拟唐人四时宫词二十首次官汝清韵·其二》	"开遍酴醾满院香，宫临催我踏春阳"	酴醾、海棠、柳、葵、枫、梧桐、芙蓉、碧桃、梨
		《拟唐人四时宫词二十首次官汝清韵·其三》	"海棠花下烧银烛，照见金车别院过"	
		《拟唐人四时宫词二十首次官汝清韵·其七》	"宫前杨柳更含雨，宫后葵花空向阳"	
		《拟唐人四时宫词二十首次官汝清韵·其十四》	"枫叶凝丹瓣瓣秋，西风吹送满宫愁"	
		《宫词·其二十》	"凤驾不来春又晚，东风零落海棠花"	
		《宫词·其二十二》	"窗前一片梧桐月，曾照羊车几度来"	
		《宫词·其三十》	"紫禁秋风十又三，芙蓉花老落氍毹"	
		《宫词·其六》	"燕子不来春欲暮，东风吹老碧桃花"	
		《宫词·其十二》	"一庭淡月浸梨花，好景偏宜富贵家"	
	张凤翔	《宫词·其十六》	"禁柳春深草色新，杨花飞趁扑虫人"	柳、杨、梧桐
		《宫词·其十七》	"井梧写句付宫沟，墨汁啼痕字面稠"	
	谢榛	《秋宫词·其一》	"桐叶满阶秋思多，深宫玉辇几时过"	梧桐、菊、海棠、芭蕉、桂、梅
		《秋宫词·其四》	"院院黄花秋色浓，几看青镜惜芳容"	
		《宫词题画·其一春》	"试看海棠开几枝，流莺啼过黄金屋"	
		《宫词题画·其二夏》	"禁门深锁夜如何，秖恐芭蕉风雨多"	
		《宫词题画·其三秋》	"青桂花开秋已半，夜深绛阙低河汉"	
		《宫词题画·其四冬》	"早梅寂寞几多花，春在深宫君不见"	
	陈悰	《天启宫词·其八》	"海棠花气静霏霏，此夜筵前紫蟹肥"	海棠
		《天启宫词·其十一》	"倚殿阴森奇树双，明珠万颗映花黄"	
	洪贯	《宫词·其一》	"不知凝碧池头宴，落尽官槐一树秋"	槐、梧桐
		《宫词·其三》	"露滴梧桐月满楼，天心大火已西流"	
	蜀成王	《拟古宫词一百首·其二十》	"绮窗垂柳影婆娑，长日花砖未肯过。"	柳、竹
		《拟古宫词一百首·其二十六》	"绿竹修修隔短墙，黄昏凄雨洒潇湘"	
	周宪王	《元宫词（一百三首）·其三十一》	"月明深院有霜华，开遍阶前紫菊花"	菊、杏、柳、木芙蓉、栝子松、牡丹
		《元宫词（一百三首）·其四十三》	"小楼春浅杏花寒，象鼎烟销宝篆残"	
		《元宫词（一百三首）·其六十二》	"大都三月柳初黄，内苑群花渐有香"	
		《元宫词（一百三首）·其七十七》	"地寒不种芙蓉树，土厚宜栽栝子松"	
		《元宫词（一百三首）·其九十九》	"内园张盖三宫宴，细乐喧阗赏牡丹"	
	宁献王	《宫词（一百七首）·其十八》	"溶溶庭院梨花月，风静时闻笑语妍"	梨、梧桐、紫薇、竹、芍药、海棠
		《宫词（一百七首）·其二十》	"秋来处处捣衣声，小院梧桐月正明"	
		《宫词（一百七首）·其二十三》	"曲阑开遍紫薇花，晓日曈昽映彩霞"	
		《宫词（一百七首）·其二十七》	"庭梧秋薄夜生寒，谁把筌篌别调弹"	
		《宫词（一百七首）·其二十八》	"小院飞花春昼长，竹阴移午上琴床"	
		《宫词（一百七首）·其六十三》	"宫娥不识春归去，争插庭前芍药花"	
		《宫词（一百七首）·其七十》	"独有海棠枝上月，几番圆缺到如今"	
	邓云霄	《拟古宫词一百首·其十三》	"年来种竹傍琼轩，浮碧垂阴满院门"	竹、杜若、桂

朝代	诗人	诗篇	诗句	涉及花木
明	邓云霄	《拟古宫词一百首·其六十一》	"影蛾池畔月如霜，水碧沙明杜若香"	竹、杜若、桂
		《拟古宫词一百首·其七十五》	"月冷霜清桂树丹，琉璃瓦上动微澜"	
	范沨	《吴越宫词二首·其一》	"春柳遥遥绿渐浓，秋花间色有芙蓉"	柳、芙蓉、桃、李
		《南唐宫词四首·其一》	"桃李花开点御沟，翠华经月不曾游"	
	朱诚泳	《宫词·其一》	"不知门外春多少，雨打梨花满地残"	梨
	黄省曾	《拟古宫词二十首·其十八》	"牡丹前殿始芳菲，香气腾腾袭凤帏"	牡丹
	徐定夫	《宫词》	"几日内庭宣唤少，紫薇花底学吹笙"	紫薇
	夏寅	《春宫词》	"重重绿树围宫墙，杨花扑人春思长"	柳
	周藩王	《宫辞（五首）·其二》	"萧萧修竹映池寒，分汲银瓶灌牡丹"	竹、牡丹
	卢泩	《宫词》	"暖风吹雨点宫衣，又见桃花满树飞"	桃
	陈荐夫	《宫词三首·其一》	"千树垂杨万树梅，朝曦初上露初开"	柳、梅
	王廷相	《宫词四首·其一》	"宫使传呼驾出忙，芙蓉小苑尽生香"	芙蓉
	薛蕙	《宫词十二首·其六》	"荷花布锦柳垂丝，一片丹青太液池"	荷、垂柳
	蒋山卿	《宫词八首·其一》	"一夜梅开上苑东，淡烟斜月影朦胧"	梅
	何景明	《宫词四首·其二》	"碧草萋萋生御沟，垂杨袅袅夹朱楼"	垂柳
	石宝	《宫词》	"水殿荷风软，云车草露新"	荷
	佘五娘	《拟唐人宫词·其二》	"十二栏杆列画屏，牡丹开遍锦云庭"	牡丹
明末清初	黎景义	《宫词·其五》	"芍药丛开耀紫微，万年枝折露华稀"	芍药
清	王士禛	《南唐宫词六首·其一》	"御沟桃叶水潺潺，姊妹承恩并玉颜"	桃
	张埙	《春宫词》	"宫井新梧绿，云楼起睡鸦"	梧桐
	弘历	《题十二月宫词画幅二十四首·其八》	"辛夷初开春满枝，甲帐流苏睡起时"	辛夷、梧桐、槲、菊
		《题十二月宫词画幅二十四首·其十三》	"楼号分襟乞巧宜，宫梧金井落来时"	
		《题十二月宫词画幅二十四首·其十七》	"万岁山前槲叶黄，携尊篸菊过重阳"	

附表6　古代私家园林花木景致之诗篇梳理

朝代	作者	诗篇	诗句	花木种类
曹魏	阮籍	《咏怀·其四》	"感激生忧思，萱草树兰房"	萱草
唐	韩偓	《效崔国辅体四首》	"澹月照中庭，海棠花自落"	海棠
	殷济	《秦闺怨·其一》	"萱草侵阶绿，垂杨閤户新"	萱草、垂柳
	白居易	《酬吴七见寄》	"竹药闲深院，琴尊开小轩"	竹
		《题王侍御池亭》	"朱门深锁春池满，岸落蔷薇水浸莎"	蔷薇、莎
	张籍	《雨中寄元宗简》	"竹影冷疏涩，榆叶暗飘萧"	竹、榆
	李吉甫	《九日小园独谣赠门下武相公》	"舞丛新菊遍，绕树古藤垂。受露红兰晚，迎霜白薤肥"	菊、藤、兰、薤
	羊士谔	《永宁小园即事》	"萧条梧竹下……宿雨方然桂，朝饥更摘蔬。阴苔生白石，时菊覆清渠"	梧桐、竹、桂、菊、蔬、苔
	温庭筠	《杏花》	"红花初绽雪花繁，重叠高低满小园"	杏
	李白	《阳春曲》	"芣苢生前径，含桃落小园"	车前、樱桃
	王绩	《春庄走笔》	"约略栽新柳，随宜作小园"	柳

朝代	作者	诗篇	诗句	花木种类
唐	张九龄	《和苏侍郎小园夕霁寄诸弟》	"兴逐蒹葭变，文因棠棣飞"	芦苇、棠棣
	吴融	《海棠二首》	"太尉园林两树春，年年走探花人"	海棠
	李德裕	《忆平泉山居赠沈吏部一首》	"清泉绕舍下，修竹荫庭除。幽径松盖密，小池莲叶初"	竹、松、莲
五代	李建勋	《春日小园晨看兼招同舍》	"最有杏花繁，枝枝若手持"	杏
	李昉	《小园独坐偶赋所怀寄秘阁侍郎》	"砌苔点点青钱小，窗竹森森绿玉稠"	竹、苔
		《冬至后作呈秘阁侍郎》	"杨柳莫嫌凋旧叶，牡丹还喜动新萌。潜惊绿竹微添翠，暗觉幽禽渐变声"	柳、牡丹、竹
北宋	王安石	《题何氏宅园亭》	"荷叶参差卷，榴花次第开"	荷、石榴
	李至	《奉和小园独坐偶赋所怀》	"蔷薇点缀勾栏好，薜荔攀缘怪石幽"	蔷薇、薜荔
	杨亿	《小园秋夕》	"玉井梧倾犹待凤，金塘柳密更藏鸦"	梧桐、柳
	宋庠	《晚春小园观物》	"双桐夹路元标井，酸枣依墙本乏台"	桐、酸枣
	刘敞	《晚晴小园》	"丹青果实同时熟，红白荷花相映深"	荷
		《春晚小园》	"绿柳低映墙，皋兰生满道"	柳、皋兰
	刘攽	《雨后小园》	"墙阴静色怜甘菊，垣上悬藤识苦匏"	甘菊、苦匏
	苏轼	《新葺小园二首·其一》	"短竹萧萧倚北墙，斩茅披棘见幽芳"	竹
	苏辙	《次韵李简夫秋园》	"菊细初藏蝶，桐疏不庇鸦"	菊、桐
		《十月二十九日雪四首·其一》	"小园摇落黄花尽，古桧飞鸣白鹤双"	菊、桧
	秦观	《行香子》	"有桃花红，李花白，菜花黄"	桃、李
	晁补之	《诉衷情近夏日即事》	"便觉凉生翠柏。戎葵闲出墙红，萱草静依径绿"	柏、葵、萱草
	张耒	《三月小园花已谢独芍药盛开》	"西堂晚芍药，百萼乘露鲜。红妆诸美人，锦绣富春妍"	芍药
		《东园》	"犹有荼蘼数朵在，未觉尘沙污玉质"	荼蘼
	苏过	《题岑氏心远亭》	"君家小园才数亩，竹柏萧森间桃李"	竹、柏、桃、李
	傅察	《闻有游蔡氏园看牡丹诗戏作一绝呈季长》	"车骑雍容驻道傍，小园寻胜见花王"	牡丹
	吕渭老	《一落索·其二》	"向晚小园行遍。石榴红满"	石榴
	周紫芝	《驼山秋晚二首·其二》	"枯藤绕屋挂秋实，黑如点漆红丹砂。蜀葵花空已收子，鸡冠树高犹有花"	藤、蜀葵、鸡冠树
宋	葛胜仲	《鹧鸪天·其一赏菊二首》	"黄菊鲜鲜带露浓。小园开遍度香风"	菊
	王琪	《暮春游小园》	"一丛梅粉褪残妆，涂抹新红上海棠"	梅、海棠
	曹勋	《处和有诗欲过小圃》	"一槛海棠云锦展，四边山色晓烟飞"	海棠
	王之望	《题邓寨周氏小园》	"可怜几阵嫣香里，立尽庭前数树梅"	梅
	吕本中	《闲居》	"时来携白铲，种药两三根"	芍药
	李光	《十月二十二日纵步至教谕谢君所居爱其幽胜而庭植道源友见寻烹茗奕棋小酌而归因成二绝句·其二》	"独向小园行欲遍，篱边黄菊有残花"	菊
	朱敦儒	《感皇恩·其二》	"拄杖穿花露犹法。菊篱瓜畹"	菊
		《感皇恩·其三》	"花竹随宜旋装缀。槿篱茅舍"	竹、木槿
		《桃源忆故人·其二》	"黄菊红蕉庭院。翠径苔痕软"	菊、红蕉
	曾几	《春初过王仲礼教授小园》	"当阶艺红药，坐待青春还。……殷勤小梅花，一笑冰雪颜"	芍药、梅
	郑刚中	《栽竹种红蕉后数日阻雨不见赋小诗》	"瘦竹犯寒扶直节，蕉花垂老抱丹心"	竹、红蕉
	俞桂	《东山》	"粗有小园供日涉，不愁无地种梅花"	梅

朝代	作者	诗篇	诗句	花木种类
宋	董嗣杲	《水退小园散步时垂替感赋》	"移来菊本已成丛,潦退园篱失笑空"	菊
		《题蔡主簿小园》	"襟怀犹徼邀,松竹自林丘"	竹、松
	喻良能	《都丞侍郎再和屋字韵诗次韵奉酬》	"小园五亩依篁竹,中有茆茨数椽屋"	篁竹
	孔平仲	《种花口号·其二》	"蜀葵萱草陈根在,金凤鸡冠著地栽"	蜀葵、萱草、鸡冠
		《咏蜀葵》	"低头无语娇尤甚,更著新翻浅色黄"	蜀葵
		《十月梨花》	"皓质轻盈粉乍匀,小园初放一枝新"	梨
	朱弁	《栽花》	"种柳五年高出屋,攀条坐爱春阴绿。环池又栽数品花,蜀葵玫瑰与石竹"	柳、蜀葵、玫瑰、石竹
南宋	陆游	《禹迹寺南有沈氏小园四十年前尝题小阁壁间偶复一到而园已易主刻小阁于石读之怅然》	"枫叶初丹槲叶黄,河阳愁鬓怯新霜"	枫、槲
		《小园花盛开》	"鸭头绿涨池平岸,猩血红深杏出墙"	杏
		《梅二首·其二》	"俗事常妨把一杯,等闲开过小园梅"	梅
		《久雨骤晴山园桃李烂漫独海棠未甚开戏作》	"直令桃李能言语,何似多情睡海棠"	海棠、桃、李
		《游万里桥南刘氏小园》	"满地梅花香……烟柳千丝黄"	梅、柳
		《小园竹间得梅一枝》	"如今不怕桃李嗔,更因竹君得梅友"	桃、李、竹、梅
		《感怀四首·其三》	"典衣买紫桂,辍食致红药。阡眠香草茂,掩苒烟柳弱"	桂、芍药、柳
	刘克庄	《小园即事二首·其一》	"何处瑶姬款户来,蔷薇花下暂裴徊"	蔷薇
		《小园即事五首·其三》	"李甘尚可分蟏半,柿落何妨拾鸟残"	李、柿
	何应龙	《小园》	"客来莫笑生涯薄,窗外新添竹数竿"	竹
	陈亮	《好事近·其一》	"篱菊吐寒花,弄香小园秋色"	菊
	杨万里	《初秋行圃四首·其二》	"烂开栀子浑如雪,已熟来禽尚带花"	栀子
	辛弃疾	《新荷叶初秋访悠然》	"茂林修竹,……西风黄菊开时"	竹、菊
	韩淲	《十二月六日》	"小园梅树已吹花,山映疏林水映沙"	梅
		《抗云亭》	"望穷千里乾坤外,清绝小园松菊香"	松、菊
		《看梅》	"小园春早喜梅开,烟敛风回月色来"	梅
		《王寺簿过山园》	"小园才放一枝梅,便有传呼别驾来"	梅
		《武林买蜡梅栽在园》	"移得西湖一种来,小园已是十年栽"	蜡梅
		《晓露看花》	"乘露看花过小园,海棠明润转芳鲜"	海棠
		《春风歌》	"歌春风,柳条微绿杏花红"	柳、杏
		《青玉案·西湖路》	"小园芳草,短篱修竹,点点飞花雨"	竹
	王十朋	《甘露堂前有杏花一株在修竹之外殊有风味用昌黎韵》	"桃李未吐梅英空,杏花嫣然作小红。……高枝半出修竹外,醉脸略与江梅同"	桃、李、梅、杏、竹
		《宝印叔辩上人各赠瑞香花》	"瑞香一种来潜涧,学士新添两少年"	瑞香
	张镃	《昨探梅冒寒伏枕病起闻花已开尚苦雨阻因成长句》	"小园春事果如何,分数梅花最占多"	梅
	戴复古	《次韵郡倅王子文小园咏春》	"万缕绿杨杨柳雨,一梢红破海棠春"	垂柳、海棠
	许及之	《有喜真爱亭梅花开走笔呈转庵》	"梅绽凌寒树,枝繁照水花"	梅
	李龏	《八月三十日小园桂香清甚招同僚吟赏忆刘判官叶令君》	"丹桂立西风,明年开向谁"	丹桂
	李曾伯	《和傅山父小园十咏·其一》	"蜡英要占菊天破,玉树须乘梅雨培"	菊、玉树
		《和傅山父小园十咏·其八》	"宜琴宜弈尤宜酒,种竹种梅仍种莲"	竹、梅、莲

朝代	作者	诗篇	诗句	花木种类
南宋	许及之	《检校园课济叔又送花栽欣然有作》	"缓引瓜苗教傍架，旋齐菊秒要平台。出墙新竹矜施粉，立水高荷劝把杯"	瓜、菊、竹、荷
		《德友惠竹栽甚富而又得佳篇既种复喜雨次韵谢之》	"嗜酒爱风竹，种竹涓日醉"	竹
	项安世	《别周季隐东湖隐居》	"小园种花复种竹，数亩宜桑亦宜栗"	竹、桑、栗
	赵蕃	《春日杂言十一首·其三》	"试向小园闲点检，忽逢一树木瓜花"	木瓜
	华岳	《小圃》	"花存四五本，竹种两三根"	牡丹、竹
宋末元初	方回	《追怀甲戌清明宇文信仲知郡大卿同尤张二倅过予小园赏花》	"牡丹初喜开千朵，劫火何知付一空"	牡丹
		《瓮圃新霁》	"红锦芙蓉应万萼，雪衣蝴蝶忽双飞"	芙蓉
		《酴醿盛开二绝·其一》	"日葵霜菊踰千本，更有酴醿十万条"	菊、酴醿
	卫宗武	《小园避暑》	"扬扬桂吐芬，粲粲菊有芳"	桂、菊
	舒岳祥	《三月三日欲过小园闻海棠未开剪韭独酌有怀》	"云藏柳叶栽难断，月入梨花照不真。每岁海棠时候近，今年寒重殿馀春"	柳、梨、海棠
	龚璛	《白扁豆》	"小园闲种药，白豆近花篱。蔓草浑相亚，酴醿不自持"	芍药、扁豆、蔓草、酴醿
	区仕衡	《小园》	"羡杀乌栖深树稳，豆花篱落雨声中"	豆
	释道璨	《题水墨草虫》	"蜻蜓低傍豆花飞，络纬无声抱竹枝"	豆、竹
	文天祥	《题陈国秀小园·其二》	"长鹤展轻翮，远栖松桂林"	松、桂
元	王恽	《小园即事》	"未放蔷花金作蕾，已开梨蕊雪为团"	蔷花、梨
元末明初	刘崧	《访张其玉山居》	"小桥断岸穿杨柳，高竹清池荫薜萝"	柳、竹、薜荔、女萝
		《题平川雪霁图为张用可县丞赋》	"我家邈在武山东，屋前石岸多青枫"	青枫
	宋禧	《赠陆生》	"柘叶青连溪岸树，藤梢白覆竹篱花"	柘、藤、竹
	胡奎	《东园春日》	"蔷薇碧引风前蔓，芍药红抽雨后芽"	蔷薇、芍药
明	龚诩	《过芝塘东虞宅废园》	"梨花雪白海棠红，诗酒笙歌岁岁同"	梨、海棠
	杨慎	《虞美人》	"溶溶阴锁梨花院。宋玉愁空断"	梨
	黄佐	《寿石川》	"楹前梅蕊粲瑶琼，春风潋荡先满城"	梅
	谢榛	《秋日过方晦叔书院》	"蝉咽高枝秋满城，当轩松桂助幽情"	松、桂
		《九日过王叔野无菊》	"不种黄花君更懒，满城秋色几人闲"	菊
	杨荣	《双松堂》	"郁郁双松，植于堂傍"	松
	唐时升	《园中十首·其二》	"河水清且涟，紫蓼被其湾"	蓼
	朱同	《小园栽菊·其一》	"菊苗移向小园中，好雨初晴土脉通"	菊
	李江	《和千家诗六十首其三十春晚游小园》	"碧桃红杏斗新妆，暮雨春残睡海棠"	碧桃、杏、海棠
	申时行	《小园初植牡丹亭结垂就忽放一花时遍长至》	"新除药圃结亭台，倾国奇葩忽自开"	牡丹
	汪道会	《小园玉兰作花积雨未谢喜而赋此》	"皎如临玉树，香似袭皋兰"	玉兰
	胡应麟	《小园杏花烂漫与客携酒酌其下至醉》	"杏花朵朵含春烟，随风故落苍苔前"	杏
	宋登春	《秋日小园雨后遣怀》	"秋色梧桐老，晴光橘柚新"	梧桐、橘、柚
	谢五娘	《小园即事》	"翠竹苍梧手自栽，芙蓉未秀菊先开"	竹、梧桐、芙蓉、菊
	文徵明	《九日子畏北庄小集》	"野蔓藤梢竹束篱，城闉曲处有茆茨"	竹
	李之世	《秋夕叶而章过饮小园有赠》	"槐竹互参差，窥林得月迟"	槐、竹
	佘翔	《晋安馆中纪怀十首·其二》	"庭阴蕉叶老，秋色菊花新"	芭蕉、菊

朝代	作者	诗篇	诗句	花木种类
清	吴雯	《晚集玉础傍城小园》	"花闻谯鼓暗，竹傍女墙低"	竹
	张英	《寄溪上小园》	"久置田园新入眼，旧栽松竹渐成林"	松、竹
		《小园阴雨夬句》	"屋角数丛湘浦竹，堂围四座岭南花"	湘浦竹
		《小园》	"小园门径一弓宽，却对松阴俯碧湍。爱看梅花临水处，特教添取石阑干"	松、梅
		《小园诗》	"牡丹灿天葩，海棠蔟繁丽。时序入丹榴，红英点阶砌"	牡丹、海棠、石榴
	田雯	《小园》	"旧葺草庐还未破，初栽枣树已成行。辘轳不歇新穿井，薜荔何知尽上墙"	枣树、薜荔
	张廷璨	《小园》	"高柳周遮小阁开，阴阴石径长莓苔"	柳
	朱昆田	《小园散步》	"莫怪小园秋太澹，牵牛新引一篱花"	牵牛花
	厉鹗	《蝶恋花·戊申春暮城东周氏小园池上作》	"三月风颠吹断鞅。何况蔷薇"	柳、蔷薇
	钱载	《冯相国邀过南淀小园借山楼后好在亭看海棠》	"蜀府一株旁侍立，红牙十八正婵娟"	海棠
	阮元	《小园杂诗·其一》	"一样风光判桃柳，十分春色占棠梨"	桃、柳、棠梨
		《小园杂诗·其四》	"古藤几架紫垂屠，小刺荼蘼盖曲廊。上番笋抽新竹密，午时阴幂老槐凉"	荼蘼、竹、槐
		《小园杂诗·其五》	"洗春一夜廉纤雨，破夏千枝芍药花"	芍药
	劳蓉君	《忆舅家小园幼时所游》	"绕砌苔枯霜点白，盖檐枫老叶翻红"	枫
	许之雯	《小园》	"春光何处最，红杏女墙西"	杏
	那逊兰保	《小园落成自题·其八》	"梧桐寒缚草，薜荔曲缠松"	梧桐、薜荔、松
	刘绎	《小园即目·其二》	"不须关住满园春，墙畔桃花一树新"	桃
	李振钧	《小园落成·其六》	"忘忧多树萱……慈竹护儿孙"	萱草、慈竹
		《小园落成·其九》	"绿天蕉可补，青史竹能修"	蕉、竹

附表7　诗歌中的乡村、田园之花木景致诗篇梳理

朝代	作者	诗篇	诗句	花木种类
东晋	陶潜	《归园田居五首·其一》	"榆柳荫后园，桃李罗堂前"	榆、柳、桃、李
		《归园田居五首·其二》	"相见无杂言，但道桑麻长"	桑、麻
		《酬刘柴桑》	"榈庭多落叶，慨然已知秋。新葵郁北牖，嘉穟养南畴"	棕榈、葵
		《饮酒二十首并序·其五》	"采菊东篱下，悠然见南山"	菊
		《饮酒二十首并序·其七》	"秋菊有佳色，裛露掇其英"	菊
		《饮酒二十首并序·其十七》	"幽兰生前庭，含薰待清风"	幽兰
		《桃花源记并诗》	"桑竹垂馀荫，菽稷随时艺"	桑、竹、菽、稷
唐	白居易	《春村》	"二月村园暖，桑间戴胜飞"	桑
		《内乡村路作》	"渭村秋物应如此，枣赤梨红稻穗黄"	枣、梨、稻
		《下邽庄南桃花》	"村南无限桃花发，唯我多情独自来"	桃
		《村夜》	"独出前门望野田，月明荞麦花如雪"	荞麦
		《春风》	"荠花榆荚深村里，亦道春风为我来"	荠、榆
		《过永宁》	"村杏野桃繁似雪，行人不醉为谁开"	杏、桃
		《游赵村杏花》	"赵村红杏每年开，十五年来看几回"	杏

朝代	作者	诗篇	诗句	花木种类
唐	白居易	《渭村退居寄礼部崔侍郎翰林钱舍人诗一百韵》	"枳篱编刺夹,薙垄擘科秋" "困倚裁松锸,饥提采蕨筐。引泉来后洞,移竹下前冈" "荞麦铺花白,棠梨间叶黄"	枳、薙、松、蕨、竹、荞麦、棠梨
		《效陶潜体诗十六首·其九》	"榆柳百馀树,茅茨十数间"	榆、柳
		《秋游原上》	"新枣未全赤,晚瓜有馀馨"	枣、瓜
		《邓州路中作》	"萧萧谁家村,秋梨叶半坼。漠漠谁园,秋韭花初白"	梨、韭
		《登村东古冢》	"村人不爱花,多种栗与枣"	栗、枣
		《村居卧病三首·其一》	"种黍三十亩,雨来苗渐大。种薤二十畦,秋来欲堪刈"	黍、薤
		《孟夏思渭村旧居寄舍弟》	"手种榆柳成,阴阴覆墙屋"	榆、柳
	王维	《春中田园作》	"屋上春鸠鸣,村边杏花白"	杏
		《田园乐七首·其一》	"杏树坛边渔父,桃花源里人家"	杏
		《田园乐七首·其四》	"萋萋春草秋绿,落落长松夏寒"	松
		《田园乐七首·其六》	"桃红复含宿雨,柳绿更带朝烟"	桃、柳
		《田园乐七首·其七》	"南园露葵朝折,东谷黄粱夜舂"	葵
	张九龄	《南还湘水言怀》	"江间稻正熟,林里桂初荣"	稻、桂
	薛光谦	《任阆中下乡检田登艾萧山北望》	"瓠叶萦篱长,藤花绕架悬"	瓠、藤
	李颀	《寄万齐融》	"青枫半村户,香稻盈田畴"	青枫、稻
	岑参	《晚发五渡》	"芋叶藏山径,芦花杂渚田"	芋、芦
	薛逢	《题独孤处士村居》	"林峦当户苈萝暗,桑柘绕村姜芋肥"	苈萝、桑、柘、姜、芋
	杜甫	《田舍》	"榉柳枝枝弱,枇杷树树香"	榉、柳、枇杷
	柳宗元	《田家三首》	"古道饶蒺藜,萦回古城曲。蓼花被堤岸……风高榆柳疏,霜重梨枣熟"	蒺藜、蓼、榆、柳、梨、枣
	耿湋	《秋中雨田园即事》	"空馀去年菊,花发在东篱"	菊
	储光羲	《同王十三维哭殷遥》	"四邻尽桑柘,咫尺开墙垣"	桑、柘
	萧颖士	《山庄月夜作》	"桑榆清暮景,鸡犬应遥村"	桑、榆
北宋	杨亿	《送张彝宪归乡》	"处处春波满稻畦,海棠零落子规啼"	稻、海棠
	梅尧臣	《田家·其二》	"去锄南山豆,归灌东园瓜。白水照茅屋,清风生稻花"	豆、瓜、稻
		《舟次朱家曲寄许下故人》	"蔼蔼桑柘岸,喧喧鸡犬村"	桑、柘
	石介	《感兴》	"村居何所适,种木树桑梓"	桑、梓
	刘攽	《题卞大夫西湖所居》	"樵斧间渔舟,稻畦连麦陇"	稻、麦
	吕陶	《雄州村落》	"家家桑枣尽成林,场圃充盈院落深"	桑、枣
	华镇	《田园四时·其一春》	"桑叶生阴布谷鸣,可使流光容易晚"	桑
		《田园四时·其三春》	"粉蜡梅梢妆蓓蕾,雪晴乌鹊声零碎"	蜡梅
宋	黄公绍	《满江红·客子光阴》	"客子光阴,又还是、杏花阡陌"	杏
	葛胜仲	《山镇红桃阡陌·客子光阴》	"山镇红桃阡陌,烟迷绿水人家"	桃
	李纲	《和渊明归田园居六首·其二》	"三径将荒芜,松菊日应长"	松、菊
	张九成	《拟归田园·其六》	"出门何所见,桃李漫阡陌"	桃、李
	杨本然	《春日田园杂兴二首·其二》	"和根挑荠菜,带叶摘樱桃"	荠菜、樱桃
		《春日田园杂兴二首·其一》	"踏歌槌鼓麦秧绿,沽酒裹盐菘芥肥"	麦、菘、芥
	李光	《过小江渡行村落间爱其风土偶成》	"槿篱竹坞疑无路,鸡犬时时隔岸闻"	木槿、竹
	陈舜道	《春日田园杂兴十首·其七》	"得暇分畦秧韭菜,趁晴樊圃树棠梨"	韭、棠梨
	陈希声	《春日田园杂兴五首·其一》	"黄花菜圃午风软,绿水秧畦春野平。芳树几声鸠雨过,苍苍柳色弄烟晴"	黄花、柳
		《春日田园杂兴五首·其二》	"榆荚雨酣新水滑,楝花风软薄寒收。青枫蛾子催桑月,绿树鹈鹕报麦秋"	榆、楝、青枫

朝代	作者	诗篇	诗句	花木种类
宋	吕炎	《田园词》	"阴阴径底忽抽叶，莫莫篱边豆结花"	豆
	萧澥	《江上冬日效石湖田园杂咏体》	"溪落洲荒水半篙，枯杨两岸冷萧骚"	杨
	感兴吟	《春日田园杂兴》	"金桃接种连花蕊，紫竹移根带笋芽"	金桃、紫竹
	君瑞	《春日田园杂兴》	"白粉墙头红杏花，竹枪篱下种丝瓜"	杏、丝瓜
南宋	范成大	《四时田园杂兴六十首·其三》	"桃杏满村春似锦，踏歌椎鼓过清明"	桃、杏
		《四时田园杂兴六十首·其十二》	"桑下春蔬绿满畦，菘心青嫩芥薹肥"	桑、菘、芥
		《四时田园杂兴六十首·其十三》	"紫青莼菜卷荷香，玉雪芹芽拔薤长"	莼菜、荷、芹、薤
		《四时田园杂兴六十首·其十四》	"斟酌梅天风浪紧，更从外水种芦根"	芦
		《四时田园杂兴六十首·其十五》	"蝴蝶双双入菜花，日长无客到田家"	菜花
		《四时田园杂兴六十首·其十七》	"百花飘尽桑麻小，夹路风来阿魏香"	桑、麻、阿魏
		《四时田园杂兴六十首·其二十一》	"牡丹破萼樱桃熟，未许飞花减却春"	牡丹、樱桃
		《四时田园杂兴六十首·其二十三》	"荻芽抽笋河鲀上，楝子开花石首来"	荻、楝
		《四时田园杂兴六十首·其二十五》	"梅子金黄杏子肥，麦花雪白菜花稀"	梅、杏、麦、菜花
		《四时田园杂兴六十首·其三十二》	"槐叶初匀日气凉，葱葱鼠耳翠成双。三公只得三株看，闲客清阴满北窗"	槐
		《四时田园杂兴·其三十三》	"借与门前磐石坐，柳阴亭午正风凉"	柳
		《四时田园杂兴六十首·其三十四》	"千顷芙蕖放棹嬉，花深迷路晚忘归"	芙蕖（荷）
		《四时田园杂兴六十首·其三十七》	"杞菊垂珠滴露红，两蛮相应语莎丛。虫丝胃尽黄葵叶，寂历高花侧晚凤"	枸杞、菊、莎、黄葵
		《四时田园杂兴六十首·其四十六》	"不知新滴堪篘未，今岁重阳有菊花"	菊
		《四时田园杂兴六十首·其四十八》	"惟有橘园风景异，碧丛丛里万黄金"	橘
		《四时田园杂兴六十首·其五十九》	"忽见小桃红似锦，却疑侬是武陵人"	桃
	陆游	《春日小园杂赋二首·其二》	"市尘不到放翁家，绕麦穿桑野径斜"	麦、桑
	朱南强	《古隍行》	"茂林修竹恒苍苍，畦兰畹芷腾幽芳"	竹、兰、芷
	释文珦	《农家》	"绕屋桑麻槿作篱，当门一树白蔷薇"	桑、麻、木槿、蔷薇
	蔡幼学	《田园》	"野水萍无主，清风草自香"	萍
	戴复古	《田园吟》	"桐树著花茶户富，梅林无实秔田荒"	桐、茶、梅
	何鸣凤	《春日田园杂兴二首·其一》	"儿痴方拟半栽秫，身隐尚嫌全种桃"	秫、桃
	陈著	《次韵弟观用陶元亮归田园居韵》	"麻麦在东阡，桑柘在南陌"	麻、麦、桑、柘
宋末元初	徐瑞	《田·其九》	"方塘涵深深碧，移种水芙蕖……今年种菱芡，明年种菰蒲"	芙蕖（荷）、菱、芡、菰、蒲
	刘应龟	《春日田园杂兴》	"梅藏竹掩无多路，人语鸡声又一村"	梅、竹
	王进之	《春日田园杂兴二首·其一》	"细麦新秧随意长，闲花幽草为谁芳"	麦、闲花幽草
	梁相	《春日田园杂兴二首·其二》	"麦畴连草色，蔬径带芜痕。布谷叫残雨，杏花开半村"	麦、蔬、杏
		《春日田园杂兴二首·其一》	"桃红李白新秧绿，问著东风总不知"	桃、李
元	刘永之	《田园幽隐图》	"傍堤榆柳皆新种，近舍柘枝不记年"	榆、柳、柘
	张伯祥	《雍睦堂成次陶公田园居》	"种菊成篱落，芙蓉照帘前"	菊
元末明初	凌云翰	《次韵范石湖田园杂兴诗六十首·其四》	"自把新茶试新火，喜看榆柳变炉灰"	榆、柳
		《次韵范石湖田园杂兴诗六十首·其十一》	"杏花零落飘香远，明日扶筇度石桥"	杏
		《次韵范石湖田园杂兴诗六十首·其十三》	"木奴花发四邻香，静里偏知日晷长"	木奴（柑橘树）
		《次韵范石湖田园杂兴诗六十首·其十五》	"春色相将到楝花，柴门深掩似山家"	楝

朝代	作者	诗篇	诗句	花木种类
元末明初	凌云翰	《次韵范石湖田园杂兴诗六十首·其十九》	"榆荚杨花正无赖，等闲又欲送春归"	榆、杨
		《次韵范石湖田园杂兴诗六十首·其二十》	"小窗日日风兼雨，赖有蔷薇占得春"	蔷薇
		《次韵范石湖田园杂兴诗六十首·其二十一》	"水面秧针长绿茸，雨馀樱颗染深红"	樱桃
		《次韵范石湖田园杂兴诗六十首·其二十三》	"酴醾压架雪成堆，一日须看一百回"	酴醾
		《次韵范石湖田园杂兴诗六十首·其三十二》	"溪泉冷浸荷筒饮，共向槐阴纳晚凉"	槐
		《次韵范石湖田园杂兴诗六十首·其三十七》	"东轩睡足日初红，起汲清泉灌菊丛"	菊
		《次韵范石湖田园杂兴诗六十首·其四十九》	"新居添得屋茅高，梅柳栽成似蜀郊"	梅、柳
		《次韵范石湖田园杂兴诗六十首·其五十九》	"苍术频烧烟雾蒸，紫藤初蒸蕙兰清"	苍术、紫藤
	汪广洋	《农家乐示宁国县官》	"枯桑回青杨柳黄，手把犁锄事东作"	桑、柳
	杨维桢	《莲花坌歌》	"楝花风残啼鸡舌，莲花坌上春三月。……门前满树樱桃子，手摘樱桃招使君"	楝、樱桃、
	胡奎	《出东郭访贾惟敬不遇用韵》	"出郭行寻野老家，桑条生葚楝生花"	桑、楝
明	王洪	《田园居》	"翳翳榆柳川，蔼蔼桑麻村"	柳、桑、麻
	龚诩	《田园杂兴·其五》	"草庵新结傍清溪，种得梅花与屋齐"	梅
		《田园杂兴·其六》	"觉来爱煞窗前月，送我梅花瘦影看"	梅
	李贤	《和陶诗归田园居六首·其二》	"日上松阴清，雨过菊苗长"	松、菊
		《和陶诗归田园居六首·其四》	"地僻寡来往，松菊聊自娱"	菊、松
		《河内乡村》	"屋后分畦葵叶嫩，门前流水稻花香"	葵、稻
	苏仲	《春日到农家》	"豆秸檐前积，藤蔓屋角悬。竹篱驯犬卧，水草老牛眠"	豆、藤
	童轩	《和陶彭泽归田园居·其一》	"长松夹幽户，新秫垂高田"	松、秫
		《和陶彭泽归田园居·其三》	"疏柳荫前除，凉风吹我衣"	柳
	费宏	《田园杂兴回文用弋阳令杨云凤韵·其一》	"梅云路残销屐蜡，竹风吟罢岸巾纱"	竹
		《田园杂兴回文用弋阳令杨云凤韵·其二》	"黪野杂花间倚杖，竹园分笋嫩盈筐"	野花、竹
	程鉎	《次归田园居·其一》	"幽篁六七丛，茅屋三两间"	篁竹
		《次归田园居·其三》	"种菊尚三径，栽柳亦五株"	菊、柳
	李梦阳	《田园雨芜客过三首·其一》	"颓垣疏柳卧，漏屋野花侵"	柳、野花
		《田园雨芜客过三首·其二》	"绕篱荒苦竹，小架剩蒲萄"	苦竹、葡萄
		《田园诗五首·其一》	"鸦雀閒繁阴，榴葵乃炎赤"	石榴、葵
	顾璘	《夏日田园即事五首·其三》	"新竹带可围，青荷手堪把"	竹、荷
		《东郊田园二首·其一》	"列槿藩草屋，艺蔬备晨飧"	木槿
		《东郊田园二首·其二》	"修竹绕舍东，流水在田下"	竹
	蒋山卿	《田园秋日杂与四首·其二》	"年熟村多酿，秋深菊始华"	菊
	孙一元	《田园卜居》	"竹边行鸟雀，桑下散鸡豚"	竹、桑
	薛蕙	《田园乐七首·其三》	"萝茑半垂瓮牖，松阴全覆茅轩"	松萝、松
	黄省曾	《春日田园言怀三首·其一》	"桃花倚窗开，戴胜桑间鸣。素烟泛新柳，青山列虚楹"	桃、桑、柳

朝代	作者	诗篇	诗句	花木种类
明	黄佐	《春日田园杂兴次郑大尹韵·其一》	"青黄夹路携儿看，花竹成畦课仆浇"	竹
	宗林	《乐归田园十咏·其四》	"梨栗诗书责子孙，菊松瓜菜乐乾坤"	菊、松、瓜
	施渐	《立秋日居田园有感》	"黍苗遍野劳歌少，杞菊成畦生事微"	黍、枸杞、菊
	王渐逵	《春日田园漫兴》	"人日已过还谷日，梅花开尽见桃花"	梅、桃
	林大钦	《田园乐词四首·其一》	"檐外桃花流水，尊前绿柳薰风"	桃、柳
	庞尚鹏	《田园燕集次韵答双台》	"园林多橘柚，风雨长桑麻"	橘、柚、桑、麻
	尹伸	《病后田园杂咏》	"植闻宜女手，根喜傍修竹"	竹
	陆深	《自清华西行村落间殊胜平畴流水果园竹径骤作乡思》	"燕麦青青柿叶肥，江南回首正依依。千竿新竹消苍雪，一带遥山深翠微"	燕麦、柿、竹
	谢元汴	《和茧雪和归园田居六首·其一》	"渡口青枫落，征帆湍不前"	青枫
		《和茧雪和归园田居六首·其四》	"葳蕤四三畦，榆柳一二株"	葳、蕤、榆、柳
		《和茧雪和归园田居六首·其五》	"怪石苦难致，疏梅补亦足"	梅
	樊阜	《过名山坂》	"槿篱断处路微分，茅屋砧声隔岸闻"	木槿
	朱朴	《集句拟少陵秋兴八首·其三》	"秋日野亭千橘香，满城风雨近重阳。林深老桂寒无子，水国蒹葭夜有霜"	橘、桂、蒹葭
明末清初	黄淳耀	《泊舟行江北村落》	"荷藁引桔槔，麦路通略彴"	荷藁（荷）
		《和归田园居六首·其六》	"梅开玉宇眩，枫落雾雨夕"	梅、枫
	钱谦益	《奉常王烟客先生见示西田园记寄题十二绝句·其十一》	"绿水红莲即凤池，朝阳刷羽竟长篱。梧桐百尺饶鸡树，要宿从他拣一枝"	莲、梧桐
		《追和朽庵和尚乐归田园十咏·其四》	"看松绕荒径，采菊泛新酿"	松、菊
	陆世仪	《春日田园杂兴·其一》	"墙角春风吹棣棠，菜花香里豆花香"	棣棠、菜花、豆
		《春日田园杂兴·其三》	"篱头未下丝瓜种，墙脚先开蚕豆花"	丝瓜、蚕豆
		《春日田园杂兴·其三》	"新成芥辣旋栽苴，既落瓜壶不用葱"	芥末、苴、丝瓜
	钱澄之	《吴门诸子饯别王氏归田园》	"林壑百年松桂古，轩窗四面芰荷多"	松、桂、菱、荷
		《田园杂诗·其一》	"荧荧陂上麦，青青畦间蔬"	麦、蔬
	刘曙	《乙酉中秋夜农家对月作·其一》	"橘柚垂垂绿未霜，屋头徙倚漏清光"	橘、柚
清	汤右曾	《农家》	"槿篱闻犬吠，茅屋有鸡飞"	木槿
	张英	《拟王右丞田园诗十首·其四》	"梅子风光将近，樱桃时节初过"	梅、樱桃
		《拟王右丞田园诗十首·其七》	"瓜蔓寒侵篱落，豆花秋满阶除"	瓜、豆
		《拟王右丞田园诗十首·其九》	"比舍家家竹径，肩舆日日松阴"	竹、松
		《拟王右丞田园诗十首·其十》	"竹榻蕙兰香里，水亭菡萏波中"	蕙兰、荷
	张宣	《田园杂诗》	"郁郁桑叶青，灿灿榴花赤"	桑、石榴
	永惠	《田园杂诗·其一》	"幽人水竹自相宜，茅屋柴扉护短篱"	水竹
	李雍来	《经村落抵明阳观》	"桃花相掩映，溪水自回环"	桃

参考文献

[1] 陈植，张公弛选注.中国历代名园记选注 [M] 合肥：安徽科学技术出版社，1983.

[2] 潘富俊.草木缘情：中国古典文学中的植物世界 [M].北京：商务印书馆，2015.

[3] 潘富俊.诗经植物图鉴 [M].上海：上海书店出版社，2003.

[4] 潘富俊.楚辞植物图鉴 [M].上海：上海书店出版社，2003.

[5] 刘怡玮.汉唐咏柳诗文化意蕴嬗变 [D].东华理工大学，2016.

[6] 张俊霞.梨文化及其开发利用研究 [D].南京农业大学，2011.

[7] 石云涛.安石榴的引进与石榴文化探源 [J].社会科学战线，1994（3）：195-199.

[8] 舒迎澜.月季的起源与栽培史 [J].中国农史，1989（2）：64-70.

[9] 张薇，王其超，张行言.楚国荷文化探研 [J].中国园林，2012（7）：71-74.

[10] 李莉.中国传统松柏文化研究 [D].北京林业大学，2005：6.

[11] 刘璞玉，刘振亚.我国桃文化中的神权地位初探 [J].农业考古，1994（3）：195-199.

[12] 关传友，中国种植梧桐树的历史与文化意蕴 [J].中国城市林业，2007,5（5）：40-41.

[13] 苑庆磊，于晓南.牡丹文化、芍药花文化与我国风景园林 [J].北京林业大学学报（社会科学版），2011，10（3）：53-57.

[14] 路成文.唐宋牡丹审美文化论 [J].国学学刊，2018（12）：5-19.

[15] 关传友.论海棠的栽培历史与文化意蕴 [J].古今农业，2008（6）：67-74.

[16] 臧德奎，马燕，向其柏.桂花的文化意蕴及其在苏州古典园林里的应用 [J].中国园林，2011（10）：66-69.

[17] 关传友.中国园林桂花造景历史及其文化意义 [J].北京林业大学学报（社会科学版），2005,4（1）：25-29.

[18] 舒迎澜.我国古代梅的分布利用与种植 [J].中国农史，1986（10）:60-72.

[19] 张建新 . 梅花文化的形成与发展 [N]. 美术报，2014-12-13（B06）.

[20] 张开梅 . 椿树王：树木民俗之一 [J]. 民俗研究，2004（2）：166-171.

[21] 董鸿毅 . 椿萱何以指代父母 [J]. 嚼文嚼字，2004（1）：128-129.

[22] 石文倩，陈明，朱世桂 . 古代萱草应用价值及其文化意蕴探讨 [J]. 农业考古，2019（1）：134-140.

[23] 王婧，曹扬 . 从古代书画作品中看萱草的园林造景应用 [J]. 园林，2018（5）：38-41.

[24] 梁昊飞 . 岭南古典园林花木经营研究：以古籍文献与园林遗存为例 [J]. 华南理工大学，2016（6）：41-68.

[25] 朱宇强 . 汉唐时期洛阳的生态与社会 [D]. 南开大学，2012.

[26] 关传友 . 中国植柳史与柳文化 [J]. 北京林业大学学报，2006，5（4）：8-15.

[27] 邵丹锦 . 中国传统园林种植设计理法研究 [D]. 北京林业大学，2012.

[28] 邬国义，胡果文，李晓路撰 . 国语译注 [M]. 上海：上海古籍出版社，1994.

[29] 张双棣等注译 . 吕氏春秋译注（修订本）[M]. 北京：北京大学出版社，2000.

[30]（宋）范晔撰，（唐）李贤等注 . 后汉书 [M]. 北京：中华书局，1965.

[31]（清）屈大均 . 广东新语（下）[M]. 北京：中华书局，1985.

[32] 陈家龙，王丽苹 . 中国古代木槿栽培应用发展史初探 [J]. 农业考古，2021.01：162-165.

[33] 黄维华 .《橘颂》与上古社树之礼 [C]. 南通：第三届"楚辞与东亚文化"国际学术研讨会中国楚辞学（第二十三辑）—— 2014 年楚辞与东亚文化国际学术讨论会论文集 . 2014：52-58.

[34] 杨琳 . 中国传统节日文化 [M]. 北京：宗教文化出版社，2000.

[35]（北齐）魏收著，付艾琳编 . 魏书 [M]. 阿图什：克孜勒苏柯尔克孜文出版社，2006.

[36] 王学典编译 . 山海经 [M]. 哈尔滨：哈尔滨出版社，2007.

[37] 张光直 . 中国古代史在世界史上的重要性 [M]. 台北：稻香出版社，1988.

[38] 汤清琦 . 三星堆宗教文化初探 [J]. 宗教学研究，1994（3）：32-39.

[39] 俞伟超 . 三星堆蜀文化与三苗文化的关系及其崇拜内容 [J]. 文物，1997（5）：34-41.

[40] 古开弼 . 树木拜物教的流变：从王制标识到民俗 [J]. 农业考古，1998（9）：209-214.

[41] 任正霞 . 仡佬族傩戏土地崇拜研究 [J]. 兰州教育学院学报，2017，33（9）：52-54.

[42] 何星亮 . 土地神及其崇拜 [J]. 社会科学战线，1992（8）：323-331.

[43]（美）哈维兰著 . 当代人类学 [M]. 王铭铭，译 . 上海：上海人民出版社，1987.

[44] 吴郁芳 .《橘颂新诠》读后 [J]. 文学遗产，1988（1）：136-138.

[45] 冯天瑜 ."封建"考论 [M]. 武汉：武汉大学出版社，2006.

[46]（清）毕沅校注，吴旭民校点 . 墨子 [M]. 上海：上海古籍出版社，2014.

[47] 林尹注译 . 周礼今注今译 [M]. 北京：书目文献出版社，1985.

[48] 方勇译注 . 庄子 [M]. 北京：中华书局，2010.

[49] 崔高维校点 . 礼记 [M]. 沈阳：辽宁教育出版社，1997.

[50] 杨凤贤译注 . 论语 [M]. 西安：世界图书出版社，1997.

[51]（清）毕沅校注，吴旭民校点 . 墨子 [M]. 上海：上海古籍出版社，2014.

[52]（汉）高诱注 . 吕氏春秋 [M]. 上海：上海古籍出版社，2014.

[53]（清）陈立撰 . 吴则虞点校 . 白虎通疏证（上）[M]. 北京：中华书局出版社，1994.

[54]（汉）司马迁著，易行、孙嘉镇校订 . 史记 [M]. 北京：线装书局，2006.

[55] 向柏松 . 吉祥物与自然崇拜 [J]. 民间文学论坛，1998（4）：8-14.

[56] 杨玲 . 从《诗经》"草木起兴"看我国古代的植物崇拜 [J]. 中山大学学报论丛,2004（2）:155-158.

[57] 余红艳 . 精 [M]. 上海：上海辞书出版社，2014.

[58] 殷登国 . 中国十二花神与节气 [M]. 天津：百花文艺出版社，2008.

[59] 王文宝 . 中国民间游戏 [M]. 北京：华龄出版社，2011.

[60] 邢云龙 . "堂花"考：中国古代园艺促成栽培技术探源 [J]. 池州学院学报，2020（34）：23-32.

[61] 谢中元，石了英编著 . 年宵花 [M]. 广州：暨南大学出版社，2011.

[62]Alan Drengson.An Eco philosophy Approach, the Deep Ecology Movement and Diverse Ecosophies[J].Trumpeter: Journal of Ecosophy, 1997, Vol 14, No. 3：110-111.

[63] 程相占 . 生态智慧与地方性审美经验 [J]. 江苏大学学报（社会科学版），2005（7）：7-11.

[64] 齐羚 . 中国传统园林"理一分殊"的生态智慧探讨 [J]. 风景园林，2014(6):45-49.

[65] 陈汉生 . 我国古代森林保护琐见 [J]. 政治与法律，1984（4）：36.

[66] 佘正荣 . 生态智慧论 [M]. 北京：中国社会科学出版社，1996.

[67] 王利器校注 . 盐铁论译注 [M]. 北京：中华书局，1992.

[68][熊大桐 . 中国古代林业科学技术知识初探 [J]. 林业科学，1987（2）：162-173.

[69] 杨伯峻注译 . 论语译注 [M]. 北京：中华书局，1980.

[70]（清）陈立撰，吴则虞点校 . 白虎通疏证 [M]. 北京：中华书局，1994.

[71] 张双棣等注译 . 吕氏春秋译注（修订本）[M]. 北京：北京大学出版社，2000.

[72] 陈鼓应注译 . 庄子今注今译 [M]. 北京：北京大学出版社，2000.

[73] 韩兆琦译注 . 史记·封禅书 [M]. 北京：中华书局，1982.

[74] 郭风平，赵忠，邓瑾等 .《太平广记》反映的中国古代森林文化 [J]. 世界林业研究,2006（3）:44-52.

[75] 周云庵，刘志莲，范升才 . 陕西古代植树史术略（续）[J]. 西北林学院学报，1996（3）：70-77.

[76]（清）丁锡奎修，白翰章纂 . 靖边县志稿四卷 [M].（清）光绪二十五年铅印本影印版 . 台湾：成文出版社，1970.

[77]（明）计成著，陈植注释，杨超伯校订，陈从周校阅 . 园冶注释 2 版 [M]. 北京：中国建筑工业出版社，1988.

[78]（明）文震亨原著，陈植校译，杨超伯校订 . 长物志校注 [M]. 南京：江苏科学技术出版社，1984.

[79]（清）李渔 . 闲情偶寄 [M]. 南京：江苏广陵古籍刻印社，1991.

[80]（清）陈淏子辑，伊钦恒校注 . 花镜（修订版）[M]. 北京：农业出版社，1980.

[81] 刘心恬 .《园冶》园林生态智慧探微 [D]. 山东大学，2010.

[82] 鲍戈平，张翼 . 园芳杂辑：探中国古代文献中潜藏的造园花木专篇 [J]. 中国园林，2014（5）：2-5.

[83] 石岩君 . 清代林业科学技术研究 [D]. 北京林业大学，2007.

[84]（宋）史铸撰 . 百菊集谱（卷三）[M]. 四库馆复印本（清代）.

[85] 班固 . 汉书 [M]. 颜师古注 . 郑州：中州古籍出版社，1991.

[86] 桓宽 . 盐铁论 [M]. 上海：上海人民出版社，1974.

[87] 舒迎澜 .《分门琐碎录》与其种艺篇 [J]. 中国农史，1993，12（3）：99-106.

[88] 潘法连 . 陈翥《桐谱》的成就及其贡献 [J]. 古今农业，1991（1）：21-26.

[89] 宣炳善 . 陈翥《桐谱》梧桐混用为泡桐纠谬 [J]. 中国农史，2022，21（2）：92-99.

致　谢

　　本书是教育部人文社会科学研究项目"城市生态文明视野下中国古代花木种植文化及其现代传承研究"重要研究成果之一，课题研究与成果的出版全程受教育部人文社会科学研究项目（17YJCZH170）的资金支持。此外，本书的顺利完成还离不开各个方面给我的支持和帮助：感谢西安建筑科技大学艺术学院在课题研究和著作出版过程中给予的政策支持和经费补助，感谢课题组成员的协作分工、齐心协力，感谢牛淼、胥莹莹两位研究生在收集和整理本书所涉及的诸多画卷工作中付出的劳动，感谢旦瑶、王曼、朱茜、朱琳、李昂然、杨旭晨、蔡畅、商亮、宋钰莹、弓钰薇、杜泓雪、张蕾、王志轩、李佳磊、张薇等诸位研究生在课题调研、文稿校对、图片制作等方面所作的努力。